倾听孩子们的内心呼唤

—— 迈向自我实现的中学师生成长心路历程访谈录 ——

黄碧芬 编著

图书在版编目(CIP)数据

倾听孩子们的内心呼唤/黄碧芬编著. —厦门：厦门大学出版社，2013.10
（2013.11 重印）
ISBN 978-7-5615-4789-2

Ⅰ.①倾……　Ⅱ.①黄…　Ⅲ.①中学生-青少年心理学　Ⅳ.①B844.2

中国版本图书馆 CIP 数据核字（2013）第 248446 号

厦门大学出版社出版发行

(地址：厦门市软件园二期望海路 39 号　邮编：361008)
http://www.xmupress.com
xmup @ xmupress.com

厦门集大印刷厂印刷

2013 年 10 月第 1 版　2013 年 11 月第 2 次印刷
开本：720×970　1/16　印张：21　插页：3
字数：365 千字　　印数：1 001～2 000 册
定价：49.00 元

本书如有印装质量问题请直接寄承印厂调换

小序
最重要的是继续尝试

  黄碧芬老师是厦门市首批杰出教师之一。1996年她作为厦门外国语学校初一新生的家长,第一次与厦外结缘。"家庭教育互助协作小组"由她一手创办,此后至今成为厦外的一张名片,惠及许多家庭。之后她成为厦外心理辅导室第一位专职教师,与我们朝夕相处,她在自己的舞台上进行了大胆的、丰富多彩的实践,与教师、学生、家长探讨教育规律,把握教育真谛,力求把个体经验提升为具有普遍意义的理论认识。

  我喜欢到她的工作室聊聊,那不仅是思想的交流,更是生命的对话,我们深切体会着教育是造福于他人同时也使自己获得幸福的伟大事业。

  厦外的许多教师如黄碧芬老师一样,是有思想的实践者,致力于把抽象的理论、先进的理念融会到每一个具体的教育细节,而这些访谈中的许多教师,都是善于在实践中不断深化教育思想、不断丰富教育智慧、不断提高教育艺术,尤其善于把知识的传授与人的发展结合起来,将优化学生健康成长环境视为自己的行为准则的有心人。面对日新月异的社会形势、面对富有时代特点和新鲜体验的朝气蓬勃的学生们,厦外教师努力把握时代脉搏、顺应时代潮流,并敢于领时代之先,敢于超越自己,实在令我敬佩。

  这篇小序,不能称作"序",只能作为一种"见证"。我目睹了黄碧芬、吴铭辉等视学生如己出、视学校如家庭,始终关注学生成长与未来发展的一大批厦外教师;看到了一个个意气风发、富有理想、不断求索的厦外学子,如何正确地认识自己、认识社会,以期最终接近或找到一条适合自己的人生道路的师生互动过程。读这些心灵的记录，我感到一种人性的温暖和安慰，更让我重新思考这些让我感动的同事，思考这些正在成长的学生。

一直很喜欢一本《掌握人性的管理》，也很喜欢书的作者玛丽·凯的一句话，她说："我诚挚地相信，生命是一连串的企图与失败，只是在偶然的机会中，我们才体验到成功，最重要的是继续尝试。"我愿与厦外师生在今后的教育实践中继续尝试着……

赵继容

2011年11月10日

前言
倾听孩子们的内心呼唤

> 人体内部存在着一种朝着一定方向成长的趋势和需要，这个方向一般可以概括为自我实现或心理的健康成长。
> ——马斯洛

在迎接厦门外国语学校30周年校庆的日子里，作为学校专职从事心理健康教育的老教师，我回顾自己的专业成长历程，无论是聆听学生的种种心声诉求，还是基于育人的多向思考和分享，都让我越来越深刻地领悟到：人的成长离不开环境的哺育，也很容易受制于个人或环境的局限，关键要看他这个人与他所处的环境、与环境中的人事物究竟建立了什么性质的关系。我由衷地希望自己在退休之前写点东西献给孩子们，也十分乐意借此与老师、家长及所有关心教育的人们分享和探讨自己对生活、对教育的理解。

在古老而常新的教育发展道路上，每代人都不难遭遇一些与深层育人理念相左的不和谐"音符"。尤其是目前充斥于社会各处的多元价值观和快速生活节奏，更是让许多人不由自主地、阶段性地陷入身心俱疲的情态，很容易给当事人带来种种内心困扰。我的工作首先就需要真诚面对各种来自学生、老师、家长的愿意呈现出来的困扰；当然，也特别需要协助来访者不断深入面对自己尚不能自动呈现而实际上又需要面对的深层困扰；还需要迎上家庭或学校系统中人们面对自然运转着的学业、生活和工作所制造出来的心理"垃圾"。

我这个"垃圾转换器"究竟该如何安身立命？在相当长的岁月里，我也曾有过迷茫。好在我总是不愿陷在迷茫中，好在我长期坚持不懈的读好书与大师为友、面对现实与生活为友的心态，让我得以保持自己的相对独立性。好在我所归属和依靠的厦门外国语学校，本就是一所崇尚"进德修业，和谐发展"的学校，她深厚的校园文化总能在关键处拨出一个强音，启人思考，催人自省。当我愈来愈能透过现象看本质，当我愈来愈能读懂，系统运行中现实存在着的各种各样的关系定位与品质，是深层影响着人的感情和事情运转之强大动力后，我欣然理解了"教育即交往"这一深刻命题，并领悟了**事可以有不同的做法，人却是在自我德性与公德维护的修行中平衡前进**的道理。由此，我对**人与自己、人与操作系统、人与他人、人与社会、人与自然的关系**有了越来越明晰的客观认知。

学生来自现实社会的不同家庭，成长的背景千差万别。他们又来到同一所学校，接受着大致相似的教育。仅从我日常接待的来访者身上，我已明确感受到人的独特品质及其真实的成长体验决定着他对具体人事物的感受和应对办法，人的思想方法、心智发展水平也深刻影响和制约着其对社会的适应和发展水平。我认为，**学校心理健康教育在关注和协助陷于困境的人透过自助和共建而成长发展的同时，还应当多层面、全方位地宣传心理健康教育更具有建设性的、基于人积极心理品质培育的机理与方法**。在一个保送生回报母校工作小组的协助下，我于2011年4月启动了面向本届高三部分优秀学生成长心路历程的访谈计划。

这批访谈学生的名单系由年段和保送生回报母校心理工作小组的学生共同推荐提供的，我给他们的指导性建议仅六个字：**乐观、向上、合群**。根据保送、出国、高考成绩颁布的顺序组织了相应类型学生的访谈。在面对这些有代表性的高三优秀学生的具体访谈过程中，我仿佛跟着他们重新经历了特别牵动他们情感的那些生活场景，清晰地感受到**他们内在已然存在的、有旺盛生命力的人性"种子"，即那些鲜活的内在积极追求、渴望、好奇、趣味、责任、勇气、爱、仁慈、正直、自律和卓越等内在品质**，很幸运地落在对他们的成长有帮助而又能任其自然发展的肥沃土壤里——他们所在的家庭、学校环境都给了他们充分的阳光雨露，为他们一步步的潜能开发和自我实现追求提供了良好的支持和促进作用。当我们热切地分享这些孩子所达成的在中学阶段相对理想的自我实现成果时，我感到自己负有一种使命，应当不遗余力地呈现这些访谈过程，并对其中自然呈现的种种有意味的经历做出其生命成长意义层面的解读，实事求是地披露和分析这些孩子趋向自我实现的内部努力和外部帮助机理。

透过这批学生自我成长的专访内容，我特别清晰地感受到人趋于自我实现的内部努力具有非凡的能动性。我们的学校教育、家庭教育唯有尽可能贴近孩子们这种朝气蓬勃的需求，才能顺应孩子们的优质生命的发展，并为孩子们的发展创造空间。在访谈中，我除了着重于发掘和确认孩子们成长过程中内在积极心理品质的建设性存在状态外，还会根据访谈过程中孩子们自然流露出来的一些基于健全人格成长值得关注的问题，酌情做些澄清性、发展性的问询和探讨。我选择了用"加粗"的标记突显那些特别有积极心理成长意味的关键表达。之后再以"精彩聚焦"的形式,反馈我自己基于访谈的感受与心得。在编辑完访谈正文之后再以"后记"的形式整体性地针对人的心理成长规律与教育促进做出概要性解读。

同时,我也很想就孩子们在学校的成长环境做些深入探讨。我们都知道,学校作为学生求知的主要场所,班主任和科任教师都是最直接影响学生的人。**教师自身的人格修养水平及其对学生学习与发展的理解和互动呼应力,都是影响学生的重要内容**。

该找哪些老师来访谈?在学校教研室的支持下,先找来了2011届高三年段长管勇武老师和优秀班主任代表吴铭辉老师、王雪梅老师。之后,再结合学校教师专业发展调研的需求,集中面向一批有代表性的一线老师作访谈。可惜有些优秀教师太过含蓄,回避了采访。访谈这批优秀教师同样让我感慨良多,受益匪浅。有些访谈还变成了我与受访老师间解读具体教育现象的诚挚对话。我收入了对十四位教师的专访,相信他们的成长经历、教育思考和带班经验同样能给我们许多借鉴与启发。

每个人都是一本书,当我们有机会更多接近他、了解他时,总会发现"这本书"所能自然呈现的内容远远超过我们的预测。很感谢这些被访谈的学生和老师们!是他们的坦诚叙事才让我们得以了解这么多可爱的、宝贵的生命成长故事;是他们基于自我成长的不懈追求和脚踏实地的努力耕耘,才让我们得以分享这么多勇于承受挫折、迎接挑战、主动担当、积累经验、终结硕果的可喜景象。

在本书即将付梓之际,允许我谨在此由衷感谢长期信任和支持我立足本职工作的厦外领导和同事们!我很感恩厦外三位校长的信任和厚爱:胡立钲老校长不拘一格降人才,启用我这个"半路出家"的转型专业教师,给了我沿着学校心理辅导这个健康育人不可或缺的职能方向努力前行的勇气和信心;富有前瞻性的赵继容校长始终给予我的工作以高定位的引领,总以姐妹拉家常的姿态分享彼此的感受,肯定我主动对学校多向育人工作及校园文化建设的深层理解;已届高龄的陈碧玉老校长还让年轻的校长把我带到她面前,愉快讲述了她在报刊上读到我们心理辅导文章的欣喜之情。这一切在学校心理辅导工作的专业性质和归属处境都还不太明朗的时候,真是温暖我心、激励我不懈前行的巨大力量。

感谢谭筱英副书记、吴启建副校长、教研室黄亮生主任、分管保送生回报母校工作的黄雪华主任、2011届高三段长管勇武老师和潘丽老师对本项目工作给予的高度肯定和支持。感谢保送生回报母校心理工作组的范潇龙、龚斯恬、王智亮、姜振君、丁绵绵同学,教师心理工作组的陈莹老师、许友芳老师和集美大学应用心理学专业的刘芳芳等四位实习生为访谈所作的原始记录,是你们诚挚的努力才使受访者独特而精彩的心声得以准确再现。谢谢各位!

黄碧芬

2012年7月26日写于厦门

目 录

学生访谈篇

陈方旭访谈录:向着心善的方向乐观前行 …………………………………… 3
范睿托访谈录:把数学当作一项运动来享受 …………………………………… 9
李胜威访谈录:"模联"拓展了我的学习视野 …………………………………… 22
陈晓姝访谈录:要么不做,要么就争取做到最好 ……………………………… 28
许欣儿访谈录:创新的学法来自宽广的感知兴趣 ……………………………… 39
巫任之访谈录:中学生要积极探索前途大事 …………………………………… 49
林徐乐访谈录:学习的契机来自真诚的投入 …………………………………… 60
汪中悦访谈录:在硬任务面前唯有真诚投入调适方法才行 …………………… 68
张旭岚访谈录:做好自己力所能及的事情最重要 ……………………………… 77
谢若嫣访谈录:善于感受美好情愫的快乐学习者 ……………………………… 87
陈　晨访谈录:在平衡的选择中追求最优化的学习效果 ……………………… 105
徐旻菲访谈录:孜孜不倦是她的本色,发掘乐趣是她的法宝 ………………… 119
胡　泓访谈录:统筹兼顾赢得学习发展的自主权 ……………………………… 142
林　妍访谈录:着力于现在的努力并不断让自己感受进步 …………………… 156
杨　迪访谈录:自我成长与助人意愿的整合让他内心特别充实 ……………… 168
陆思嘉访谈录:成长来自强烈的内心渴望 ……………………………………… 181
曾立孚访谈录:真心付出的稳健学习法让她自然走进北大 …………………… 189
高晟楠访谈录:"参赛学习法"让她收获多方面的成长 ……………………… 204

教师访谈篇

他喜欢静静地微笑着看学生一眼
　　——访厦外2011届高三(11)班主任吴铭辉老师 ……………………… 211

老师有多好才能引领学生走多好
　　——访厦外2011届高三(12)班主任王雪梅老师 …… 225
让课堂成为学生自由表达思想的语言学习沙龙
　　——访厦外高中英语教研组长陈锦英老师 …… 241
稳健的工作秩序来自明确的目标共识
　　——访厦外2011届高三年段长管勇武老师 …… 248
如何实现积极的教学互动
　　——访厦外生物教研组长隋冰清老师 …… 257
用生命影响生命的探索者
　　——访厦外语文高级教师、生命教育课题组副组长王文莲老师 …… 261
引领学生走进丰富的精神世界
　　——访厦外初中语文组长欧阳国胜老师 …… 271
目标导向与审美情趣相融合的探索使她乐在其中
　　——访厦外语文组优秀青年教师卢伟峰 …… 281
重视学情而又很会"煽情"的女教师
　　——访厦外年轻的德语教师徐美芳 …… 290
用历史大视野的思维处理日常教育生活的具体事
　　——访厦外历史组优秀青年教师胡靖华 …… 299
"万能打杂"的学生社团总指挥
　　——访厦外团委副书记洪伟东 …… 306
质朴而扎实的新教师成长"三部曲"
　　——访厦外优秀青年教师蔡敬辉博士 …… 310
教师的职业生涯首先促进了我的个人成长
　　——访厦外优秀青年数学教师郑英升 …… 316
喜欢琢磨学生品味是她的得力秘籍
　　——访厦外优秀青年政治教师郭晓静 …… 319
全然接纳而能积极转化的职业能力欣赏
　　——访厦外优秀青年历史教师翁鹭萍 …… 321

后记：且行且歌，且歌且立 …… 325

学生访谈篇

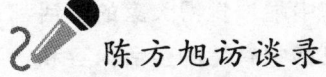

陈方旭访谈录

向着心善的方向乐观前行

访谈嘉宾：陈方旭 　　2011年保送进入中国外交学院,主修英语专业 **访谈主持**：黄碧芬 **原始记录**：范潇龙(保送上海外国语大学) **整体梳理**：黄碧芬

喜欢与同学分享生活趣闻

黄碧芬：我们想对部分保送生做个"成长的心路历程"访谈,很高兴见到你!

陈方旭：这是我的荣幸,谢谢老师。

黄碧芬：那么,从你最有感觉的话题开始,如何?

陈方旭：最有感觉的话题?那就从家庭生活、学校的学习和朋友这三方面来谈吧。

黄碧芬：真好!有生活、有学习、有交往。让我们一个一个展开吧。你六年都在外国语学校,觉得在初中、高中的学习生活有差别吗?

陈方旭：有啊!**初中时自我优越感比较高**,觉得从小学考入外国语都是很厉害的人。当时年龄比较小,自己还比较幼稚吧,还没什么追求,也就没什么想法,没求自己非要做好什么事情不可,**感觉就是在玩中学**。上了**高中就不一样了,自己会去定目标,有理想就会去奋斗,去找相关的具体事情做,会觉得比较有意义**。

黄碧芬：你在初中时能平安地享受"玩中学"的感觉,实在是很幸福的一件事。我猜你当时的成绩和表现在人群中也都是比较好的,对不对?

陈方旭：初中成绩不差,咱们学校又有直升,所以比较放心,觉得关键时努力一下就行了。家里对玩电脑游戏之类的事控制得比较严,其实也到了很晚我家才买电脑。我就喜欢和朋友交谈、聊天,乐在其中啦!觉得大家的生活都很有趣,很想多知道一些,也很愿意向同学分享自己感觉有趣的生活内容和一些事情。

黄碧芬:由此,你就在与同学交往中享受到很多乐趣,感觉自在又有内容。我很好奇你这类交往对象都是什么样的同学,你们会更热衷于聊什么呢?

陈方旭:是有一伙人,都是同班同学,都喜欢这种方式,所以暑假的时间还会约着一周聚一次。无所不谈啊,比如生活趣闻啊,网络段子啊,热点时事啊,甚至八卦之类的,就是谈谈自己的看法,会有共鸣。

黄碧芬:是不是也曾遇到看法不同而争吵的时候?

陈方旭:争论会有,但是不多啦。有的话也不会去争吵,就是说我即使不同意你的观点,我也不会想着一定要说服你,这是一种自在的表达交谈状态。

黄碧芬:很好,有相互尊重,又能相互借鉴和分享。会聊一些深层次点的话题吗?

陈方旭:一点点。比如,有次谈到富士康的连环跳,大家也多是谈谈原因是什么这种比较浅层的东西。当然感觉他们这样跳楼很可惜,会心痛生命的流逝。

黄碧芬:每个生命都是一种独特的存在,都有其独特的价值,我也很心痛生命的轻率流逝。这背后有很多机理需要剖析和面对。回到我们的话题,你们同学在一起会谈与学习有关的话题吗?

陈方旭:很少,因为这些同学本身学业都是比较优秀的。偶尔会谈下自己的学习啊,老师啊什么的,毕竟在学校里不便去谈论老师的为人、授课怎样的这类话题,但在校外的自由环境里就可以交流,也会愿意去谈自己对一些学习问题的具体理解和感受。

黄碧芬:这样的交往上了高中后能继续吗?

陈方旭:高中的学习生活比较紧张。平时一次次的考试后相互对比的程度上升,同学之间的竞争也变得比较明显,当然我感觉还是健康竞争比较多。有竞争就有一定的危机感,再加上周围同学的影响就自然而然会想要更努力一些。

世上没有过不去的坎

黄碧芬:你觉得高中阶段的学习生活压力大吗?

陈方旭:还好。要有适度的压力,但是不能过头,总的来说外国语学校的压力不像其他学校那么大。

黄碧芬:怎么说?

陈方旭:我们各种各样的活动比较多,我们的作业量相对小一些。

黄碧芬:课堂上的互动效果好吗?比较喜欢什么样的课堂?

陈方旭:这个要看课堂内容,老师的个人魅力,有没有增加一些课本外的见识,形式可以多种多样,老师语言幽默,与学生之间有互动,比如开开玩笑之类的,这样上课就很轻松,感觉时间一下子就过去了。我很幸运的是到目前还没有接触到太过沉闷的课,同学们比较不喜欢的是那种照本宣科的课,那会让人感觉无聊。

黄碧芬:课上就能达到对所学知识的理解吗?

陈方旭:重要的问题课上基本都能够理解。还有就是作业材料,四人小组之间在课余时间的探讨可以加深理解。四人小组的同学互相之间很了解,比较能迅速方便地讨论问题。

黄碧芬:这就是良好的学风,大家不回避问题而愿意相互讨论学习。那么,会恐惧考试吗?需要用考试来证明自己吗?

陈方旭:恐惧不会,紧张是有啦。有时候是需要考试来证明自己这阶段的学习,大多数人也是这样想的。但是考试也只是一种手段,不需要太在意,调整心态最重要。很少有人会在平时就用心评估自己的,所以就需要通过考试来查缺补漏。我认为及时调整心态,不要把成绩看得太重,不能仅仅用一两次考试来证明自己。其实关键还是平时的学习与掌握水平。

黄碧芬:就是啊,重在学习过程。考试通常能反映学生日常学习的效果。考试的确是给了老师和学生一次次自我反思与调整的机会。那么,与老师的交往顺利吗?

陈方旭:还可以啊。举马辉老师的例子吧,我们都叫他马爸。开始的时候觉得他很严格,说话很大声,感觉不好惹,那是马爸的"下马威"啦。交往之后就觉得他很可爱,可以交谈的面很广,也可以开开玩笑。刚好我是采访组的,前段时间还去采访了马爸,就觉得他阅历经验很丰富,人很乐观。我感触最深的一句话就是马爸说的:"世界上没有过不去的坎。"

黄碧芬:真好!这是有内在坚定信念的反映。你们受他影响大吧?

陈方旭:大。我的乐观就是马爸给的。

黄碧芬:乐观让你能够面对挫折,也更能自主勇敢地走自己的路对不对?

比如，你蛮享受的人际交往，其实也有许多需要选择与面对的情况，你比较重视表达的是什么呢？

陈方旭：我觉得人际交往首先要做好的是自己，要真诚待人。如果我真诚地对你，还不能与你很好地交流，就说明我们无缘，我不会强求，而会选择只停留在学习层面与你交流，却不会太过疏远你什么的。这也是前不久感悟到的，就是同学去鼓浪屿玩，我有事没去，他们说很想念我，这是很让我温暖的友情的感觉，觉得这样真诚的友情让人很感动。

黄碧芬：这样的理解很好，会让你的交往有宽度。在交往内容上对不同的人也会有不同的选择吧？

陈方旭：有些特定的话题会选择目标交流的。我觉得通过自己努力去赢得他人的笑容就很开心，但是又不能太执着。

黄碧芬：你对交往的感受和把握都很中肯。许多中学生在这类问题上比较迷惑，甚至备受困扰。相信你的认识和经验都能给学弟学妹们以良好的示范和借鉴。

浓浓亲情，沟通无界

黄碧芬：你前面也谈及对家庭生活很有感觉，具体谈谈好吗？

陈方旭：没问题。我的家庭很好，大家都聊得很开。相对而言，爸爸比较沉闷，所以我主要是和妈妈聊，家里的气氛比较活跃。妈妈也是很喜欢交谈的人，我周末回家通常与她一聊就是一两个小时这样，总要聊到爸爸招呼吃饭啦。

黄碧芬：我能想象这样的快乐。妈妈的职业、生活经验都比较丰富吧？

陈方旭：她在同一公司担任过很多职位，先是车间主任，然后做安全、做后勤。在每个岗位上都能与周围的人处得很好。她真诚待人，比如在办公室，她经常会准备些糖果、茶水什么的招待同事。家人都比较容易接纳他人，这也是我乐于交往性格养成的一部分原因吧。我与妈妈谈话的话题很宽，有时候会谈及成年人和年轻人的许多情况，我有时不赞同他们的观点，但我会吸收，并不排斥，会用时间、事实来考验。

黄碧芬：你的情商真好，求大同、存小异，不制造矛盾。许多人说亲子两代人必然有代沟，你觉得呢？

陈方旭：我们之间没什么代沟，硬要说有的话，可能在为人处世方面有不同的方式吧,现在不理解的到大学可能就会慢慢理解。

黄碧芬:与其他成年人也能这样交流吗?

陈方旭:这要看人啦,如果是把我当作成年人平等交流的也是可以的。像我跟爸爸交流比较少,因为他还是把我当小孩,妈妈把我当成年人就能平等交流,就说得比较多。

黄碧芬:像"爱情"这样的话题也谈吗?你如何看待爱情?

陈方旭:我觉得每个人遇到爱情的时间不同,妈妈有跟我谈过,我也是这样认为的。就是要成熟面对,对爱情要负责,要有担当。要在心智都成熟的时候谈恋爱。我觉得学历并不是很重要,重要的是你的情商和稳定的工作。前者保证你的爱情很丰富,后者保证你的爱情很长远。

黄碧芬:这样的认识理解已相当到位。爱情很美好,却不是用来"沉迷"或"占有"的,需要成熟的心智和丰富的情趣去滋润,也需要长远的实力去建设。由这样的爱情而走进婚姻的基础才能雄厚可靠,真是非常好!

中学生存在于社会就要服务于社会

黄碧芬:我还想问你的人生观和价值观是怎么样的呢?

陈方旭:要说人生观嘛,我认为做人要真诚、乐观。真诚是妈妈教给我的,乐观是马爸教给我的。

黄碧芬:真好!你认为中学生应与社会建立什么关系?

陈方旭:中学生存在于社会就要服务于社会。

黄碧芬:这么明确的答复又让我很好奇啦!为什么会有这样的思考?

陈方旭:保送后自我思考的时间变多了,我就在想,到底是"为工作而生活"还是"为生活而工作"?我觉得所学的、要学的东西并不仅仅是去赚钱,而是要去服务社会。我很喜欢一句话:"make a difference"!就是"要为社会做些改变"。可能是我在前台比较多,觉得人生下来就要服务社会,要做改变。所以我有两个理想,第一就是当老师。因为当老师很奇妙啊,在授课的过程中,会和学生一起成长;第二是做传媒,因为做传媒可以引导舆论走向,进而改变社会。

黄碧芬:实在好!相当成熟的思想。"要为社会做些改变",而不是仅仅看到不足抱怨了事。这又是一种乐观积极的生活状态。相信你一定会有所作为的!其实,你的同学已经用了诸如"开朗热情、乐观积极"、"组织领导能力强,做事认真负责"、"与同学相处十分融洽;做人随和,可以随便开玩笑;做事有板有眼,严肃认真"等词语来描述你这个人,真是非常贴切啊。可否给学弟学妹们一点儿建议?

陈方旭:要有目标,要定位自己。在外国语很幸福啊。外国语有很多活动,连外教都喜欢外国语活动的氛围,特别喜欢外语节。只要你愿意都可以来展现自己,学业并不是全部,要在兴趣发展中找到自信。

黄碧芬:兴趣是最好的老师,可喜的是你们很多会学习的孩子都能真实有效地投入丰富的拓展性学习中。谢谢你给我们的诚挚分享!

陈方旭:谢谢老师!

精彩聚焦

  整个访谈过程中,陈方旭同学明亮而饱含温暖笑意的目光让我十分惬意而欣喜。这目光一如他对交往、对学习、对爱情、对社会、对信仰的清晰明确的解读而让人心旷神怡!好母亲真是孩子健康成长的优质土壤。母亲自己的价值清明、情绪稳定、与人为善的示范,及其与孩子的经常性的、拓展性的真诚交流都潜移默化地影响着孩子对人生重大问题的感知与把握。方旭的父亲虽不善言谈,却能以爱妻爱子的实际行动支持母子长时间的思想情感交流。方旭好福气,还在于他幸遇一批如马辉这样的好老师,在日常师生具体的教育教学互动中,不断得到来自老师、同学的精神营养滋润,并在班级在学校这种有良好教学秩序,有诸多自选平台的学习环境中拥有在前台表达自我、自然关注和帮助他人进步的经历。这就构建了他学以致用、乐观思维、积极选择的良好习惯。我们不难看到他享受到家庭与学校有品位而且有深层互补功能的优质教育资源,使他具有良好品性教养,并取得了适应社会发展且有广阔发展空间的成才效果。

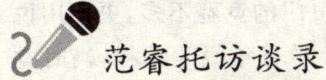
范睿托访谈录

把数学当作一项运动来享受

访谈嘉宾:范睿托
  2011年保送进入北京大学数学院
  2011年中国数学奥林匹克金牌获得者
访谈主持:黄碧芬
原始记录:王智亮(保送厦门大学)
整体梳理:黄碧芬

哪里有需要,我就到哪里去实践

黄碧芬:得知你拿了数学大奖归来,很高兴有这样的机缘与你面对面交谈,现在都忙什么呢?

范睿托:我上个礼拜回小学母校,对六年级的小学生开个讲座,交流了一下。

黄碧芬:你重点对他们讲了什么?

范睿托:讲了自己的成长经历。因为他们就要小学毕业了,介绍了一些初中的生活。

黄碧芬:很好啊,很务实。你让他们看到从这里走出去的人能走到这样的高度,是一个榜样。

范睿托:因为去参加竞赛回来得比较晚,保送生同学们已经安排好了各自的社会实践工作,所以哪里有需要,我就到哪里去实践。

为什么选择参加数学竞赛?

黄碧芬:挺好的,现在硬任务都完成了,更有心情去多了解、多实践、多付出。在厦外六年一路走来的感慨也挺多吧?我特别好奇你是如何走上数学竞赛这条路的?从什么时候开始有这个想法?

范睿托：小学的时候，跟省内别的城市比起来，厦门的竞赛不多，更不用说跟别的省份比了。那时候我有参加计算机竞赛。小学五年级学编程，当时觉得很好玩，可以画很多图案。初中也想参加计算机竞赛，但初中没有好的机缘。我们学校初一、初二两个年级都有让学生自愿去参加数学希望杯竞赛。我去了，这当时也不算太执着的选择，初一的成绩还好，初二就考得特别好了。初三直升后基本上班里每个同学都要参加数学、物理、化学三科的竞赛，我就偏重选择了数学。初中竞赛时先考物理，再考化学，最后考数学。其实我的物理和化学也都不错，数学自然还是考得最好。

黄碧芬：学习能力强，只要愿意，只要努力，学习效果就好，这种状态很幸福。

范睿托：确实比较轻松。也许有这方面的原因，我感觉上高中后学习压力并不是很大。当时就想再投入竞赛学习。我先是选择了化学和数学两科。因初三直升后有了许多时间，我就用于自学化学和数学的高中课程甚至大学课程。高一开学的时候有五科竞赛供学生选择，我选了数理化三科。物理当时考了年段第一。但是竞赛课程去上了两节后就有点受不了了，对我来说节奏慢了些。**当时我觉得自己时间挺充裕的，还打算数学、化学两科都参加，并没想要进全国赛或者省队什么的**。之前知道有一个学长朱亦博进入了国家队，知道了我们学校的学长能走到这个高度，却也没想自己也要进国家队，因为这不仅仅靠实力，也需要运气的成分。当然更没有想过之后自然拥有的北大数学院的保送。对我个人而言，竞赛对课内的学习很有帮助就行了，我的理科课基本上是在写竞赛的题目。

黄碧芬：实际上你是比别的同学超前学习了。

范睿托：是这样。而且如果数学好的话物理就会读得很轻松。我们学校有数学竞赛这个传统，前几届都有很多个高手，他们不仅参加竞赛，高考时也取得了很优异的成绩。一些学长和下一届的同学我都很熟。当时化学竞赛老师要筛选人，要求只剩下十个人，老师说要参加化学竞赛就只能单选化学竞赛。这样我只好放弃了化学竞赛，去参加数学竞赛。

黄碧芬：因为数学是你的最爱。

范睿托：对，当时也觉得自己的化学不如数学那么强，并且数学竞赛花的时间也不少了。

黄碧芬：老师这样的要求也是想让同学相对地集中精力。

范睿托：如果当时我知道我可以拿国家一等奖的话，我当然是觉得拿一个国一比两个省一要好,毕竟更专还是更好。不过数学和化学一起拿奖还是比较少见的,一般都是数学和信息或者数学和物理会比较有关系,我如果参加化学竞赛可能对数学竞赛没什么帮助。

定位与努力都很重要

黄碧芬:做出正确选择很重要。之后呢?

范睿托:我跟另一个同学被介绍到肖骁老师那里去,他是我们学校数学竞赛这一块最牛的老师。高一花的时间比较多,虽然高一有十一门课程,但是比起高二、高三时间还是多得多。当时我理科课几乎不听,考前都在复习文科。**文科经常考得比理科还好,因为文科有复习。**

黄碧芬:学习是很务实的事,有没有投入有针对性的努力,结果是不同的。尤其是考试自然要对备考点进行梳理。

范睿托:我高二参加数学联赛,也没有想着要进省队,后来挺后悔的,如果考得好一点就可以进省队。**可能对自己没那个要求、没那个定位,高度就不够。**后来我妈也一直说,你只想着拿个省一就好了,就只能拿省一啦。当年我们是一百分的一试,两百分的二试,我二试考了一百一,但是我的一试考得很差,只有四十多分,看错题目了。不过当时也没什么遗憾,因为觉得省一已经到手了。当时考了福建省第十九,在高二年还名列第四。**有个南安一中的同学也很厉害**,他比我们大了三岁,因为比较晚读书,在乡下读的小学。他就是属于那种特别刻苦的同学。他是从山区的小学、初中上了南安最好的高中,虽然不如厦门、福州这些好的中学,但是对于他来说已经算非常好了。**我去参加培训认识了很多人。**

黄碧芬:你跟他们都有交流吗?

范睿托:那位南安一中的同学去年就进省队了,而且他去年就拿了国一。**他是一步一步走上去的。进省队之前他甚至不知道还有全国赛,有机会他就很努力,最后他也考得很好。**

黄碧芬:你听到他的故事后有得到激励吗?

范睿托:**感觉我们的环境太好了。**通过数学竞赛,你可以看到很多人,很多环境比你差的人。**南安一中那位同学对我们说,他初中的时候还要帮家里看店,都是边看店边读书。**农村出来的孩子比我们刻苦多了,我自己一直都是比较轻松的,参加数学竞赛可能比一般同学花的时间多点,但是因为自己的效率比较高,所以也没觉得太辛苦。尤其是高二的时候想着拿个省一就好了,高二前两个暑假我基本上没怎么看竞赛书,想着要参加高考,课内还是比较重要,一直都以课内为主,成绩也一直比较全面。

黄碧芬:像你这样有能力承担额外的竞赛任务而又不影响正常高中课程的学习,实在不简单。这是否让你感到特别充实?

范睿托:是的。高三联赛前整个暑假才真是认真地投了进去,因为这是最后一次机会了。前几届有个同学考联赛的时候二试的卷子被弄丢了,二试变成零分,本来可以进省队的。

黄碧芬:这种就是运气的成分。

范睿托:我当时就想除非把我的二试卷子丢了,不然一定会进省队。当时没想过要拿全省第一,能进省队就好了。

黄碧芬:这样解读下来我发现你很有自信,又不会给自己太大的压力,顺顺当当的。

范睿托:高二的时候有想过要读香港大学,那就要参加高考,只是想着要参加一下竞赛,结果很顺利地进了省队。进了省队以后要参加很多培训,学校里各科的考试也都去考。当时确实挺辛苦的,因为从来没有这么读过竞赛,上课期间还外出参加了两三周的培训,所以学校课程的成绩就落下了一些,有时落到年段前十,以前都是前三名。

黄碧芬:已经很了不起了,在竞赛需要你全力以赴的情况下。

范睿托:当时我全部心思都在竞赛上面,课内的东西会选择性地忘记,所以回学校之后需要几天才能适应。竞赛做的题肯定比高考多,如果没有大量做题很多思想方法根本就不知道。有些想法是以前的数学大师想出来的,自己不一定能想出来。问题是这些都已经算陈题了,那些思想方法已经存在了,所以大家都应该熟悉。

黄碧芬:我觉得你能够在这么短的时间吸纳这么多大师的思想方法,已是一件很了不起的事。起码你要看得懂,你要了解他思想的脉络是怎么构建起来的。

思想方法更重要

范睿托:竞赛的题目都挺有趣的,尤其是跟课内的题目对比而言。课改把试题改得越来越简单了,很多知识的安排不是很合理,更侧重于如何解决问题而不是教学生思想方法方面的东西。

黄碧芬：你会不会觉得思想方法是更根本的？

范睿托：对。有个小例子，我记得以前上立体几何时教了我们挺多几何方面的知识，几何方面的东西对个人的思想是很有帮助的。但是后来把这一块删了很多，解析几何讲得特别多。现在高考的几何题，几乎所有人一看题就开始建立坐标系。确实，用计算出错的概率会比较小，解决问题也比较快，但是在思想上却是很肤浅的。几何本来是图形，现在变成一个式子去计算，大家的立体思维能力会变得特别差，想象一些东西都想象不出来。但是这样做题的效率高。

黄碧芬：可是做这些题的目的又是什么呢？在数学面前，我是外行，第一次听一个学生这么清晰地告诉我，一个学科的思想方法如此重要，而且会给人建设和训练一些好的思维能力，我觉得非常宝贵。如果你能够把这些想法用你比较专业的认识和你自己的感受写成一些专题随笔什么的留给我们学校，甚至能给我们的教改工作提供好的参考呢。因为很多时候我们改来改去，我们到底要把学生引向何方，让他学习这些内容能够对他的生命产生什么样的影响？更应该让学生去认识或体验些什么？这些都太重要了。

范睿托：有些时候我觉得课改是把内容改得越来越简单，越来越少，却把题出得越来越难。有时候看西方的数学题会觉得很简单，但他们学的东西却比较多。

黄碧芬：你这个感觉很中肯，你学得足够多才有办法这样来比较思考。真的很期待看到你写的"数学学习之我见"专题稿给我们，我会把这么宝贵的东西附在我们的访谈录后面让更多的人分享。你刚刚谈及的现实存在着一种让人的思想越来越肤浅的教学，我感同身受。从心理辅导所追求的效果来看，也有类似的问题。人们在学习生活中会有各种烦恼，这很正常，如果我们只停留在如何消除烦恼，而不能揭示和面对这个烦恼形成的机制，我们就可能继续不断地"炮制"烦恼出来。心理辅导本源的东西就是要读懂当事人的存在状态和内在需求，还要积极唤醒和调动当事人自己的生命力，让他乐于和勇于使用自己的资源去改善自己的状况。所以我刚才听你这样讲就知道这里面是有内涵的，有很多更深入的东西值得挖掘。

范睿托：有时候客观上的限制，像高考，会造成很多的束缚。我一直觉得我们初中的教学比高中灵活很多，因为中考对我们来说是没什么影响，包括英语课的教学。初中与高中的英语教学不同，教材也不一样，我们没有中考的压力,可以学自己的东西,可以做很多活动。但是到了高中因为有高考压着,我们都要以高考作为最终目标,高考是大多数同学必经的一条路。

教育要追求什么样的强?

黄碧芬:初中一种相对宽松的教学对你们来说还得到了很多锻炼,这些经验也是很宝贵的。怎样来选择学习"自己的东西"? 怎样选择和参与活动锻炼? 最好还能呈现更具体的经验。就算是现在的初中,还是有学生学得蛮痛苦的,在你看来可能比较容易的东西,在另一些人感受起来就是非常难的。**提供一些思想方法性的经验会给更多人以参考借鉴**。毕竟人的智能优势有所不同,见仁见智可以请便。你前面提到出去竞赛认识了很多人?

范睿托:是的。尤其是全国赛的时候,我们去吉林长春,当时我们去的时候零下三十多摄氏度,每人发了一件军大衣。主要是跟省里的人交流,福州一中五个人,厦外一个,双十两个,还有一个南安一中的,我们当时都很熟。我觉得福州一中有很多值得我们学习的地方。以前我不大喜欢福州这个城市,觉得环境不如厦门好,但是作为省会,它肯定有它优势的地方。我在福州一中待了七周,将近两个月。

黄碧芬:你觉得他们的什么优势特别突出?

范睿托:像这次我们的省质检,我们是厦门市第一名,平均分却比福州一中低了十几分。我们厦门市的一中、双十都在抢生源,比平均分,却没看到福州一中很轻松地傲视群雄。

黄碧芬:他们是如何做到的? 关键点是什么?

范睿托:我觉得一方面是他们没有实验班,而且师资确实太强了,他们学校有三十多个特级教师。厦门三所学校加起来也差不多只有这个数。

黄碧芬:如果从学生的程度来看呢?

范睿托:一方面他们招的学生也很多,全省各个地方都有招。而且他们那边的学生确实读得比我们用功,更卖力。我们学校的同学,包括老师,比起别的地方算是比较轻松的,有时候不得不这么说。他们学校在一个很偏的地方,不在福州市区里。

黄碧芬:他们这样高强度地读书,你与他们接触下来觉得他们的精神面貌和综合素质怎么样?

范睿托:综合素质比我们学校的学生还是差了一些。他们在课外活动方面是差很多的,发展不全面。我接触的竞赛的同学,课内都读得不好,如果高考的话就不能考上清华、北大,有人可能厦大也考不上,偏科很严重。

黄碧芬:而综合素质对人的社会适应和生活幸福其实很重要。我很高兴我们的学生有这么多优质活动选择。你有没有发现其实我们的这种模式会走得更宽更远?

范睿托:我也是这么觉得的。后来省一取消保送,全国赛也不超过 20 分的加分,加分还是由各个省定,进了集训队才能保送,这对许多学校影响很大。但是对我们学校的影响很小,因为我们学校竞赛的群体很小,做数学竞赛也很少人想着要拿奖,只是当做一个社团活动。

黄碧芬:我反而觉得给同学们这样的一个选择,比较能够自由发挥。因为**现在毕竟还在基础教育阶段,他自己多方面的优势可以多尝试,多挖掘**。

范睿托:福州一中有点像厦门的一中、双十,把最好的学生招收进去。今年福一中办全国赛有设奖励名额,出卷也是他们出,选拔考试也是在他们学校进行。我们九个人除了一个高二的没有保送之外,其他人都保送到很好的大学。北大数学院上了三个人,工学院两个人,还有三个上清华的同学。当时我想没拿国一我就不保送了,因为专业不好选。我还考虑过拿了国一没有进集训队,也不一定要保送。

黄碧芬:能进能退的心态好,重要的是了解自己,内心有数,知道都有路可走。

范睿托:那天的竞赛考后我觉得考得比较好,感觉六道题都拿下了。从考场出来后听大家的议论知道有点小问题,所以剩下五道有把握的,不过按照往年的经验做对四道半的题目就可以拿金牌了。考完后心情很放松,和大家一起打牌,福建省的领队请我们吃饭。下午有面试,我到北大的办事处填了志愿,想进数学院。但是当时来了很多高校,人也很多,要等两个小时我就没继续等下去。很多没有把握的同学抓紧那天的时间去面试,面试时问你几个问题,再看看你前面的表现,不用等成绩出来就可以录你了。福州一中有个同学也是想上北大数学院的,北大数学院只要金牌的同学,他只拿到了银牌,但由于他有参加面试所以北大录取他了。当时我们并没有什么学校与学校之分,只想着大家都进好大学就好了,毕竟我们都是福建人。我是第二天才知道自己拿了金牌,进入集训队。我以为自己进国家队的概率不是很大,没想到进了。

黄碧芬:这样反而更开心。

知己知彼筛选发展方向

黄碧芬：我还想了解你对专业的思考。

范睿托：对于专业来说，我不希望自己大学就进入商科，**我挺想不通为什么现在很多人本科都想读商科**。全国各地的状元不是去清华紫光就是去北大光华，或者香港大学读商科，出国的同学也选择读商科。**我觉得导向上有点问题，大家对读商科有很多误解**。有人觉得理科数学读不好就去读商科，但是商科要读经济学，要读金融，数学要求是很高的，可能比化学什么的都高。可能大家觉得商科读完后出来收入会比较高，我也有跟我父母讨论过这个问题，如果太多人涌入这个专业，金融行业很快就会饱和了。

黄碧芬：像你这样选择读数学的将来发展的方向什么样？

范睿托：我自己有一个想法，工科理科商科，商科不想读了，有考虑过计算机。但是计算机的机会很难拿到，清华的计算机班很好，全国一年只招三十人。计算机系是一个获得世界计算机最高奖项的华裔创办的，以前清华的计算机系不如北大，他到清华去办了一个国家级的计算机研究中心，清华计算机系就逐渐超过了北大。它只招数学竞赛的人，不喜欢计算机竞赛的，对他们的知识结构有要求。但后来我发现计算机实验班是个软件班，我就不是很感兴趣了。很多学校的数学和计算机系是和在一起的，这样会比较好，计算机科学跟数学的关系还是比较大的。有些学者在说中国的计算机系几乎变成了软件系，都是在编软件而不是在做一些前沿的研究。**真正做这些研究的是数学系出来的人。所以我想如果要读数学的话，北大还是最好的选择**。在这方面我觉得港大就会差很多，可能由于文化氛围的关系，香港大学会比较注重商科，因为香港是一个金融都市，它的所有学校都是商科很好。港大还有建筑、医学、法律很好，这些都不是没有兴趣的人能去读的专业。

黄碧芬：像你这样对数学思想已经有一定的了解和体验，又这么喜欢它，你真值得在这方面再做一些深入研究。

范睿托：如果你觉得你在数学的某个分支很有天赋，你才会舍得这样去做数学研究，若是十几年都出不了什么结果，就会觉得数学很枯燥，很痛苦。就像当时集训队有个中科院的院士说过的，**数学是上游学科**。虽然有些人说本科的专业不重要，但你还是要花四年去读。读基础学科还是比较好的选择，不过读研和读博一定要出国，不能在国内读。国内在这方面的科研环境没有国外好,国内对数学专业毕业的人需求也不大,前景不如国外好。国外的大小公司都会有数学工程师,收入也挺高的。国内做基础工业会比较多,新型工业比较少。或者我以后可以转攻金融专业。北大的数学院招一百多个人,说多也不多,因为还要分成4到6个系,这样分下来一个系也不会太多人。

黄碧芬: 你对国内外顶尖大学的这么多资讯是如何获得的?

范睿托: 大家都会了解吧,因为涉及以后自己的专业发展。高二的时候我们有很多同学要出国,因为我英语还不错并不是没想过。但是我觉得我出国去不了很好的大学,我比较感兴趣的大学是麻省理工、普林斯顿、伯克利、加州理工,我想如果我以后要回国内发展的话可能清华、北大两所读一所会是一个很好的选择。

黄碧芬: 你的想法真是非常长远。

范睿托: 因为一个是认识很多人,而且我知道很多从北大数学系走出来的很厉害的国家队的人。柳智宇当时选择出家,当年他是数学国家队的,而且国际上蛮有名的,有很多神奇的事情。北大数学出去的有应用数学、理论数学、计算数学、金融数学,我都有了解。选择数学系的原因之一就是想看看再过两年我对什么会更有兴趣。高中时我们所了解的大学跟任何一个事实上的大学都是有差别的,你认为的大学专业跟事实上的大学专业很不一样。你觉得你对某个学科很感兴趣,但你不一定很了解这个学科的存在状态和发展状态。

黄碧芬: 我们确确实实还很缺乏深入去了解,甚至可能很多东西还没搞懂。

范睿托: 肖老师在这方面也跟我讲了一些。

黄碧芬: 他的工作阅历一定储备了很多可以让你借鉴的东西。

范睿托: 包括福州一中的教务处主任,就是这次我们福建省的领队。

黄碧芬: 我觉得你很善于跟人交往,你很会通过沟通交流来丰富和提升自己的见解。

范睿托: 其实很多机会都是很难得的,如果当时没有进省队或者集训队,这方面的经历确实会少太多了。在全国赛时我们各住各的宾馆,在那边你可以跟自己省队的同学待在一起。我们省三个人进了集训队,已经算是最多的了。我们宿舍还有一个河南的、一个山西的和一个安徽的,他们都是一个省只进一个,隔壁宿舍是人大附中的,他们一个学校就进了五个。他们都是在全省最好的学校读书的,人大附中就更不用说了。

黄碧芬: 你觉得他们都是偏才还是综合素质也很优秀?

范睿托：人大附中的同学综合素质确实不错，有个同学是今年国家队的，他考了国外的大学，被加州理工录取了。有个很小的同学，因为太小了大家都很关注他的年龄，现在可能只有14.7岁，他考进国家队的时候是14.6岁，跳级读高二。他初三相当于别人初一时，就进了集训队，全国赛就拿到满分。连续两年都没有考进国家队，但今年进了。他爸跟着他一起读，带着他到处培训。他投入得比我们多太多了，虽然比我们小，我们都叫他前辈，因为他读的时间比我们久，是我们的两倍。高中生该有的课程他学得很少，而且他也没有什么课外兴趣。他这种情况是很少见的，很多年才会见到一次。他不是特别天才的那种，因为我们福建队有人去年就认识他了，跟他比较熟。有一个山东神人高一进了国家队，参加国际竞赛，到第二年，在这一年的时间内没有丢过一分，到现在没有人破得了他的记录。

黄碧芬：你这些队友的确各有特点。竞赛离不开考试，你觉得你这些队友考试时的精神面貌如何？

范睿托：各种表现都有。因为有些同学花了很多时间来做数学竞赛。像我，进了省队水平会上一个台阶，接下来进了国家队水平又会更高一层，水平提高得很快。可能在前一天你看集训队的题目都不会做，连答案都看不下去。第二天你知道自己进了集训队，你必须得做，因为这些就是你接下来要面对的题目。前一天你只要求自己是省队的水平，第二天你就得要求自己是国家队的水平。

黄碧芬：所以你有没有发现清晰的目标定位，其实对人的影响是很大的。你有那个定位，你有了那个自我要求，你才会去深入钻研。原来你看到题目觉得头大不想看，但是现在你必须得钻进去。

范睿托：数学竞赛让我知道了很多很多事情。平时很少有机会接触到像上海、北京那里的学生。

黄碧芬：我发现你走了竞赛这条路两不耽误啊，你个人的基础学业没有受到什么影响，还有了一门特别冒尖的科目；而且一路过来你看到了很多风景，你看到了很多人是怎么走过来的。

范睿托：包括对竞赛的看法都改变了很多。当时"年册组"叫我写保送生的回顾，我没有太多考试经验可以回顾，也没有经历面试，我就写了一些对竞赛的看法。我被问了无数次这样的问题。我当时联赛考完后，商报、晚报、日报三个记者每个人都问一遍，全国赛完了以后又来了两个记者。去参加集训队还有福州的报纸和电视台来采访，确实最近这段时间对竞赛的关注还有各种各样的声音也听得比较多。我从个人的角度、学校的角度以及从各种不同方面来看问题,都会有不一样的看法。从学校的角度看待数学竞赛很好,我们学校出去参加数学竞赛的同学个个顶呱呱。

黄碧芬:今天我这样听你的故事,很欣喜也很感动。数学竞赛的路上有竞争,有辛勤的汗水,更有善于学习、勇于担当、坚持不懈的心理素质。你能够成长得这么生动活泼,与你心态平稳、乐观参与、兼收并蓄、稳扎稳打的强健心智有关。

范睿托:去集训队看了这么多人,感触也很多。有为了数学竞赛多次跳级或者留级的同学。我觉得有时候这方面是不大对头的。我说过**如果你对数学感兴趣,其实你没必要纠结于数学竞赛**。数学竞赛去年闹过一件事情,有个人觉得自己能进国家队,但是最后没有进,他自己包括他的家长、老师就开始闹,闹得大家都很不开心。他说如果我没进国家队就是有黑幕,我进了就没有黑幕了。听起来都觉得很可笑。有一个教授对我们说数学竞赛就算是拿到了世界奥林匹克金牌,跟体育奥林匹克还是有差别的。虽然都是奥林匹克,他们的精神是相通的,一个运动员拿到了奥运会的金牌,可能是事业的巅峰。但是就算拿到奥数的金牌,也只是个中学生活动,接下来你要进入大学,不要搞得**大学毕不了业**。因为北大的学风比较自由放松,有集训队的同学到了北大之后就开始玩,最后毕不了业。所以如果你对数学有兴趣的话,数学竞赛不用太看重。你真正对数学有兴趣的话可以到大学继续深造。

统筹兼顾成长空间很大

黄碧芬:真兴趣加上可持续的耕耘状态永远是治学的法宝。如果让你给学弟学妹一点建议,中学阶段或者高中阶段要更重视什么?

范睿托:我的高中生活过得比初中生活好,其实初中各方面包括学习压力都比高中小很多。我对我的高中生活挺满意的。**高中应该锻炼自己各方面的能力**。我是我们学校管弦乐团的成员,初二就加入了。包括到大学去也还要多参加,北大的社团是全国最有名、最丰富的,北大的学生都要参加八九个社团,有些社团是不怎么活动的,有些社团的活动比较多。高中三年一定要给自己的将来包括自己要读的大学定出个方向,很多人现在并不想专业的事情,等到高考分数考出来再说,有些人说我现在想好的专业可能成绩出来后也不一定上得了。但是有一个大概的方向还是必需的,等你的分数出来后再去选专业也常措手不及。并不是大家说的好专业就是适合你的专业。**高中还要为自己将来进入社会锻炼能力,打好基础,充分了解自己,找出什么方面是自己更感兴趣的。**

黄碧芬:正是这样。有主攻方向将会给自己增添前进的动力,面向社会生活需要选择、体验和锻炼自己的多种能力,既充分了解自己、打好基础,又扎实捡选出自己的志趣所在,**活得充实又明白**。你讲了很多竞赛方面的自然经验,你的比较思考,你对数学思想的价值理解、对大学专业取向的系统了解都有自己的独到之处,包括你对国内外数学教学的观察,或者对数学教育走向的观察,都可以进一步写些小专题留给母校。因为这些都是很宝贵的教研资料,一般人做不出来的。还有我们学校给孩子们选择的空间很宽,**我发现你一路走来学得挺自主又自在,你想学什么都有自己的依据和选择。学校的环境给了你应有的空间,你自己也非常清晰地安排着自己的学习生活,这些经验都很宝贵。**你参与了这么多活动,既有提高性的竞赛学习,又有普通课程的学习,还有你自己喜爱的那么早就加入的乐团习奏,你的时间是怎么分配的,你怎么能做这么多事情?你的知识结构相当好,现在听下来我觉得你比集训队的其他成员综合素质都好,这一定会让你的将来走得更高更远。尤其是你的心态特好,包括选读北大数学系,你有充分的理由要在专业很扎实的基础上再做发展性选择。我为学校有你这样的人才感到非常欣喜和骄傲。很感谢你与我们分享这些心得。

范睿托:谢谢老师!

精彩聚焦

诚如各位已经阅读和感受到的,范睿托同学的成长心路历程真是让人赞叹不已。他就是那种活脱脱的乐观、向上、合群的典范。他不但自己学得轻松活泼,还特别善于向同行学习。知己知彼而平和进取,稳扎稳打而非盲目从众。他的选择主要是基于自己的发展需求,他的潜能更因有高度清晰的目标激发而专注迸发。他透过观察和交流比较而自省的质朴品质,他基于专业建设的思想方法,都让我们看到一种宽阔而精美的学习心境以及自然大气的发展后劲。

尤其难得的是,他在一路不断挑战高目标的学习历程中,从无一句对外界、对他人的抱怨,反而给我们介绍了他自己对所拥有机会的获益感,对基于真实的交往经历所感受到的一些值得教育反思和需要警惕的教育现象。他的自觉、热情和理性都让我深深感受到青出于蓝而胜于蓝的快乐。他的佳绩除了来自他的天赋、他自身的努力外,也深深得益于为学生创设了优质教育资源又提供开放选择空间的良好校园环境和社会支持系统的有力培训。范睿托同学的成长经历也启示我们好的教育教学要给予学生更多自主而又有现实发展目标引领的选择空间,同时,也要更多倾听和吸纳学生的积极见解以完善多元育人的途径及其教学内容的选择和建设。

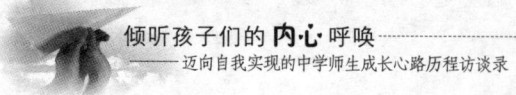

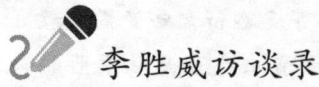 李胜威访谈录

"模联"拓展了我的学习视野

访谈嘉宾：李胜威
　　　　2011年保送进入北京大学，主修希伯来语专业
访谈主持：黄碧芬
原始记录：范潇龙（保送上海外国语大学）
整体梳理：黄碧芬

扬长避短稳健达标

黄碧芬：很高兴邀请到你。保送进北大真不简单，这段时间心情如何？

李胜威：很激动，也很轻松，毕竟达成了自己的愿望。

黄碧芬：选择保送是什么时候萌生的愿望？

李胜威：还在初三、高一的时候本来是想出国的，后来觉得SAT和国内的课程两手抓太累了，也很难确保成功。高二的时候就想走保送这条路会更稳当些，因为自己语言方面有特长，所以就说服父母，向他们表明要先在国内读大学的心愿。

黄碧芬：呵呵，还需要说服父母？

李胜威：因为他们比较想让我出国，可能是觉得我的性格比较适合国外生活吧。

黄碧芬：我看到你的专业是希伯来语，为什么要选择这个语种？

李胜威：我当时报北大第一志愿是选西班牙语，但没选上，就选了希伯来语。因为希伯来语会的人不多嘛，全国大概3000个，未来就业方向是外交部或者中东研究所这样的，还不错。也可能是对基督教有点好奇吧，知道《圣经》最早正是用希伯来语撰写的，觉得有一种很特别的意味。曾陆续看了一些《圣经》的内容，觉得里面的信息对现代社会也是蛮有价值的。

黄碧芬：这样啊！我很好奇是什么样的机缘让你接触《圣经》的？是父母

的影响吗？

李胜威：没有，没有，我家里人都是无神论者。可能是因为我读的书比较杂吧，当初是从圣经故事开始看，也带有一点功利目的，因为保送准备的时候有说可能会考到《圣经》的典故，就去看。看着看着就产生了兴趣，就这样。**我觉得做事情很多时候一开始是为着某个目的去做，久了可能就会产生兴趣。**就像高一的时候想出国，要做很多社会实践嘛，就去参加很多学校的活动，后面又不出国了，但是这些活动参加下来觉得很有意义，现在面对它们就不是当初那种功利的心态了。

黄碧芬：真是很幸运！因你有目标追求，又会主动围绕目标做功课，做进去了还能有所发现，能体验其价值意义和快乐，而不再只是目标需求。**这正是很好的目标导向学习法**嘛。可以想象，你的学习是比较自主而投入的。初、高中相比，哪一阶段的学习更快乐？

李胜威：高中阶段比较开心，因为找到了自己的兴趣嘛。

凡事预则立

黄碧芬：我知道你还是咱们学校的模联主席，有许多事情要去思考和操办，是怎么安排时间的？很想分享你的具体经验啊。

李胜威：很难总结什么经验啦，但是**我是比较有效率的，相对来说我是比较会挤时间的。**

黄碧芬："会挤时间"就是很有价值的经验啊！怎么挤法？

李胜威：(笑)我建议学弟学妹不要像我这样参加那么多活动。当然你如果觉得不累，能应付过来也可以，这个因人而异吧。**平衡活动和学习的话就两个字：效率。**我觉得课上效率很重要，我也是到家就很懒，做事效率会变得很差的那种。

黄碧芬：人本来就需要张弛有度，重要的是你在课上是如何提高效率的？

李胜威：预习很重要，不要多长，就前一天晚上各科给个5～10分钟就足够了。没有人可以40分钟死死盯着黑板不走神的，那样会非常累，走神是肯定的。所以就需要有预习，挑重点来听课。

黄碧芬：有预备才能懂选择，尊重课堂又有自己的把握重点，这是很好的经验。平时做工作也是这种风格吗？

李胜威：我自认为不是那种领导力、号召力很强的人。我比较适合去执行任务,很多时候不懂得去给别人分配任务。像这次模联的准备工作,本来是要分配任务的,后面就搞成自己全包了。我不太喜欢扮演分配任务然后再去催别人的角色,比较喜欢自己去做,做完了等别人来整合。所以这样往往就会做太多事情,有时难免顾不过来,有点辛苦。

黄碧芬:所以,合作增效很重要。难怪你刚才会说不建议同学做太多事。**其实难度越大的事越需要充分调动成员的积极性,群策群力去攻关。**当然,这需要很好的组织策划与协调能力,也需要好的团队文化环境支持。

李胜威:这方面我还需要努力。

反求诸己,主动在先

黄碧芬:**你有很好的行动力已相当可贵。**亲力亲为也能让你更知道处理事情的要害或关键点在哪,这份知晓当更有益于你有针对性地分配任务,即让你的成员更多发挥自己的优势,达成最大化的优势互补和优势增强效果。你在与同学交往中会感觉自己心理年龄大些吗?

李胜威:有啊,我自认为心理上很显老的。

黄碧芬:怎么说?

李胜威:看事情的角度会与别人有点不一样吧。可能是做模联的关系吧,常常要站在国家的角度来思考问题,觉得国家之间的关系就是受利益支配的关系。比如这次日本地震,网上有很多愤青在叫好,我觉得不应该这样,都是人嘛,那些错误也不是他们这代人犯下的,所以还是比较同情受灾人民的。

黄碧芬:这是做人的良知。你觉得自己在人际交往方面怎么样?

李胜威:我宁可自己吃亏,**做事讲究自己问心无愧**,有时候会伤害到自己也无所谓的样子。我妈也经常说我这样以后走上社会可能不太好。

黄碧芬:你觉得怎样去交往会更顺畅?

李胜威:都还好吧,我比较多的会去迎合别人。

黄碧芬:这样会委屈自己吗?

李胜威:还好吧,息事宁人嘛,大事化小,小事化了。

黄碧芬:有时会有特定的交谈内容,对交谈对象有选择吧?

李胜威:有的。根据需要吧。

黄碧芬:参加这么些工作下来,有没有需要改进的建议?

李胜威:觉得学校做事有时候效率比较低。还是拿模联的例子吧,这次开模联要发邀请函,说好的时间,结果学校方面拖到很紧迫了才发出去,这就会对会议的准备造成一定影响吧。**我是喜欢宽松做事的,不喜欢别人来等我,喜欢做事更主动一点。**

黄碧芬:以宽松的心情做重要的事情,往往能预备得好一些。只是现代人学习、工作、生活节奏似乎太快了,许多事统筹起来可能有些乱,或程序不明,就容易效率低下。我喜欢你思考在先、及早预备的风格,这样比较留有余地。日常学习需要被人催吗?

李胜威:还好吧,父母还是会说一两句的,总的操心比较少。

重在理解有担当

黄碧芬:父母遇上比较会自我管理的孩子真是很幸福的。你觉得自己受父母影响大吗?与谁交流多一些?

李胜威:我妈是自由职业者,我爸做船运货柜。我与妈妈交流比较多。

黄碧芬:感觉是管理型的还是民主型的家庭交流?

李胜威:父母都还是把我当小孩看。他们的担心也是可以理解啦。

黄碧芬:难免也会有意见不一致的时候吧?

李胜威:会有冲突的时候。比如那次是选择出国还是选择保送就有冲突。我们家是允许有不同意见的,但是我在家一般不怎么提反对意见,他们说什么就做什么,无伤大雅就行。**我对父母没什么特殊要求,我不会从别人身上要求太多,不会主动要求别人为我做什么的。**这次我坚持是因为我预感自己出国的准备并不充分,走保送的路反而可靠些。

黄碧芬:你很清楚自己要什么,能做到什么程度,选择就会有自己的重点,而不是盲从或跟风。这很可贵。我们再就前面的话题拓展一点,你们做模联的功课会站在国家的角度思考问题,已关注到国家利益的重要性,那么维护或追求国家利益也讲究互惠互利、合作共赢吧?

李胜威:有的话当然很好,没有也不强求吧,顺其自然。

黄碧芬:真是四平八稳哪。**但有些时候,还得根据你肩负的使命或责任去表达自己的立场,去发掘需求,去赢得支持的。**这些方面,你进入大学一定会有更多的深入学习机会。现在中学生虽然很忙,生理的发育同样会自然引发人们对爱情有所憧憬,你如何看待这个问题?

李胜威:(笑)顺其自然,该来的总会来的。

黄碧芬：有一点对自己的定位和对对方的期待吗？

李胜威：我觉得这些都需要深入了解和深入交往才行，不能轻易下定论。**我比较倾向自己得有能力付出。**

黄碧芬：这种认识很到位啊。你怎么看待中学生谈恋爱的现象呢？

李胜威：很正常啊，是青少年正常的心理表现嘛。会有互相提高的，也有纯粹是沉浸在二人世界反而会对学习有影响的。没必要去做那些出格的事情，我觉得爱情不能靠这些事来维持，要有纯朴的爱。

黄碧芬：真好，纯朴的爱。在中小学阶段更多培养和感受博爱情怀，这对个人的心智和品德成长、对社会的和谐发展都非常重要。而涉及两性相吸的爱情，其实很不容易把握的。你平时多选择读些什么书呢？

李胜威：我读的书很杂啊。武侠，经济学，科普知识，宗教，英文小说等，很多类别都读。

走进模联历练多

黄碧芬：对你自己影响比较大的是什么？

李胜威：模联吧。就比如说阅读，一开始是因为模联需要很多相关材料，比如这次议题和经济学有关，就去看这方面的书，然后慢慢产生兴趣。

黄碧芬：看来模联对你影响很大。你参加模联多久了？有什么具体感受？

李胜威：三年了。我觉得是一个不断尝试的过程。学校给了我们这样的活动平台，这类活动自主性都很强，收获的快乐也很多。像模联就是一届带一届的，自主培训，老师的介入比较少。高一的时候参加模联就一发不可收拾了，初中的话还主要是集中在学校课程的学习上，没什么方向，也可能是因为直升后比较轻松，现在想来都觉得当时有点浪费时间了。

黄碧芬：对学弟学妹们有什么建议？

李胜威：第一是视野要开阔，人生不碰壁是不会成长的，所以要多去尝试，才能真正发现自己的兴趣。第二就是要有效率，因为有效率就会空出时间做自己喜欢的事，对自己的成长才会有帮助。

黄碧芬：真好！对学校有什么建议？

李胜威：我觉得学校对自己的宣传力度不够。比如说有次去省外参加模联活动，双十获得一个小奖项就报了两面报纸的专题，我和另一个同学是最佳代表，学校却什么都没宣传。中考招生也是这样，一中一个版面，双十一个版面,外国语就没有了。觉得宣传很不够。

黄碧芬:适当的宣传能增进社会影响力,是一个值得研究的问题。你认为怎么去宣传好些?

李胜威:可以有一个专门报道外国语动态的平台,或者像我们模联社,就有专门分管信息报导的媒体小组,这还是可行的。

黄碧芬:这主意好,可操作性强,谢谢你与我们分享这么多宝贵的经验。

李胜威:也谢谢老师!这访谈也让我受益良多。

精彩聚焦

　　这位自称心理年龄偏老的男生真是很有趣。他最大的特点是很善于聚焦求知并不失主动担当的精神。他是"自己的事情自己做"和"从我做起"的优秀典范。他总能从所做的事情中发现价值意义,并主动投入有重点的和拓展性的学习而享受有效率的做事成果。他选择了"模联社"这个学校优质教育资源,一头扎进去,从入门到独立工作再到带领他人工作,才高中毕业的他已然像个资深的工作者,累积了丰富的专题学习与社会实践经验。祝福他在未来学习与工作的旅程中,在享受问心无愧和自给自足之耕耘的同时,也给自己和所在团体创造更多基于合作增效的机会,提前预备辅之以精诚协商,必将有益于达成有高度的共赢,这对彼此、对世界都是一种贡献。

陈晓姝访谈录

要么不做，要么就争取做到最好

访谈嘉宾：陈晓姝
　　2011年保送进入清华大学人文学院
访谈主持：黄碧芬
原始记录：丁绵绵（保送广东外语外贸大学）
整体梳理：黄碧芬

我喜欢人文科学

黄碧芬：听说你保送清华啊！从什么时候开始瞄准目标的？

陈晓姝：其实一开始我并不是瞄准清华的，我一直都很想去北大。大概从初中开始就很想去上北大。可是后来就是要保送嘛，北大的保送只有外语类专业，而且是很小的语种。了解到清华的专业比较合乎自己的需求，就忍痛割爱啦。

黄碧芬：进清华你选择了什么专业？

陈晓姝：人文科学。

黄碧芬：人文科学很宽啊。

陈晓姝：对，很宽。前两年（大一、大二）不分专业。

黄碧芬：之后会分什么专业？

陈晓姝：文史哲。

黄碧芬：你更倾向于那个方面？

陈晓姝：中文吧。也有可能成绩好一点可以转系嘛，我比较想读新闻专业。

黄碧芬：读新闻传播对中文功底的要求也是越高越好的对不对？两年后再分专业有益于你们将基础打得更扎实些，这安排是合理的。你对人文科学怎么理解？

陈晓姝：感觉我从小学开始语文就读得比较好，然后对文学、历史都比较感兴趣。清华的人文科学实验班前两年就是大量读文史哲之类的书，就是让你打基础，我觉得这样蛮好的。高中生活的弹性比较小，自由的读书时间相对比较少。上大学后真要好好利用这个机会多读点书，这些本来就是自己喜欢的东西，会比较有期待。

黄碧芬：你这种喜欢的感觉是从什么时候开始的，或者说是如何形成的？

陈晓姝：小学的时候读语文一直都感到轻松愉快，在初中、高中阶段又都有受到几位老师的影响，自己对文史哲这些东西就自然而然比较感兴趣，读起来会觉得很有意思。

黄碧芬：对你影响特别大的人是？

陈晓姝：很多啊，其实。小学有个数学老师对我影响比较大，平时在生活上还有学习上、思想上他都很照顾我，比较会帮我开辟一些渠道啊什么的，还经常给我一些鼓励。到现在我们都还联系得蛮多的。

当老师真不容易

黄碧芬：你初中就考进我们学校了是吗？在初、高中阶段，你感觉师生交往顺利吗？

陈晓姝：我觉得老师都是一样的啊。我的许多老师都从初一带到初三，我的班主任还继续跟上高中。班主任对我们的影响真是蛮大的。

黄碧芬：班主任是谁？

陈晓姝：初中是陈志亮，然后是阿贵。

黄碧芬：都是很年轻的老师啊！

陈晓姝：初中时他们都是新老师没有什么经验，我印象很深的是陈老师第一次跟我们发完脾气还跟我们道歉。我当时对他的印象就蛮好的。只是我们在初中时好像比较叛逆啦，不喜欢被人管，有一阵子还是经常会对老师不满，到后来他不教我们了，才觉得他其实是个很好的老师啊，为什么当时那么不懂事？

黄碧芬：因为当时你是带着种种需要被理解、被鼓励的期待面对老师的，初中的班级大家都比较"跳"，五十几个人老师其实是难以个个周到顾及的，需求得不到满足就容易不满啦？

陈晓姝：不是不是，不知道怎么说啦，就是当时是一种全班的状态。

29

黄碧芬：所以说当老师不容易嘛。

陈晓姝：我也觉得当老师不容易，尤其对班主任往往会要求更高，会觉得他对你有一份特别的责任。

黄碧芬：就你的感受而言，你觉得怎样做老师会更受欢迎？

陈晓姝：当言则言吧。就是有可能老师现在做的事情不能被我们理解，但老师还是要负起管理和带领我们的责任。我相信时间会说明一切，以后我们会慢慢理解的。

黄碧芬：当言则言，我理解的是在团体中很需要有好的领导人，既能了解和听取学生的感受和意见，又能给予方向的引领、方法的协商，是吗？教学相长，其实老师也很需要听到学生的真诚表达。

陈晓姝：我觉得跟老师沟通一直都还是蛮轻松的。就我本人而言并没有怕老师的情况出现。可能因为他们都是年轻的老师吧，感觉没有很大的距离，沟通起来蛮直接、蛮简单的。

温顺而不盲从

黄碧芬：这是否也可以表达为你比较自信、比较有主见？

陈晓姝：我觉得自己就是平时看起来乖乖的那种，父母讲什么话我也都是先听，然后我还是会按我自己的逻辑办事。我属于那种听话但不代表我没有自己想法的人。

黄碧芬：温顺而不盲从，这会比较安全。什么时候开始形成这种个性风格的？

陈晓姝：我也不知道。就是他人讲的话我如果不同意也不会去直接抵触，如果他讲的是错的，我不会当场说出来，但心里会有自己的是非标准。

黄碧芬：你心里的是非标准实际上就是你日常实际行动的内在准则。你要做什么、不做什么因有了自己的内在判断，而使自己的行为更多是受自己的意志支配，就不会觉得过多受他人控制，这会让你比较自在吧？

陈晓姝：是是是。反正就不去顶撞别人，不会让别人下不来台那样。遇到老师讲的跟我想得很不一样，我有时会主动向他反馈，寻求共识，有时我也会想不一样也没关系，我自己能做出来就可以。

黄碧芬：你觉得讲了可能更好你就主动去讲，不讲也无伤大雅你就息事宁人，是吧？真是相当有主见的孩子，所以你一路走过来还是比较稳健的？

陈晓姝：对。就是没受什么挫折。

黄碧芬：真难得。你也是独生女吗？

陈晓姝：不是，我还有一个弟弟。

黄碧芬：爸爸妈妈都做什么职业呢？他们如何与你交往而让你这样四平八稳的呢？

陈晓姝：爸妈都是普通工人。**他们并没有给我太多要求或教导，倒是我自己会及时思考。**我爸和我妈性格蛮不同的，我爸对我和我弟都不怎么管，会放得比较开，我妈就管得就比较严。他们一个扮好人，一个扮坏人。

黄碧芬：当你有时与父母意见不同而走自己的路时，会被干预吗？

陈晓姝：他们一般都会尊重我的选择。

黄碧芬：他们会放下自己的意见，会信任你，这对养成你有主见的习惯相当重要。你因自主选择就更能承担自己的责任，也更乐于寻求自己认为好的行为效果是不是？那么跟同学交往顺利吗？

陈晓姝：很顺利啊。

黄碧芬：因为你对别人都不会有什么强求的东西？

陈晓姝：对。交往起来一直都还蛮轻松的。

黄碧芬：有机会向别人学习吗？

陈晓姝：有啊。比如说**学习上就有许多向别人学习的经验。生活上、性格上与朋友也有一些互补的经验。**

黄碧芬：你会感觉到朋友与你的某些不同？

陈晓姝：会。比如，我有一个朋友看起来就是神经比较大条的那种，她整个就是无欲无求的样子，就是看起来比较单纯，面对事情都会想得比较开。有时候会觉得她这种性格还蛮好的，因为太要强的话经常会比较累，会过得比较不开心，有时候就会觉得像她这样子就还挺好的，心态放松一点，不要太与自己过不去。

黄碧芬：事情要去做，而心态要放松，是吗？

陈晓姝：就是尽力就好，结果怎么样顺其自然就好。

黄碧芬：什么时候发现这一点的？

陈晓姝：从跟她同宿舍之后，就慢慢地被她感染到，现在也是很好的朋友。

黄碧芬：她特别欣赏你什么？

陈晓姝：她就觉得我很自信，我觉得我们还是有点互补吧。她欣赏我的自信和高一点的目标追求，我欣赏她那种无欲无求的轻松，我觉得这就是互补嘛,这点蛮重要的。

要么不做,要么做到最好

黄碧芬:人是这样的,因为你要追求比较高的目标时也意味着需要更多的付出,而付出的过程自然会遭遇许多意想不到的情况。这就需要追求者不断力排困难,坚守初衷,调整处事的方法策略。天底下没有随随便便就成功的实例。所以,不能承受付出的辛苦而半途而废的事例倒是屡见不鲜。在你前进的路上,有过自我怀疑而想放弃的时候吗?

陈晓姝:一般没有吧。其实我这人做事的时候有点完美主义。就是面对事情,我做之前就会预测我能不能做好它,如果我觉得我做不到最好的话我会干脆放弃。但是**如果一件事情我认定是我想要做的,我就一定会坚持把它做到最好**。差不多是这样,要么不做要么就要做到最好。

黄碧芬:这真是一种干练、果断的风格。不拖泥带水,不自相矛盾。你从小就是受益于自己的这种风格吧?

陈晓姝:还是慢慢形成的吧。感觉以前并不是太有个性的那种。

黄碧芬:以前是指什么时候?

陈晓姝:小学的时候肯定比较小,就没有这种感觉。

黄碧芬:到初中的时候呢?

陈晓姝:就慢慢形成了吧。

黄碧芬:也就是说围绕自己追求的事,你会用心去做出来,而且还追求做到自己所能为的最好。如果有时没办法做到最好呢?你怎么办?

陈晓姝:会很失落。但还是会慢慢调整吧。**这种事情,就是失落之后又不能陷在失落里,还得继续努力把它做好**。

黄碧芬:当你能克服失落感而再度面对后,当你好不容易终于做出好的结果时,会有加倍的喜悦吧?

陈晓姝:当然会。

黄碧芬:你觉得这个克服困难走向成功的过程只有辛苦吗?

陈晓姝:不。我觉得这个过程其实还是蛮快乐的。就像之前我前面说的那位好友,我们都不想去碰"要高考还是要保送"这个问题,就是觉得这是个很难做的选择。一直到志愿书真正发到我们手中时,就无可回避啦。开始我们都很纠结,我们都报了保送。报了保送马上又面临着要不要停课去准备你的保送？我的朋友就是因为不想停课去准备，可是又觉得不专门去做好应对保送的准备又不安心，很挣扎，最后她放弃了保送，她选择了全心全意备高考。我选择了保送、高考两兼顾，坚持挤时间投入保送的必要准备。虽然这个过程蛮辛苦的，但内心又是怀有一分希望的，这段时间效率特别高，达成目标后十分开心。

黄碧芬：伴随着每一分坚持而收获的大小成功，会给你很大的喜悦，自信心也在其中慢慢增长起来了。

陈晓姝：是的。比如小学时感觉没有什么竞争，觉得自己一直都在发光，那时候自信心很强。后来到了初中，就觉得大家都很厉害，都是从各个小学挑过来的，自己并不是最好的，那时候自信心就有点受挫了，觉得自己好像不会那么耀眼。再后来，当我越来越多做出比较成功的事情之后，又觉得自己其实还是蛮能干、蛮重要的。

黄碧芬：你首先要求自己把事情做好，才谈得上让人欣赏。这是个好经验。有些事很难，自己尽力而问心无愧也在常理中。你追求保送清华大学目标很高哇，是一开始就定的吗？

陈晓姝：其实之前我有参加一个暑期学校的活动，就是去清华参加了一次夏令营。

黄碧芬：什么时候的暑假？

陈晓姝：高二的暑假。当时有给了一个自主招生的资格，是清华直接给的，当时就有想到底是要选高考还是选保送。后来真选保送了又不是很敢选清华，因为听说清华今年只有一个名额，担心那个推荐名额不会是我的，所以我就只是想报浙大。后来听了段长的鼓励，就决定勇敢一点选清华吧，为保险还填了浙大作为第二志愿，后来想想算了——断了自己的后路吧，就只报了清华一所学校了。

黄碧芬：又一次表现出你果断的品质。也说明你一路学习过来，成绩和状态都比较稳定，老师们才会给你这样的建议。应考过程顺利吗？

陈晓姝：我觉得很顺利。到北京住在旅馆嘛，第二天就要考试了，感觉也读不下什么书了，就干脆看电视啦！那天是语文和英语合卷，考试的难度超过学姐介绍的情况。今年是保送和自招第一次分开考，英语就超级难，我基本都是蒙的。也不知道为什么我写完那张考卷后就很快乐，就觉得考完了就好了。当时我是自己去北京的，我表姐在北京，她在那边接我，当时太冷了，又没有地方让家长住，我就不要家长同行。考完试我自己去吃饭，看到很多学生都是有家长带的,还听到他们在抱怨这个不会写那个也不会写之类的,我就想我不会写也不要紧,大家都不会,那种心态一直很放松。然后就到了面试,又觉得很顺利。其实笔试还是有一点点不顺感,面试就觉得很顺利,整个感觉就是还不错这样子。

平时阅读积累很重要

黄碧芬:你觉得这样的考试考查的是课内学习的知识内容吗?

陈晓姝:当然不是。在课内基本上是读不到的,如果要突击也是很难的。就是范围太广了。

黄碧芬:是否可以理解其实是要求你有长期的学习累积,平时就要有对很多问题的关注和了解?具体涉及那些范围?

陈晓姝:比如说关于最近的时事,还有一些经济和历史,反正就是什么都考。语、数、英还有文综都考。语文和英语主要是考查阅读和写作,都需要平时有好多积累的。

黄碧芬:真不容易。你平时怎么能储备这么多知识呢?

陈晓姝:主要是我效率比较高,做作业很快,就能腾出时间多看一点东西。

黄碧芬:都看些什么呢?

陈晓姝:高中阶段要读小说是不可能的,没那么多时间。所以我一般是看一些散文而且是历史散文。历史散文里既有历史的东西又有散文的东西,一举两得。那些时事政治主要靠平时看报纸,考试前还要看些时评文章,就是你看了那个新闻之后你了解的只是这件事件,看下时评你就会知道人家是怎么评价这些事件的,你自己又有什么想法?你要如何评价这些事件?.

黄碧芬:这才能真的读懂新闻,你是怎么晓得要这样来读呢?有人给你指导吗?

陈晓姝:没有啊。我总觉得文史哲是不分家的,感觉只要有一个地方通了,其他地方就一起全通了,我就是这种感觉。

黄碧芬:正是这样。这样的学习是能举一反三的。你更多是找文本资料看,还是网上浏览?

陈晓姝:文本的,我觉得网上看东西眼睛会很累。

黄碧芬:我也是,更喜欢看文本。那么图书馆的资源你用得多吗?

陈晓姝:图书馆还好吧,更多的是网上购书。

黄碧芬:我也是当当网的钻石客户呢。读得越多越发现自己所知甚少。你读了这么多东西喜欢与他人分享吗?

陈晓姝:会跟同学聊。比如她也喜欢文学就聊文学,有时候在宿舍聊聊,或者是自己看了觉得有意思就会念出来给大家听。

爱人爱己都需要负责任的心态和行为

黄碧芬:真好。你对体育运动有投入吗?

陈晓姝:我最怕的就是体育。反正我就是不喜欢体育,但是到高三之后还是会强迫自己去做一些体育运动。

黄碧芬:为什么要强迫呢?

陈晓姝:因为觉得这段时间如果没有保送的话肯定要高考,很需要体力,体力和脑力都很重要,所以我上高三后有一段时间就强迫自己放学后要去跑步。

黄碧芬:跑步虽然无聊但对你的身体放松还是很有帮助的,是吗?

陈晓姝:对。如果你心情很烦躁的时候跑一跑就好了。

黄碧芬:还是尝到好处的,有坚持下来吗?

陈晓姝:就高三嘛,后来保送了之后就又没有了。

黄碧芬:你已知道要过有效率的生活,体力其实很重要的,而且不管我们走多高,健康都是第一位的,是不是?我们谈到这了,我发现你哪怕用了"强迫"这个词,其实都还是主动让自己去做了正确的事,这样很好,才走得远。

陈晓姝:我喜欢唱歌。

黄碧芬:你喜欢唱什么类型的歌呢?

陈晓姝:听起来舒服的。

黄碧芬:平常会自得其乐吗?

陈晓姝:会啊会啊。

黄碧芬:懂得享受阅读和音乐是很幸福的。怎么理解爱呢?

陈晓姝:我觉得爱很广泛,就看对象是谁。我认为爱更多的是一种责任。

黄碧芬:为什么这么看?

陈晓姝:比如父母爱我们。他们不能只是口头上说说,还要为我们提供一个比较好的物质生活和精神生活环境,各方面都要营造。如果他们口头上说爱我们,实际上父母两个整天争吵,那就是很没有负责任的表现。再比如现在中学生还都是孩子嘛,对异性有那种感情还是蛮正常的,可是如果把相互的好感上升到一种特别关系,双方还只沉浸在眼前的卿卿我我中,或特别在乎物质方面的拥有与享受,那对双方都是一种不负责任的行为,这对自己的家庭也是一种不负责任。高中是学习比较重要的阶段,而且作为高中生的我们实际上还没有能力去承担这份感情。

黄碧芬:你能弄懂高中生其实还没有能力去承担这份感情的责任,这是相当到位的。

陈晓姝:首先,我觉得从物质上来说自己还没有独立生存的能力,所需要的物质都来自父母的供给。其次,我还觉得心理上也还尚未成熟吧。两个都还不太成熟的人很容易因为很小的事情就没办法在一起了,所以我认为还是理性一点好。

黄碧芬:如果有一个攻势很强的人一直告诉你他很爱你,而你还不太清楚自己是否真爱他,在这种情况下,你会迎上去吗?

陈晓姝:不会,这需要时间。

黄碧芬:是的,这就是对自己、对他人都负责任的态度。真挚的情感不需要掺假或勉强。

师傅领进门,修行靠个人

黄碧芬:你的学习相当有效率,还想请你谈谈对学校教育教学的建议。

陈晓姝:我觉得我们学校还很年轻,老师也多数还很年轻。年轻老师的教学方法跟老教师蛮不一样,我们上课的氛围都还是蛮好的。我觉得现在这样就不错啊,老师本来就是起个引导作用,更多的还是要靠学生自己吧。我一直很喜欢的一句话就是:"修行靠个人。"老师引你入门,至于要如何学、如何用还是要靠自己去摸索。

黄碧芬:高中的课程学习对你来说受益多吗?

陈晓姝:很多人都曾怀疑我读这些干吗?我在读政治背得要死要活的时候也会想背那么多干吗,以后还不是全忘了?尤其是高一读九门学科的时候,我也怀疑过以后又不读理科现在读物理化学要干吗?可现在我已能理解高中阶段的学习不仅仅是学习学科的知识,更重要的是透过知识的学习学思想方法。就是你对待不同的学科会有不同的方法,将来你遇到具体事情的时候可能就能更懂如何处理。我曾看过一个清华大学学生的故事,有个教授要求他在一个礼拜之内研究出一个软件,他做完之后就告诉教授说他觉得做这个程序他只需要学会英语还有制作软件就可以了嘛,可是教授对他说:"你如果没有之前学习的那些基础做铺垫的话,你不可能在一个礼拜之内就做成的。"所以现在想想就是学习过程中体会到的种种思想方法吧,在以后会有用的。

黄碧芬:正是这样的。还有一点也是显而易见的,即你对人类社会发展的知识了解越充分,对基本的常识原理了解越多,你对生活的认识会更深,你可能拓展的空间也会更大。你能应对清华这种大容量而且难度也比较高的考试,与你扎实的知识内容储备和课程学习都有关系。

陈晓姝:我觉得每个人的学习方法都可能不一样,因为每个人接受知识的能力不一样,理解问题就有可能不一样。所以那个学习方法肯定是自己在学习过程中去形成的,有可能别人有引导你,但是你一定得有自己的真实感受,你自己真的能用的方法才是对自己真正有效的。

黄碧芬:是这样的,每个人的知识储备不同,对新信息理解的神经路径就有可能不同。学习是多元的,理解通道也是多元的。如果请你给学弟学妹一点儿建议,你更愿意说什么呢?

陈晓姝:要确立自己的目标。那个目标什么时候都可以确立,目标有大有小,但要让你的小目标为你的大目标服务。虽然目标可能会有变化,也是根据自己成长的实际情况去做适当取舍,要学会走一条适合自己的路。

黄碧芬:初中阶段与高中阶段,在学习与交往两方面各有何不同?

陈晓姝:初中感觉比较爱玩,读起来还蛮快乐的。高中虽然也快乐,但高中学习的目的性会更强一点。终归都是在学知识学文化嘛,抱着重在学习理解的心态去学会比较好。

黄碧芬:高中有许多社团活动,你有喜欢的项目吗?

陈晓姝:模联。但我其实蛮后悔的是没有去当代表。我进了媒体团,一直就只参与媒体团的活动,多数就是听会议然后写出一些专题报道,主要还是文字工作。

黄碧芬:有参与班级工作的经验吗?

陈晓姝:做过团支书,还有宣传委员。我字写得比较好,但不太会画画。我在班级组织一个宣传团队,成员还蛮多的,我在其中扮演组织者的角色,就是提出目标并分配任务,鼓励大家在最短的时间内做出尽可能好的东西。

黄碧芬:你感觉分配任务顺畅吗?

陈晓姝:蛮顺畅的,就是大家都还蛮配合的。

黄碧芬：你分配任务时主要会考虑什么？

陈晓姝：就是看每一个人适合做什么，而且每个人的工作量都要差不多。

黄碧芬：你平常就有很多观察，成员适合做什么你都知道吧？

陈晓姝：有时候问下就知道，但是你要确保你分配给他们工作的时候自己也有在工作。

黄碧芬：与成员同在，你是有担当的。

陈晓姝：我觉得团队合作很快乐。

黄碧芬：那么，做团支书工作是什么感觉？

陈晓姝：工作还蛮繁琐的，忘了是在高一还是高二我们学校的团委才慢慢走上正轨，经常在作业很多的时候通知要开会。（笑）但就是慢慢锻炼嘛。

黄碧芬：你内心怎么理解这个角色的作用？

陈晓姝：班级团员比较多嘛，他们的资料要汇总，团员开展什么活动也要有个储备，活动一定得计划，得有组织策划。

黄碧芬：看来也是一份有头有尾有程序的工作，共青团本是个有特定先进性的组织，所以工作的关键也应当有促进或提升团员的先进意识和先进行为才好。

陈晓姝：这还是一种蛮需要投入才能做好的工作。

精彩聚焦

与晓姝交谈让我印象特别深刻的是，她有主见的思想和处事的果断。她温顺而不盲从，懂是非，有内在的高目标。凡事可以兼听参考，但会以自己内在的价值判断指导自己的选择和行为。做事有条理，有重点，还善于统筹资源使工作效益最优化。已形成相对稳健的自我发展意识和自我管理能力。她所表达的对于所追求的目标欲求不达时难免会失落，而"失落之后又不能陷在失落里，还得继续努力把它做好"，她认为"爱更多的是一种责任"，她喜欢分享的"修行靠个人"，"你要确保你分配给他人工作的时候自己也有在工作"，这些经验都向我们昭示着很朴素的担当的本分。她的成长经历中不断印证着通过给自己有挑战的目标并全力以赴达成它的成就感和愉悦感，并坦言这正是积累自信心的可靠途径。

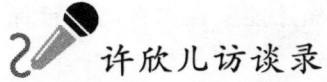许欣儿访谈录

创新的学法来自宽广的感知兴趣

访谈嘉宾：许欣儿
　　2011年考入美国康奈尔大学，主修政治与国际关系
访谈主持：黄碧芬
原始记录：丁绵绵（保送广东外语外贸大学）
整体梳理：黄碧芬

父母从小就给了我独立担当的主权

黄碧芬：很高兴邀请到你，之前在校园网上看到你的故事就很期待有机缘分享你的成长经历。

许欣儿：谢谢老师！

黄碧芬：初中就进了我们学校吧？是你自己的选择吗？

许欣儿：我小学上的是外国语附小。客观来讲当时初中的划片没有自主权，主观来讲我个人很喜欢外国语的氛围，小时候就比较喜欢语言这方面的东西。家里可能接受了西方的文化多一些，我妈妈就是一个教育观念比较西化的人，她比较鼓励我多去接触一些外国的新潮一点的东西，外国语跟其他学校相比整个氛围就更先进一些，是挺有感情的选择。

黄碧芬：进外国语学校对你来说真是如鱼得水。我猜你可能比较早就有自己的学习理念。前面提到妈妈比较西化的教育观念是不是对你有些具体影响？妈妈也从事教育工作吗？

许欣儿：妈妈是读金融的，她一直在银行还有证券投资这一块工作，一直到我初中的时候她辞职了，她就自己回来做投资这一块，做一些项目什么的，比较不喜欢被束缚。小时候父母对我也比较疏于"管教"，比较少对我意愿上或行为上加以强行要求。从小到大老师都会说许欣儿挺调皮的，就是上课没有很认真听讲，还喜欢跟同学讲话，不按时交作业什么的。我妈妈的

应对方式是,你只要对自己负责就好了,你怎样去做才能实现你自己的目标是你自己的事。

黄碧芬:你妈妈在你很小的时候就给予你管理自己的主权。这对你的成长很重要,当然,也有风险。

许欣儿:是的,父母都不希望看到孩子走太多弯路。总的来说,我父母比较希望我能够独立承担自己的责任,尤其是我渐渐长大后,自己要选择什么样的路是最重要的,只要把这个做好了,至于我是怎么实现的他们并不太多干预。

黄碧芬:这就给了你一个自我探索的空间。可是学校毕竟是个群体学习生活的场所,会有一些诸如要完成作业之类的基本要求,你怎么面对呢?

许欣儿:我还是挺不爱交作业的一个人。我初中的时候老师就经常打电话给我妈妈,说我又没有交作业啦,几个学科的老师都在同一通电话里反馈这个问题,我妈妈也不晓得怎么办,老师们都拿我没办法也就不管我了。当然我并不是没有好好学习,我的学习成绩一直都不错,语文还考得特别好。我想补充说明的是,好好做作业肯定是对的,只是我有时很不喜欢去重复自己已经理解了的东西,可能我有其他想做的事,学习上过得去就行。毕竟生活并不只有读书学习而已,我一直认为成功这个东西是相对的,不是拿了名校的录取,今后去了一家五百强的公司工作,就叫成功。我觉得心里面认可自己,有自己喜欢的生活方式很重要。这些都不是摆给别人看的,而是要让自己去感受的。

大学不是职业培训班

黄碧芬:小小年纪就能看明白这样的问题,真让我好奇了。你大概是什么时候领悟到这一点的?你提到的自我认同很重要,实际上无论是大人还是小孩都需要。

许欣儿:我现在每天都过得比较充实,因为我觉得自己就是不想让明天的自己后悔。我一直在做自己喜欢做的事情,包括当时选专业的时候,因为我父母亲都在金融界工作,人脉资源都是在这一块的,他们也希望我今后走这条路,但是后来我选了一个可能许多中学生都不愿意选的专业——政治与国际关系。常有人问我为什么要去读这样的专业呢?今后的工作前景如何?我是觉得在大学阶段,大学不是职业培训班,是个让你学习知识的地方,我相信今后的路怎么走总是走得开的,总会有一条适合自己的职业道路。

黄碧芬：我觉得你的视野相当开阔。你说"大学不是职业培训班，是个让你学习知识的地方"，很到位啊！现在许多人不太能正确看待这个问题呢。你学的是政治与国际关系，这几乎就是走向社会管理的高端专业呢。

许欣儿：父母觉得我有自己的想法，也觉得我说得有道理，那既然你喜欢就这样做吧。而且父母也知道我这个人喜欢的事就会把它做到最好，不喜欢的东西比如叫我去学数学，我没兴趣就不会有什么成就，还不如去选择一个你好我好大家好的方式，就是很圆满嘛。

黄碧芬：宽松自由的家庭氛围对孩子的自主成长真的很重要。在中学阶段，就算你不喜欢数学你也要求自己把它学到一定水平，这个非常重要，这叫基本功。这就保障了无论你玩什么，都落不到哪里去——你有足够的贮备接受挑选，或者说你有资格被挑选。你自发玩的东西越有品位，你可能体验和贮备的内涵就越有自己的特色。

许欣儿：对，这些基本的东西你要做好人家才会认同你。

创新的学法来自宽广的感知兴趣

黄碧芬：毕竟是一个探索的过程，当你还没什么特别作为时，尤其得有自己的定力。你能够以自己的方式不拉群体的后腿，让大家理解你、认同你，是不容易的。不完全按传统的或现成的方法去做，而是以自己的有效理解与切实把握去达成学习上应有的目标，这是一种有创新意味的自我负责状态，其实我们的教育还是希望产生更多具有这种素质的人才的。当然这种人才是很难被教出来的。应当说更多的是自己得有追求，有主动探索的热情和经验积淀，你在初中时就有这种胆量和勇气来自己担当真是不简单。那时候都玩什么呢？

许欣儿：我初中的时候玩得可欢了。我从小的时候就开始喜欢赛车，就喜欢这种有速度有激情的东西，而且看这种节目要倒时差嘛，我每一周都看，一场都不落，我妈妈后来就陪着我看，她也觉得有一些爱好比较好，我们还去过上海的赛车场看过现场。初中的时候还玩吉他，花了很多时间练习，我妈就鼓励我多学一点，她觉得女孩子多学一些"乱七八糟"的小技巧实际上也算是丰富自己。我不是一个特别乖的小朋友，在学校也和同学打过扑克，玩过网络游戏，看一些乱七八糟的书——我自己淘来的自己喜欢的作家的书，总的来说我觉得自己的生活还是过得比较丰富的。

黄碧芬：我发现你的可塑性非常强，你可以玩那种很激烈的赛车，也可以非常舒缓地弹吉他。

许欣儿：我妈妈就觉得反正也没有影响什么，只要没有特别出格的事就好了。

黄碧芬：只要你高兴就好了。并不指望你玩到什么高水平。

许欣儿：对，生活嘛。学生的本职工作当然是学习，但是学习之外可以有其他的"兼职"。兼职就是玩一玩，我妈妈就觉得我读书也是玩着读，并没影响什么就这样过吧。

黄碧芬：会与同学分享你的兴趣吗？

许欣儿：会啊，比如我有一个很好的朋友，他也很喜欢赛车这一块。我学吉他的时候也有和同学交流的，其实我通过这些东西也认识了很多原本不认识的人，扩大了我的交际圈，了解了很多不同人的生活。我觉得怎么说，我从小就"不乖"，反正大家都比较清楚我这个人，就算是一直在娱乐，也能获得与别人差不多的知识。

黄碧芬：这就是做事效率、生活品质啊！当然，这其中也有很多微妙的整合作用。都是你自己选择玩的内容，很有幸福感吧！在阅读这一块有什么选择呢？

许欣儿：我现在唯一觉得比较遗憾的是，小时候自己对古典文化的积淀不够，我们家里整个都比较西化，现在想来觉得挺可惜的。怎么办呢，我当时有考虑过在国外读英美文学，因为我对这些还是挺有兴趣的。大概也是初中的时候吧，我妈妈陪我看《傲慢与偏见》，后来我们就买了全套的奥斯汀的书，后来又开始去买一些王尔德，七七八八的，其实这些跟学习的关系不是特别大，我到了初三的时候才开始看一些哲学的书，觉得也挺有趣的，我喜欢什么都接触一点，总会有收获的。

美国大学吸引我的地方

黄碧芬：这样广泛的阅读与生活经历对你之后选择专业方向有关系吧？

许欣儿：有。我感到比较可惜的是，我当时申请了牛津大学，但到最后一轮的时候，我和一个上海男生PK，最后他去了我没去成。之后我申请美国大学，美国大学比较不一样，前两年是通识教育，还是一种基础教育。本科的专业严格来讲不是很有指向性，主要是奠定基础。我觉得自己对纯思想的东西比较心有余而力不足,所以我选了一个比较能够联系现实的,政治啊历史啊,后来也就选这个专业。大学里前两年都是基础课程,我到时候多去上些课,到大三的时候再去选那条真正适合我的道路吧。

黄碧芬: 了解越多,给自己选择的适宜程度越大。

许欣儿: 这也是我选择美式教育的原因,我对自己未来的规划还不是那么清楚,他们的治学理念还是鼓励年轻人更广泛了解,多学一两年基础课程再做发展方向的选择与决定。

放弃安逸而奔向理想目标的艰辛与快乐

黄碧芬: 这对涉世未深的学生是很恰当的引领。许多同学不了解自己究竟适合学什么、做什么,随便跟风选一个,再纠结于不适合啊、转专业啊,浪费了很多时间精力。其实你的适应性已经很好了,我觉得你可以发展的领域还是比较多的,主要是你自己感到更喜欢、更能胜任、更有热情去做的才最好。在你的同龄人中,你的思想是比较成熟的,不知在你的成长过程中是否也曾有过遇到比较难的、比较挣扎的情形呢?

许欣儿: 当时选出国这条路比较难。有一些学生本来在国内教育体系里就觉得不适应,学习成绩也不怎样,这样的人如果选择自费出国通常会比较干脆,毕竟国外有多种不同程度的学校可以选择。对于我来说,实际上是放掉了很多我现有的已经很好的东西,几乎是从零开始与别人站在同一条起跑线上。父母当时是不太同意的,我参加保送或高考其实都是比较稳妥了。那时候我还是比较坚定地选择了这条路,我当时就觉得不能让自己后悔,**不能仅为了安全去选择一条自己并不喜欢的路**。我不能让自己到最后看着别人实现了自己的梦想而我却还在原地踏步。**后来就在家里充分表达自己的看法和意愿,连争执都有过多次**。

黄碧芬: 放弃安逸而追求理想真是不容易。

许欣儿: 还好父母最后还是支持我的,毕竟不是一件小事,外界看待我们出国生也不是太乐观的。其实我们这条路也是很艰难的,因为**我是全程都自己走,没有找中介,所有的事情都自己做,哪一步没做好都不行**。那时候我妈妈就说现在出国生的竞争压力一点也不比高考生的小,申请大学这种事又说不准,到时候如果没有进理想的大学,自己会不会觉得不平衡? 但我决定还是要给自己机会——既然努力了,对于努力的结果就没有什么好遗憾的了。这一段时间其实是很纠结的,我很晚才开始准备,又是自己一个人"孤军作战",那段时间压力很大。那个时候是在家里准备,在想不出那个论文怎么写的日子里,真是很崩溃。因时差的关系,我常需要在晚上打电话去学校问相关信息,之后继续写东西写到早上五六点钟,上午十点十一点又爬起来继续写,这样周而复始了一段时间。妈妈说你不能这么辛苦,没别的办法啊,**我就是觉得要做到最好,不能让自己后悔,我自己已经尽力了才行**。感觉压力很大却也挺过来了。

黄碧芬:真不容易。我完全能理解这里面的辛苦。我比较好奇的是所有的事都是你自己联系,你是如何跟学校联系上的?

许欣儿:我妈妈有帮我去咨询一些机构,但最后我们还是决定不要,因为我们感觉被束缚了,后来发现他们也有些不靠谱。

黄碧芬:你自己直接去跟校方建立联系反而更好。

许欣儿:我妈妈觉得我中文英文文笔都不错,与其花钱去浪费在这个机构上,还不如锻炼一下自己。

黄碧芬:正是这样,一举两得,而且信息还会更可靠。

许欣儿:留美学生有一个论坛,学生就会在上面交流,以前的申请人会写一些经验贴,你自己就可以一点一点地学会要怎么一步一步地走下去。**我觉得当时有个人讲得挺好的,自己做申请的人不管从哪个方面都比那些依靠别人做的人前进了一大步**。

黄碧芬:信心和能力,都是在一步步的具体学习与操作把握中越来越强化的。你能如此这般地自我担当,真是走了一条自力更生的路。走下来也特别开心吧!

许欣儿:是的,至少自己很满足了。虽然最后进的学校还不是我梦想中的学校,大家都觉得很好了,是我比较完美主义。我觉得至少结果与我付出的努力还是成正比的,所以相对还是比较满意的。**我去的还是一所我一直以来比较敬重的学校**。选择康奈尔的原因就是觉得它各方面跟我还算是气质匹配的。**我比较喜欢在治学方面比较严谨的,不要有太多怪人的,然后就是师生比例也比较合适的**。我当时选的是政治,学校给我列了一个非常详细的计划,包括大一、大二读什么,大三、大四你要选什么课,你要读什么书,每周还会有一个研讨会,会有导师来和你一起交流,再帮你指导一下偏差。到了大三的时候,还会有一个项目去华府、国会、白宫,甚至去国际货币基金组织实习。**这样的安排非常吸引我,我个人也非常喜欢政治中心,觉得这个教学计划会适合**

我。

黄碧芬：学校提供给你的东西相当具体,感觉教学要求也比较扎实。听说文科类的专业要申请奖学金不太容易?

许欣儿：对,应该说现在奖学金都不太容易。是有个财政援助什么的,但我们学校的奖学金是入学之后再申请的。

黄碧芬：就你而言,如果家长的经济能力可以,能合乎自己的学习理想最重要。

许欣儿：是有压力的。等于很早就背负家庭负担了。等于每一分每一秒你在国外的时间都要问问自己,我有没有对得起我的父母亲?我是否对得起家里为我花的这么大的代价?

珍惜才能拥有

黄碧芬：父母有储备才能让你随心所欲去求学。你懂得珍惜,能真正学得本领并让自己成才,将来会有一个比较高的职业起点。在这个过程中,黄老师还希望你在打硬仗的同时还要注意劳逸结合,身心都健康,才能走得高走得好。

许欣儿：我前阵子刚开完模联大会。一月份弄完申请,还有一些七七八八的事情需要处理,又要备战四月份考微积分什么的,那阵子读书读到郁闷了。

黄碧芬："连轴转"的日子当然会辛苦。

许欣儿：搞完这些东西,刚闲下来我就开始温习德语,初中到高中我有两年跟着一个德国人学德语。高二荒废了一段时间,现在又慢慢捡起来。因为我个人是很喜欢学语言的,我学着就觉得挺开心的,在家里学。

黄碧芬：将来你要学的是政治与国际关系,多一门语言多一分便利。语言自有语言的逻辑,你喜欢学很幸福。你在运动和饮食方面也能自我管理吗?

许欣儿：基本可以应付吧。我妈觉得我太折腾了,会自己生出很多事情来"玩",就是不安分的那种。周末我会对父母说我们出去玩吧,去唱歌吧或逛街吧,我喜欢每天生活得很快乐。

追求做有趣而可爱的人

黄碧芬：你觉得你这么宽的生活情趣是怎么形成的?

许欣儿：可能还是和家庭有关系吧，我小学的时候是厦外附小的，有两个老师教了我很久，让我印象深刻。一个是非常漂亮的四川姑娘，她很新潮，那时的老师多让你读写一些很晦涩的课文，但她会先带你去读国外的一些童话，她就不希望你去了解什么艺术手法之类的，就让你了解生活中的美丽的东西。她当时也推荐家长去读一些书，教育家长怎么样放开手让孩子自己去读书，还让我们看美国的孩子写的作文，她教了我三四年，这段时间她就鼓励我多去写一些东西，不管写得好不好，多去表达多去感受生活中一些很细微的东西。然后到了六年级，换了一个蔡老师，是厦门市小学的第一个特级教师，胖胖矮矮的，但是非常非常好玩，他也是很放得开，就是学生读得好就可以了，没有什么条条框框的，我们都可以不叫他老师，叫他名字他也无所谓。他会自己做网页，还有他的学生论坛，我们跟他的关系到现在都还很好。我觉得一个优秀的学生不是只靠进了多好的学校读什么专业就能渲染出来的，而是自己要成为一个有情趣的人。我挺喜欢王尔德的那句话，人不过就是两种：一种是无聊得可怕，一种是很有趣，有趣得可爱。我就希望自己能够成为一个可爱的人。无聊的人就算他再优秀，在社会上也不会像有趣的人走得那么受欢迎。

黄碧芬：你这是点到了做人的根本。我们能够很好地去享受和建设每一天，我们的路就会走得很宽，走得美好。你很幸运的是在小学阶段就遇到能这样引领你们的好老师。

许欣儿：可能因为所在小学就是比较新潮的学校，反正整个学校就是鼓励你多去接触些新的东西。

黄碧芬：一方面是学校的办学理念，一方面是任课老师的素养，两方面都好学生就能受益。

许欣儿：我觉得自己真是比较幸运的，都是遇到了一些比较认可我的长辈和老师，没有过多管理或计较我那些"另类"的细节。

黄碧芬：是啊。在高中阶段，你还自己参加了很多工作？

许欣儿：模联是我很喜欢的一个项目。不排除有些人把这个当作升学的砝码，但我个人就是纯粹的很喜欢这个活动，我觉得我在模联的这段时间真是过得充实愉快的。

黄碧芬：你扮演的是有知识力量的一个中坚人物？

许欣儿：当时胜威、魏强和我三个人是搭档，我们磨合得比较好，基本上我们做的决定都和大家的想法是一样的，没有学生政治的钩心斗角，然后就努力把一个个项目做好。在模联我也学到了很多东西。我第一次外出参加模联大赛,主席团给的资料有两百多页,那两百多页读下来之后比课本上学到的要多得多,这个也是我最后为什么选择国际关系的一个契机吧,我打心眼里喜欢这种有挑战的东西。模联活动真是个全方位的锻炼,口头、书面、沟通能力、解决问题能力、创新能力等都有了。模联的经历是我高中生活中非常非常重要的一个部分。

黄碧芬:你们能够自己组织和操办,还一届一届手把手地接下去,很了不起。我前面采访了李胜威,他在模联的成长故事也让我有许多感叹。

许欣儿:很有成就感,在我心里面,模联是一个很干净的地方,因为我们三个人朋友关系都很好,是那种君子坦荡荡,不需要算计和担心的那种。

黄碧芬:这样的关系体验很宝贵。再复杂的事有一群志同道合的人一起做,都会很愉快,也会有效率。我也很喜欢这样的人际关系。

许欣儿:大家虽然偶尔在意见上有争执,但私底下都是很好的朋友。

黄碧芬:做事可以求同存异,做人则要真诚相待。重在把事情做好而不是争名夺利。

许欣儿:就是。不要把处事的争议带到生活里去。

万事无捷径,唯须真付出

黄碧芬:能这样区分,懂得人和事的相对独立性,已是蛮成熟的心智。现在,如果请你给学弟学妹一点建议,你更愿意告诉他们什么?

许欣儿:让我想想。就是选择了的路就要坚持走下去,要相信自己,坚持下去总会有成就,只要自己用心。万事真的没有捷径,只有真的付出努力,才能达到你想要的目的。

黄碧芬:很好。方向正确了,不断地坚持努力是达成目标的不二法门。要看到别人辉煌背后的努力,你这个经验会让很多同学受益的。咱们学校还很年轻,你在这里经历了六年的学习生活,可否给母校一点建言?

许欣儿:(笑)这些年来学校老师当然教会了我很多的知识,也给了我们很多平台。感觉还是需要更多挑战的勇气,我觉得学校如果真的想要摆脱其他学校的影子,就要有尝试新事物的勇气,如果我们一直看着别人成功了再跟着做,那永远也只能是跟在别人后面,我觉得这个是挺重要的。

黄碧芬:借鉴学习与自我发展的特色建立都很重要,学习也应当转化为更好地促进自我发展,需要有方向有高度的引领和系统的精诚协作。听说你们在模联的工作中发现了信息沟通不利的障碍,就提出要建立自己的媒体团,我觉得这种创造性解决问题提升工作效率的思路和做法都特别可取。

许欣儿:新事物一开始都可能不被理解。这个方案提出来时也并没有获得令人满意的支持。后来学校还是放手让我们自己去尝试。我的感觉是如果能够更多鼓励学生自己去做有价值、有效率的事,大家会更有积极性去开拓些新的领域。我觉得这是一种魄力,学校要有这种开拓的勇气。

黄碧芬:非常好的想法和建议!有更多自主选择和创造空间的学习与发展的环境其实是师生都非常向往的,也是系统建设最能吸引人、造就人的途径。这方面的机制或风格建立当然也很不容易。这是教育的大境界问题,还需要大家共同努力。你将要深造的学问可能有机会更多在社会上做这样的引领和促进工作,深深地期待和祝福你们!很感谢你带给我们的好思路、好经验和生动活泼的生活学习经历。

许欣儿:也很感谢老师的采访。

精彩聚焦

　　许欣儿的生活态度、生活情趣与她的学习风格、能力历练和专业选择都是一脉相承的。在她身上,我感受到一种不失理性的朝气和激情的自由荡漾。她能学能玩,生活得自在又充满着挑战。这都源于她已具备自我负责的勇气和现实担当的自律,也彰显着她从骨子里都追求的独具一格的魅力。她真是很幸运,遇到开明能干又相当尊重和信任她的父母,在很小的时候就遇到能引领她追求真善美的好老师。高中时期,模联社给予她的多方面历练,以及她与同学在其中的创造性学习和交往的工作经验都是很宝贵的精神财富和教育资源,值得我们多研究。

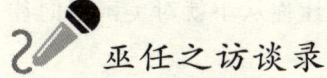

巫任之访谈录

中学生要积极探索前途大事

访谈嘉宾：巫任之
　　2011年考入美国卡尔顿学院，主修计算机专业
访谈主持：黄碧芬
原始记录：姜振君
整体梳理：黄碧芬

很小就有到美国求学的愿望

黄碧芬：你的名字好特别啊，你自己有感觉吗？

巫任之：（笑）是爸爸起的，有"听之任之"的意思嘛。

黄碧芬：（笑）在家庭生活中，父母、长辈真的很能让你自己做主吗？

巫任之：还真是这样啊！他们给我比较大的自主空间，从不强迫我做什么。

黄碧芬：真好！上外国语学校也是你自己的选择吗？还记得当时为什么做这个选择？

巫任之：当时很顺利就考上了。我就读的小学是演武小学，大概五六年级就知道了外国语学校，那时就认定了。

黄碧芬：六年读下来，初中、高中感觉有什么不同？

巫任之：感觉初中我都没怎么在念书。就是跟朋友玩，心思都在那边。也不能说完全没有读，只是没有像高中那么拼。

黄碧芬：只满足于跟着老师走就行了，还没有什么自主追求？

巫任之：对。到了初三就决定要去美国了。其实初三就开始拼了，可能比所有人都早。

黄碧芬：你当时为什么能这么确定要去美国？

巫任之：应当说是从小对美国就很向往。

黄碧芬：这就让我更好奇了。是什么样的机缘让你从小就对美国很向往呢？

巫任之：可能是爸爸。他是大学中文系教师，他以前也想去美国深造，学校都录取了，可是当时的签证比较困难，最终没去成。他很遗憾。

黄碧芬：是让人遗憾。现在你去了也算是完成了父亲的一个未尽心愿？

巫任之：并不是。父亲反而说让我在国内读完大学本科，研究生再出国会更合适些。**是我自己选择了要在本科阶段就出国。**

黄碧芬：你妈妈呢？她对你出国是什么态度？

巫任之：她更支持。我爸妈都很尊重我。**既然我选择了他们就会在背后默默支持我**，他们不会去干涉我的决定，也不会说太过度的话。除非我提出有什么需要帮助。他们很好，是那种不会在前面管我，也不会在后面说你要怎样、应该怎样之类的话。

向往硅谷，自主努力步步为营

黄碧芬：这样你的确会有更大的自主空间，能表达你的独立意志，关键是你得有健康发展的追求。你能这样随自己的心愿做选择感觉幸福吗？

巫任之：有幸福感。我初三就选择了计算机。我一直很向往硅谷。

黄碧芬：上高中后也一直保持对计算机、对理科的热情吗？

巫任之：问题是我初中没有用心学习，老师说我是那种有天赋却没有认真读书的学生，有点可惜。还好现在补还来得及。

黄碧芬：报考美国的大学，你除了专业的选择还有其他方面的预备吧？

巫任之：初三的时候有一阵子发疯背 GRE，每天背三四个小时。深夜三点才睡，早上六点多又起床。

黄碧芬：不用人催就能自己做到？

巫任之：对。初三我是住在外婆家，没和爸妈住在一起，周末才回去。

黄碧芬：你当时就想要把 GRE 啃下来？

巫任之：对，那时候就有这样一个信念。可惜当时背的现在也忘得差不多了。

黄碧芬：还需要参加一些测试？

巫任之：是的，比如托福、SAT 有两个，去了三次香港考试。我是高二才去考的。

黄碧芬:能通过考试应该和你初三的时候猛背单词有关系吧?

巫任之:当然,会有关系。

黄碧芬:参加这些考试都是你自己报名前往吗?

巫任之:对。都是我自己在操作。

黄碧芬:需要父母亲陪同前往吗?

巫任之:别人有的需要请中介,我都不需要。父母其实也不太懂。

黄碧芬:你选择学校的依据呢?

巫任之:各方面都要考虑,最重要的肯定是学术能力。还有一个氛围,要有一个友好的氛围。

黄碧芬:你通过什么渠道去了解?

巫任之:网上各种信息。有官方的,也有一些在那里上过学的人的评论。都是一个阶段一个阶段操作的。前面考试过了再来选择学校。考试成绩只是一部分内容。还要看你的其他能力,比如领导力、爱心、责任感、其他各方面综合的能力。

黄碧芬:这些能力需要通过什么方式来呈现呢?

巫任之:包括我在学校担任体育部部长,从初二开始所有足球比赛都是我组织的。

黄碧芬:哦!我就觉得你长得很精干啊。你自己也很喜欢踢球是吧?

巫任之:对。初中很喜欢,不管刮风下雨一定要去踢。

黄碧芬:你有没有发现你在体育这方面的能力与爱好其实成了你与同学交往的一种方法?

巫任之:这只是一方面。

黄碧芬:你认为交往方面还需要具备什么素质?

巫任之:首先你对人要好。这是最重要的,要别人对你好你首先要真诚地付出,不能虚情假意的。同学才肯听你的话,你组织很多比赛最后都需要你站出来拍板定案。

黄碧芬:要有平衡、要有公道。看来你对正直公正这方面有特别的体验。在学生会体育部的工作对你在领导力等各方面的提高帮助很大吧?

巫任之:还有一些爱心公益活动。

黄碧芬:爱心公益你选择了什么样的项目?

巫任之:去自闭症中心。当时我们学校组织了一个关爱自闭症儿童的组织。

黄碧芬：也是学生会组织的吗？

巫任之：不是，这个是我们另外一些人自发组织的，有定期做一些公益。

黄碧芬：如何证明你们在做这样的事呢？

巫任之：美国不需要证明，就是一张表你爱填什么填什么，他相信你。但是一旦你作假后果就非常严重。一般不会去调查，但最后有一篇个人陈述，要让对方看到你这个人各方面的素质和经历，如果没有做过就不会有那些经历，瞎编别人也看得出来。

黄碧芬：的确是这样的。有真实体验很重要。你怎样写好这篇文章呢？

巫任之：先自己写，再拿给其他人看，改是很重要的。一篇只有五六百字的文章写了两三个月，这篇非常重要，因为成绩和其他活动表格上面填的都是死的，而这篇文章是活的，可以看到你整个人的情况。

黄碧芬：能帮你的是什么样的人？

巫任之：首先父母肯定要看，包括给美国人看，他们的价值观和我们有些不同。

黄碧芬：你之前就有认识这样的朋友吗？这种朋友都是你自己主动去结交的？

巫任之：对，父母信任我的交友能力。

黄碧芬：父母的信任如此确定，也是来自你在交友方面呈现出来的令人放心的好表现。像这样整个求学的经历都能自己做下来，真不简单。我发现你要预备的东西与高考相比还是蛮多不同的。

巫任之：对，高考就是一个考试，越高越好，考场还是可能有不确定因素存在。我们的出国考试有多方面经历要呈现，可以预备，也有些不确定的因素存在。还好我是比较相信自己的。

黄碧芬：包括想考的大学也可以有多种选择？

巫任之：是的，有一个提前批和正常批。提前批只能报考一所学校而且录取了一定要去，就要报那种自己最想去但是又有点不可能的。我是提前批就被录取的，所以我12月份就知道结果了。

黄碧芬：非常清晰的选择。学费贵不贵？

巫任之：我有拿到一年3万美元的奖学金，这所学校每年需要6万美元，我当时就填了要3万美元的奖学金。钱也是一种实力，学校方面其实也会参考你的经济能力来决定是否录取你，我直接填了只能出3万，隐含着"看你要不要"的意思，我知道这样被录取的几率就下降了。毕竟，6万美元不是小数目啊。

黄碧芬：你挺干脆。你的综合实力够强，人家才愿意花3万来赞助你。你怎么判断出3万还有可能性呢？

巫任之：要参考一些数据。每年网上都会有录取学生的分数和拿到的奖学金。因为论坛会有一些人发出自己的情况供别人参考。

黄碧芬：你甚至不认识他们，就借鉴到他们的经验了？

巫任之：也要和他们本人具体了解情况，都是网上联系的。

黄碧芬：你们年轻人使用网络的水平高，可以做更多事，很多资讯可以及时、准确获得并交流。走出去后你肯定会增长更多见识，有机会也多向学弟学妹传递经验哦。

初中阶段应当有意识地发展能力

黄碧芬：现在我们回到日常学习生活上来，刚才说到初高中两大阶段给你们的要求和你们的应对感受是有不同的，就你自己来说，更喜欢哪个阶段的学习生活？

巫任之：肯定是高中。**每个人都喜欢自由，高中相对于初中自由。**

黄碧芬：不是一天到晚被安排得挺满吗？

巫任之：**不是一个层面的。**初中会管得比较多，感觉进了学校就像进了半个监狱。初中我的班主任非常严。

黄碧芬：她是不是对很多行为规范很注重？

巫任之：对。

黄碧芬：现在回头看这些方面的严到底有没有意义呢？

巫任之：还是有一些价值的。老师还是努力地想塑造我们的性格吧。不断告诉你哪些该做、什么时候该做什么。到了高中就知道了什么时候该学习。

黄碧芬：这还是很重要的，尽管那个时候不喜欢，心里还是有数的。

巫任之：什么时候该做正事，什么时候可以玩。有的老师不管就没有这个概念。

黄碧芬：我认为初中生更不容易管理，因为那个阶段的孩子自我意识特别强烈，阅历经验相对不足，人生态度、价值取向方面又蛮迷茫，容易沉溺于眼前的人事"纠结"或自我放纵中。

巫任之：我觉得初中阶段大家都没有一个明确的目标，都在混日子。特别是初二的时候，感觉书读不读一样。初中刚进来还很紧张说"上初中了"，后面就慢慢松了。

黄碧芬:到什么时候才再开始警觉起来呢?

巫任之:初三吧。到了考试大家还是会紧张起来的。我身边一些朋友(同学)是到了高三才开始要学习的。六年哪,这样过好不好?这是值得探讨的问题。虽然教育体制不容撼动地摆在那里,可是我觉得初一、初二可以发展的能力还是应该发展。

黄碧芬:像你做了那么多应对国外考试需要预备的内容,这是你自己立定的目标导引着自己的学习进程。学校正常教学的课程你也照样读吗?

巫任之:肯定会受影响。到高二就停课了。不可能两边顾,因为国外考试也非常难。

黄碧芬:学校能给你们在发展方向上、时间管理上的自主选择,是很尊重和信任学生的举措。其实,学生本人需要有自我担当的勇气并负起自我选择的责任。

巫任之:也是一个赌博,不可能再回来高考。

黄碧芬:所以选择出国的同学还是要有相当的自信和勇气的。平常比较喜欢哪方面的阅读?

巫任之:基本该读的都有读,但是我对文学没有什么特别的爱好。我比较关注IT方面的书。

黄碧芬:IT方面的书你可以看到什么程度?

巫任之:一个是技术方面的,因为时间不是很多就是看个大概。另一方面是整个IT界的动向,我会去了解,平时没事就会看一些分析。

黄碧芬:这些参考读物从哪来呢?

巫任之:都是网上的。

黄碧芬:这么长时间在网上阅读会不会影响你的视力?

巫任之:反正视力一直是300多度,从初一开始戴眼镜。电脑陪伴我的时间很长,以后也是以电脑为生。

黄碧芬:还是要注意休息,还好你喜欢锻炼会比较好些。

巫任之:我从小学开始踢球。

需要探索与育人目标相匹配的操作程序

黄碧芬:高中现在多元育人的渠道越来越明朗畅通,我们的教学管理与多元育人的匹配方面,你认为还需要哪些努力加以完善?

巫任之:我觉得老师也在摸索,包括我们这批出国的同学也在和老师探讨。学校还没有形成一个很固定的模式。像别的大城市,比如杭外、复旦附中他们有非常成熟的模式。我们还在摸索。

黄碧芬:你们觉得那个模式可操作性强吗?好用吗?

巫任之:首先是人数。我们学校在出国的人数上还是相差很多。我不了解高考,就出国来说他们有两三百人,**人数一多必然就有管理问题**。我们这里毕竟还是小部分学生,学校就提供一个自学的教室。他们学校会从高一开始就按照出国的程序走。

黄碧芬:这在管理上是可操作的。从心智这块看,高中生已非常关心人生观、价值观之类的问题。

巫任之:我是比较关注国内外政治的。国内信息比较不透明,很多真相看不到。

黄碧芬:看到一些不一样的声音你会有什么反应?

巫任之:有两个阶段。一开始是完全相信,以为我们真的生活在地狱里,**后来会有一些辩证思考。我觉得我们国家在许多方面还有待提高。大的方面、小的方面都要避免走歪掉。**

黄碧芬:能这样来关注国家与世界的发展问题是很大气的胸怀和视野。国家兴亡,匹夫有责。我们很容易看到、感受到存在的不足,重要的是应当如何建设,如何完善。如果也能找到自己更能切入的领域更多参与探讨并贡献自己的才智,可能会让自己更开心。

巫任之:像政治自由这样的问题涉及社会的普世价值,是很需要关注而又很难讨论的领域。

黄碧芬:的确是这样。你谈及"普世价值"是一个很有意义的概念,怎么理解?

巫任之:还是有一个体制的问题。还有关于公民意识、个人权益、公共道德等等。

黄碧芬:是否可以理解为:**不分国家、民族、宗教,人们普遍认同而适用的、对人类和平与健康发展有造福意义的生活真理?** 比如人生而平等,人性的基本需求应当得到满足等等。你已能观察和思考这样一些层面的问题真是不简单。作为一个男性公民你更追求什么样的幸福?

巫任之:我觉得人可以安心地做好自己该做的事情、喜欢做的事情,手里又有钞票的生活会比较健康。国家要治理,公务人员要秉公执法、敬业乐业;人民群众要遵纪守法、享受生活,人人都享有公民意识和维权的责任……

黄碧芬:人人都可以发挥自己的才能、营建自己要过的安宁日子真是很幸福的生活美景。你喜欢硅谷是更崇尚成为专业技术人才吗?

巫任之:IT界不只是技术,其实和商界一样有很多商界战争,几间公司之间的博弈,不仅仅是技术层面还有技术之外利益的取舍和平衡问题。

黄碧芬:你现在就能了解这些一定很有益于你的未来发展,你对未来的规划怎样?

巫任之:比较清晰。知道一步一步要怎么走。

中学生要关注前途大事,要"自我挖掘"

黄碧芬:真好。你的思维相当理性和开阔,祝愿你心想事成,稳健发展!还想与你探讨一些当前存在的现象:现在有些中学生在不知道自己的路要怎么走的情况下就急于谈恋爱,对此你有什么看法?

巫任之:我觉得没什么太大影响,只要是真诚的情感表达就不是什么太严重的事。当然,也是一种责任。但是**毕竟中学生还没有实际担当生存的压力,能承担的责任不是很大。**

黄碧芬:所以有些同学就想单纯地享受这些情感,其实又很容易陷入种种自己难以把握或难以自控的情形中……

巫任之:完全陷在里面的感情其实也不会持久。有些事必须自己经历这个过程,才能明白到底是怎么回事。不要误了大事就好,有些小的影响无所谓。

黄碧芬:永远都要摆正自己在这个时期的大事。**高中生最重要的事情是什么?**

巫任之:前途。

黄碧芬:为前途而努力,这个是不能打折扣的。非常好!你这种前途的意识是什么时候长出来的?

巫任之:初三开始。当我知道自己想要做什么时。

黄碧芬:从懵懂的状态变成清晰地知道自己要什么了,也就是有了自己的内在需求。

巫任之:有了内在动力就有了对自己的约束。听从内心,这是乔布斯说的。我的偶像就是乔布斯。

黄碧芬：乔布斯充满激情的创新工作品质让人崇敬。你常看励志方面的书吗？

巫任之：不看，但是我大概都知道。我觉得这些成功学每个人都不一样，我不太看那些。

黄碧芬：你有自己的价值判断也有自己的目标追求。能这样确定真不简单！如果让你给学弟学妹一些建议你会说什么？

巫任之：最重要的是要清醒地知道自己要做什么，不要违背自己的内心。

黄碧芬：要了解内心的需求。这的确十分重要，关系到你的生活方向，也直接影响你对现实生活的取舍。许多学生因为不知道自己要什么而迷茫痛苦。

巫任之：这很需要自我挖掘。

黄碧芬：或者叫自我探索。你觉得有什么契机促进了你的这种"自我挖掘"？

巫任之：就是还需要一些思考。

黄碧芬：这样的思考不是一次完成的。而是基于生活的种种感受和认识不断澄清和选择的累积效果，也需要自己更多积极投入一些具体活动，从中拓展见识并感受自己的心向与能力之所在。你日常会更多与谁来探讨这类问题？

巫任之：同学也有，父母也有。

黄碧芬：通常和同学讨论更有收获还是和父母讨论更有收获？

巫任之：可能和父母还是有些代沟，有些看法不一样。

黄碧芬：还是会有些相互补充的参考价值吧？这样与你交谈后，发现你对生活的把握很有自己的核心，有自己的思考，也能与人沟通分享，并保有自己的主见。看来你的父母是相当了解你的，也曾有过很让父母操心的时候吧？

巫任之：初二的时候，我让父母很操心。

黄碧芬：你当时主要是基于什么问题让父母操心呢？

巫任之：各种问题。整个就是很混乱。

黄碧芬：而且还很不服教导？

巫任之：一般都是这样。

黄碧芬：一直到你自己想明白你要干吗，并不是让他们劝过来的？

巫任之：不是。**完全是自己的决定。**

黄碧芬：你想明白了做了重要决定了,还会让父母操心吗?

巫任之：不会。只要我一走上正路他们就完全不用操心了。

黄碧芬：选择一条适合自己的路子很重要。你也是一步步走过来的,哪一步不负责任、偷懒逃避都不会有现在的结果。

巫任之：这就是挖掘自己的过程。

黄碧芬：这些曾面临的混乱、烦恼会和同学交流吗?

巫任之：大家一起混乱。

黄碧芬：所以我们提倡青少年要有意识地让自己交一两个导师级朋友。在你看来什么样的老师会更受欢迎?

巫任之：各阶段不同。现在觉得初中管得严是一种幸运。高中碰到很多好老师,他们知道我要出国,课内会给我额外的帮助,尊重我的选择。吴明辉老师和我很好。

黄碧芬：你会把自己的打算和想做的事情告诉他们?

巫任之：会。跟这些年轻老师都很好沟通,不用忌讳什么。

黄碧芬：住校的生活对你来说适应吗?

巫任之：很怀念住校生活。

黄碧芬：适应这种校园生活你觉得在个人素质上比较重要的是什么?

巫任之：敞开你的心接受别人。你会遇到各种各样的人,我们可能有各种各样的缺点,我没有遇见过一个人是完美的。还会碰到很多事情需要去处理。

黄碧芬：会遇到问题,就需要设法解决。很多人抱怨睡眠的时间被打搅等问题……

巫任之：这个是比较小的事情。比较可怕的就是人际关系上有人恶意中伤、诋毁你,还有些人就是故意不帮你或者给你帮倒忙,甚至还有表里不一的人。

黄碧芬：这会让你作何感想呢?

巫任之：每次都有一些新的认识,原来还可以这样子。

黄碧芬：你意料不到,但是当你看明白了也会从中有所学习。会不会影响你待人?

巫任之：不会。我周围的人大体上都很好。

黄碧芬：碰到这样的人你会怎么面对?

巫任之：我是比较淡定的,不理他。

黄碧芬：不需要以牙还牙也不需要较真。

巫任之：我喜欢读《圣经》知道遇到一些不顺的事会知道这些事有它的本意在，可以转化一下。

黄碧芬：这就是全然接纳和积极思维的取向，用发展的眼光看问题。由此你能接受事实，还能够解读事情的内涵，看起来那么糟糕的人事其实自有它存在的道理，是不？你们家常会探讨这类问题吗？

巫任之：没有，就我和妈妈。我们三个人其实都有各自要做的事，吃饭时才聊聊。

黄碧芬：比较民主、自由的家庭氛围。和同学你会谈这些信仰的事吗？

巫任之：会，只当一种分享。

黄碧芬：很高兴有这样的机缘认识你。谢谢你告诉我们这些宝贵的心路历程。

巫任之：我也很享受这样的会谈。

精彩聚焦

很享受与巫任之同学的访谈过程。他表达的思想见解都是那么真实、真诚，而又清晰、准确和笃定。才高中毕业的他，透过自己执着的"自我挖掘"，已然形成了一种对自己、对社会的良好认知并显示出表里如一的对普世价值的理解和追求。他思想的深度和不失博爱的理性情怀都让我感到特别踏实。在当今很多人担心男孩阳刚气不足的环境里，与他对话所展示出来的男性风采堪称男生典范。祝他如愿以偿，活出自己独特的风采。

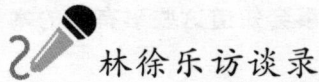

林徐乐访谈录

学习的契机来自真诚的投入

访谈嘉宾：林徐乐 　　　　　2011年考入美国圣母大学，主修经济学 **访谈主持**：黄碧芬 **原始记录**：王智亮 **整体梳理**：黄碧芬

自主择校其实是一种双向选择

黄碧芬：最近与几位像你这样已被国外大学录取的同学做访谈，感慨良多。很高兴邀请到你，同样期待着我们的深入交流会令我们彼此都感到愉快。请先告诉我你将到国外哪个大学就读？

林徐乐：美国的圣母大学。

黄碧芬：你为什么会选择这所大学呢？

林徐乐：我也可以去加州伯克利大学，但我选择了圣母。一方面是因为伯克利是公立学校，课堂是按照百人设置的。圣母是私立学校，课堂是按十个人安排的，这样可以得到比较多的关注，有利于与教授交流。

黄碧芬：小团体的教学师生互动将更为充分而有针对性。

林徐乐：对。另一方面考虑的是，圣母是天主教的学校，80％的教职员工和学生都是信教的，这在我看来会比较友善一点。**我自己对公益也比较感兴趣**，去那里更有利于我继续做这一块，周围的气氛和人也都比较适合我做这些事，而这也可能是圣母选择我的一个原因。我想以后继续往公益这方面去学习。

黄碧芬：真难得你能想得这样具体周到，而且你这样的一个选择因有内在可发展的价值追求而显得更为可靠。环境特点是我们求学必须考虑的重要因素，学校师生充分认同和秉承的理念的确很重要。你年纪轻轻就能对公益有这样的追求，在你的中学生涯中有这方面的实践吗？

林徐乐：也是因为出国这个选择而投入的。我去北京上新东方认识了一些同学，通过他们我接触到了这一块。有了认真的了解之后我发现其实我可以做很多，一方面是自己感兴趣，还有就是这一方面中国跟外国比起来还有距离，所以通过去发达的国家学习再回来就可以达到一个提升的效果。

黄碧芬：对公益事业的态度和组织管理应当是和谐社会的一个重要发展领域。我比较好奇的是，你曾经接触过的一些什么样的公益项目？它们对你形成了哪些影响？

林徐乐：就我自己接触的来说还不是很多。我接触到了西藏的盲人。我能为他们做的主要是去他们那边了解情况，通过联系福建地区的盲校，可以给他们带去一些物资，更主要的是学习方面的资料，因为他们不但学藏语、汉语，还学英语。我可以帮他们翻译一些东西，还可以跟外国的盲校进行联系，帮他们取得一些合适的教材。主要是帮助他们的教育落实。

学习的契机来自真诚的投入

黄碧芬：很好，是很具体的工作内容。这样的人群是你自己寻找的，还是有什么特别的契机让你了解到他们的需要？

林徐乐：这契机就来自我到北京上课。我在北京通过一起上课的同学认识了盲校的校长，他自己也是盲人，我们带他去北京玩，中间就有一些交流，借此对他的经历和他们学校的历史有所了解。

黄碧芬：我听了都蛮感动，我觉得人的成长都有很多机缘来链接和促进。你从福建到北京去求学而认识了这样的人，他的经历显然让你有一些触动，你觉得可以为他们做点什么。这样做下来有一些不一样的感受吧？

林徐乐：首先是把自己学的东西用进去了，还学会怎么跟更多的人沟通交流。毕竟能力以外的资源比较少，我能做的就是帮助他们进行沟通交流，对我来说这一方面自己的水平有所提高，可以把事情说清楚。通过去实地考察之后还了解到他们真正的需要是什么，这是实在的观察能力。另一方面，我觉得有学到一些与校园内的活动不一样的东西。我了解到盲人能做的事情比我们以为的要多得多。旧观念里总认为盲人不是待在家里就是去做盲人按摩，少数几个可以当歌唱家。其实他们还可以去当电台主持，在西藏他们会自己编制毛毯、卡垫、围巾、毛巾这类的东西，我现在也在想办法帮他们在厦门推销这些产品。我认识的盲人校长以前就是这个学校培养出来的,他现在求学完成了,可以自己独立经营一个学校,可以成为一个领导人。

黄碧芬:非常了不起。**你有没有发现他们的精神世界是阳光富有的,而且对自己的生命有主动而执着的建设精神,天助自助者。**这个活动你大概是在哪个年级去接触的?

林徐乐:高一年级。

黄碧芬:你觉得这样的活动对你的人生观、价值观有什么影响吗?

林徐乐:**我觉得有改变我的人生走向吧。**我之前没有想过 NGO 管理这个专业,通过接触他们之后,我觉得选择这个专业我可以做很多事情,可以实现个人的理想。所以这件事改变了我对专业的选择和对未来的规划。不敢说我以后一定会走这条路,但至少我的重心移到了这一块,**我也学会更多地关爱别人。**

黄碧芬:更多地关爱别人意味着什么呢?这对我们的生活有什么意义?

林徐乐:我觉得是**除了过自己的生活以外,承担起这个社会上自己能承担的责任。**

黄碧芬:这是一个很正向的价值观。你有这样的预备,就会走得更有作为、更有贡献。高一年级就有这样的契机,**让你对自己的生涯有一个内心能认同的发展方向,**这是很好的一件事。你有没有发现当你有了这样一个发展方向,你对自己的时间管理,对自己生活内容的选择和安排都有所不同了?

林徐乐:正是这样的。在生活中会遇到各种各样的事情,因为自己心中有这样一个目标,无意中就会发现有助于你实现目标的事情。

黄碧芬:对,因为心里有一个目标,就会自动与周围的资源进行链接,会发现与你的想法需求有联系的人事物的客观存在。

自我成长与服务社会并不矛盾

黄碧芬:回头想想在初中、高中的校园生活中,像这样一种公益建设的思想,你觉得跟我们的校园生活有什么联系吗?

林徐乐:一方面是学校,我们学校学生的思想会更开放一些,对不同的事物也有比较多的接触,学校里的各种活动也能开发自己思维的广度。另一方面学长学姐有做一些事情,高一的时候就听到李哲远也有做一些公益的事情,觉得就在我身边的高中生也能做这样的事情。这些对我都有一定的影响。

黄碧芬:其实中学生还是可以有很多担当的。但是现在很多人遇到的情况是学业负担重,容易顾此失彼,甚至给人一种压迫感,所以公益的想法就顾不上了。

林徐乐:我觉得这种情况在高中是存在的。我在快考试的那个阶段也只能想着考试,其他事情想也没有用,因为你只有通过考试取得好成绩才能走得高远,才能更好地追求自己的梦想。因为我是出国生,后来的高中生活没有介入太多,我只能说我理解这种心境,也不好说怎样转换这样的心态。但是我们能看到很多中国的大学生也在关注这类事情。我之前接触到在厦大读书的一些藏族人,他们能来厦大说明他们的家庭条件不错,他们也做了很多公益的事。比如他们暑假回去也会帮助盲校,玉树地震的时候有一些孤儿被送到厦门,他们也会主动去关怀孤儿。只要你有心,学习之外还是可以挤出一些时间的。

黄碧芬:关心公益对自己生活视野的拓展、对精神世界的丰富都会有所影响。其实自我成长与服务社会并不矛盾,学校课程的内容本身会给我们披露很多有待解决的社会现象,日常生活中也会耳闻目睹很多现实存在的社会问题,只要肯用心了解,都可能找到自己更能对接的内容去关心、去行动。

林徐乐:是的,我也认为是这样的。

黄碧芬:而且,务实的关心和了解通常也会反作用为自己深入学习的具体追求内容。刚才我们一直在分享公众的生活状况,接下来我们回到你自己的生活状态,初中阶段的学习和高中阶段的学习感觉一样吗?

林徐乐:不一样。初中对我来讲就是一个印象:上课,放学以后打篮球,回家写作业。印象最深的是每天下午放学铃声响了,背上书包拿着篮球冲到篮球场。总体来说比较无忧无虑。

黄碧芬:自己的满意度如何?

林徐乐:有一点不满意。到后来上直升班后压力一下小了很多,没有学得像以前那么认真,比较爱玩。虽然说还是在学校学习,但是打球打得更多了,用更多的时间发展个人爱好。也不能说这个不好,毕竟我也享受那段时间带来的快乐,但因为随意地玩太多了,到高中又被分到普通班了。

黄碧芬:玩本身是一种能力,但是一旦让随意玩的内容占用过多的时间和精力,这个阶段对生活主体内容本该有的投入和把握就会打折扣,通常就要付出代价。一下子又被分到普通班的感觉如何?

林徐乐:不太好,感觉落后别人了。但是那时候比较好的是我们的班主任是原来初中班主任老师的丈夫,他对我的了解一开始就比较多,对我的关照也

比较多,对我的要求比较高,这在当时是很给我信心的支持。

学校给学生多向发展的引领

黄碧芬:我觉得你还是能够迎着压力上的,老师给你高期待反而会激发你。人被赏识、被期待通常也会更愿意努力。有了这个信心后你做了什么,那段时间学得怎么样?

林徐乐:高一开始以后就考得不错,比初三后面一段好。

黄碧芬:什么时候开始选择要出国的?

林徐乐:我初中就想过,当时我妈不同意。高一我也提过,但我妈还是不同意。高一结束时我已经不怎么想了,我妈跟学校的老师、教务主任交流后,改变了出国就是花钱出去镀一层金的想法,她了解到出国也可以学到很多真材实料,就支持我出国了。

黄碧芬:自己有想法还是蛮重要的。你初中就想出国,觉得出国有什么好处呢?

林徐乐:当时初中有去新加坡读高中的机会,虽然我没有报名,但我觉得会有不一样的路径,可以不用高考,还是走向国际化的平台。**我觉得我的选择与前辈的引导有关系**。我之前考外国语是听前辈说很好才来考,会出国也是前几届有优秀的出国学生,我妈才能坚定让我出国的信心,**是学校的历史让我妈觉得我可以走这条路**。

黄碧芬:可靠的信息和好的教育环境都会给人更多良好的促进,除非你自己故意视而不见。你能够选择这条路也得益于你自己有这个意向,你妈妈愿意真诚了解并有自己的担当精神和担当能力,也是不简单的。你选择了什么专业呢?

林徐乐:报名的时候选择经济学,但是我应该不会学经济学,因为之前报名的时候是一种心态,后来又经过一些事情,包括跟圣母大学的一些学生和教授见面之后,我觉得我可能转去他们的商学院学一个专业,再学一个社会学或者政治学。经济学比较偏理科,就是建立模型之类的东西,虽然我是理科班的,但我觉得我未来的方向会比较偏文科。

黄碧芬:这跟你比较关心公益、比较关心社会的发展状况还是有联系的吧?看来你生活得比较自在,该有的都有了,你自己也能大方投入与担当。

从小就表现出适应环境的能力

黄碧芬：有没有哪个阶段让你比较挣扎的？

林徐乐：我觉得是我六岁的时候。我妈把我送到厦门的英才学校过寄宿生活，她想让我来厦门读小学，但是六岁读不了公立的小学和幼儿园。我妈和我爸都不在厦门，我还很小，印象中去那边吃的第一餐是一边流眼泪一边吃的，连眼泪也一起吃进去，旁边的小朋友也跟我一起哭。后来就懂得和小朋友一起参加评比优秀宿舍，还会自己提早起床，前一天把牙膏挤好，拖把弄好放在门口，一起床就可以非常快地做好各种准备。**那段时间锻炼了我独立生活的能力。**

黄碧芬：小孩子的适应力真是很强。在我们学校的课程体系里学习，你收获比较大的是什么？

林徐乐：我觉得**让我受益最多的还是英语课程。学校提供机会给我们更难的教材，又小班化教学**，我的英文水平一下子就提升上来。也是因为这样，我才有可能出国，不然也很难申请到好的大学。虽然教材难但是可以学到更多。

黄碧芬：对语文、数学等其他课程呢？

林徐乐：我也比较喜欢数学，数学学习的压力并不大。**其他那些科目都是抱着一种感兴趣的开放的心态去学的，到高中以后有这种心态做铺垫也没有太大的压力。**

黄碧芬：你这种状态是比较幸福的，自己想去学，不是被别人逼的。

林徐乐：对，有这个心态接下来就看你怎么努力了。

黄碧芬：在与人交往方面呢？

林徐乐：初中的时候比较爱打球，所以在球场上认识很多朋友。

黄碧芬：男孩子通过这个途径认识人最开心了。自由阅读这一块呢？都读什么书？

林徐乐：之前读的比较多的是英文小说，五六十年代有反战意识的小说。最近我在读关于中国文化的书，曾有个玩笑说你出国选中文系，不一定会当班级里的第一名，因为外国人可能比你还厉害，所以我要恶补一下自己的语文。我买了一套书，有讲中国的哲学、文学、历史、政治这些东西的。

黄碧芬：这个选择好。**中国文化永远是我们的根基**，有了特别的需求读起来就不同了,有些什么样的阅读期待呢?

林徐乐:我觉得一个可能的效果是以后你出国,别人跟你讨论到中国文化时你会知道,并且说得有依据,更有底气。

真心实意地学习必能有长进

黄碧芬:咱们学校的育人目标里就有"中国灵魂,世界胸怀"这样的高定位。如果让你给学弟学妹一些建议,你更愿意跟他们说些什么?

林徐乐:首先我想给出国的同学一些建议。出国有一些方面是社会经历,就是做公益这些的。现在有很多出国的学生是因为书面上得有这些经历的要求而去做一些事情,比如说我去西藏,也有别的地方的中学生过去,他们只是几个学生和家长一起,买一些东西送过去就结束了。我觉得这样是浪费精力和金钱。要摆正心态,正是因为你要出国,所以你有时间和精力去做社会实践的东西,你应该拿出真心去对待它,认真地做下去,而不是走马观花地拍个照留念而已。这也是作为出国生比较特别的经历吧,就是要真诚地参加社会的一些活动。

黄碧芬:社会实践需要真诚地介入,真诚地参与,去发现问题,甚至通过我们的努力去解决问题,这样也不辜负自己的心意和时间。我觉得我们全体中学生的社会实践都要有这种心态。如果只是拿着社会实践报告到某部门机构盖个章,就算我做过了,是隐含许多后患的愚蠢之举。事情都得实实在在地做才会有真实的收获。

林徐乐:还有一个建议是对学习的态度。学习可以帮助你走向一个更高的发展平台,这是一个过程,我觉得不用把它整个扛在肩上,你可以比较轻松地面对它。将长远的大目标化作日常一个个能操作的小目标,只要你摆好心态,有认真努力去准备,不论怎样都能达到一个令人相对满意的效果。就像高考生有几个同学会跟我说万一最后高考那一次考不好怎么办?跟我之前准备美国高考也一样,虽然我可以考很多次,但是到最后一次之前我的成绩都不太理想,我只能硬着头皮不停地准备。我们的智商都在中等之上,只要你认真准备,会有一个对等的回报。

黄碧芬:一分耕耘,一分收获。这需要踏实的基础和到位的努力。其实人生很多事都是这样的,不要过急冒进,也不必过虑担忧。总背着"追求最好"而怕落后的心态反而不能轻松进取。如果请你给学校一点建言,你更愿意说什么?

林徐乐:我觉得学校应该增加对社会实践的监管,这是一个可以引导的部分。比如之前的学长学姐有一些项目可以带回来,学校也可以联系一些地方,有些地方,学生个人去人家也不一定会接纳你,学校联系会更方便些。

黄碧芬:对,引领学生去做实实在在的项目,去做一些更有智力和情感挑战的项目。这个建议很好。非常感谢你接受我的采访!

林徐乐:也很感谢老师对我的采访!

精彩聚焦

林徐乐同学稳重大方的谈吐真是超过我的想象。他的实践和感悟让我们很容易看明白一旦给孩子们好的学习环境和发展的引领,孩子的主动性被激发后的能量是非常大的。他关于社会实践的真诚体认和实务投入都很有意义,而且他还能踏实地从自己的实际能力出发去选择能够处理的事情优先做好。由这样的过程自然萌生的公益建设思想之于他自己的生活、之于社会的和谐建设都相当宝贵。同时,从他的经历我们再度清晰地看到合乎孩子内在意愿的发展目标是一种强大的成长动力。没目标时,他的宝贵精力只会白白消耗在过度运动上,有了具体可行的发展目标后,他的时间和内容管理都有了更具体充实的内容,并大大提高了他的思想深度和选择能力。

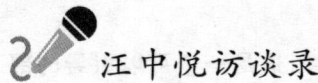 汪中悦访谈录

在硬任务面前唯有真诚投入调适方法才行

访谈嘉宾：汪中悦
　　2011年考入美国南加州大学，主修媒体传播专业
访谈主持：黄碧芬
原始记录：王智亮
整体梳理：黄碧芬

有选择才能有相配套的努力过程

黄碧芬：很高兴邀请到你。什么时候萌生了直接申请到美国读大学的想法呢？

汪中悦：之前不知道我们学校高三的毕业生可以直接到国外去学习，觉得很神秘。高一的时候很多学长学姐回来开出国求学的介绍会，听完之后觉得这条路是每个人都可以走的，只是你有没有这个兴趣和想法的问题。回家以后也有跟父母讨论一下。

黄碧芬：之后为它做了一些什么样的努力？

汪中悦：一开始只是想尝试一下，去上一些课程看看感觉怎么样，高考也一并准备。这大概是高一下学期的事。**坚定了出国的信念后，就有一系列的事情要做。** 首先你要考试，要把一些标准化的知识要求考出来，还要去做各种活动。再到后来要申请大学，寄材料什么的。

黄碧芬：这些事情做得顺利吗？

汪中悦：我觉得还是比较顺利的。

黄碧芬：你选了什么大学、什么专业？

汪中悦：我去南加州大学读传媒。

黄碧芬：选择这个专业是你自己的兴趣吗？

汪中悦：是的。虽然我是理科生，但我不是很喜欢理科。我比较喜欢传媒之类的东西。爸妈也没有干涉我，他们不会说你一定要去读什么专业以后做什么工作。所以我想大一大二还是选择这个方向，之后再去考虑我到底要不要在这条路上走下去。

身边就有一位能享受工作的好榜样

黄碧芬：看来你也是个自主成长空间比较大的孩子，爸妈信任你，让你自己选择喜欢的专业。你从小跟他们的交往一直就是这么顺畅吗？

汪中悦：因为我爸爸比较忙，相处得比较少。妈妈多数是在生活上、学习上管理我。他们都会给我一些各方面的建议。

黄碧芬：对你影响比较大的是谁呢？

汪中悦：我觉得爸爸对我影响比较大，虽然跟妈妈在一起的时间比较长。爸爸让我知道要做自己喜欢的事情才能够把自己的精力真正地投入进去。虽然他的工作很忙，但他非常享受自己的工作，我觉得以后我工作时应该也要这个样子，不要过多地受到外界的干扰。

黄碧芬：身边就有一个能享受工作的好榜样，又是这么爱你的爸爸，这本身就是一种很幸福的格局啊！你的名字也很特别，是谁取的？有什么意义？这个名字叫起来就非常爽朗舒服。

汪中悦：这个名字是爷爷取的，意思是希望我每天都开心。我一直都还不知道"中"字是什么意思。我的名字一开始不叫这个，最开始取了个别的名字，然后慢慢改成这个名字的。

黄碧芬：大家叫着、听着都舒服就很好。名字是自己的一个符号，可以充分解读它，也可以让它保持一点点神秘色彩。

多承担工作才能更清晰地感觉到自己的优势

黄碧芬：回顾初中和高中的学习经历，对你自己来说从心态到具体把握的感受上有什么差别吗？

汪中悦：我觉得初中比较轻松，平时没有非常认真，只到考前一个月才非常认真地读书。高中老师管得没有那么严，平时也会比较认真。

黄碧芬：你的确是一个比较自主的孩子，没人严管你也会按该有的需求来做。平时你会如何表达自己呢？

汪中悦：我觉得初中和高中有差别。我觉得初中阶段最重要的是把成绩提高，大家才会关注你。高中我觉得是活动，因为我们高中部的活动很多。就我本人而言，高中的成绩也没有初中那么好了，因为没有一直闷着读书，会去参加更多的活动。

黄碧芬：你参加的是什么活动？

汪中悦：学生会的活动，我是文艺部的副部长。

黄碧芬：有什么样的感觉和收获？

汪中悦：我们策划了很多活动，像歌手赛、各种社团活动。**跟很多人沟通，我学会了怎么去协调各种事情**。场地、时间，都要我们去协调。除了跟老师协商，还要和同学处理很多具体的事情，要建立良好的人际关系。比如有的同学觉得自己能进决赛，可是却没有进，大家肯定会有一些不满的情绪。最怕遇到的就是这种事情，我们要考虑怎么样才能告诉他们，其实比赛是很公平的。

黄碧芬：这还真是蛮有难度的事情。一方面要为同学们创造一个可以展示自己才华的平台，另一方面又要有对这些才华的品位鉴赏建立相对可行可被接纳的标准。凡是比赛，难免有一些人欲求不达，会影响情绪。你是怎么安抚他们的呢？

汪中悦：举个例子，比如说歌手赛，有位选手没有进决赛，很多观众觉得他可以进决赛，就会有很多不满的情绪。我们一方面是把评委的评分这种客观的东西给大家看，表示我们其实完全是按照评委的意思评议的，没有私下的调整；另一方面**我们主动跟选手和观众私下沟通，看他们有什么具体的需求，让他们知道自己有被关注**。

黄碧芬：让他们感觉自己有被关注，有话可以说出来，这是很合乎人性需要的温和做法。这种事情一向不好办，你们要组织活动，又要顾及同学的种种感受，做得很好啊！

汪中悦：也是因为这个风波让我对传媒这个领域更感兴趣，我发现自己挺善于与别人沟通交流的。

黄碧芬：你讲话的语音语调也很好听，还有一张很可爱的笑脸，这些都在为你的有效沟通加分呢。什么时候开始觉得自己沟通能力还行的？

汪中悦：初中的时候还不知道，进入高中之后活动很多，才慢慢发现自己有这方面的天分。

黄碧芬：这样的美好时光过到什么时候？

汪中悦：高二。高三就很痛苦了。

在硬任务面前唯有真诚投入调适方法才行

黄碧芬：高二决定要出国了，要参加很多硬性的考试。英语水平还不错吧？

汪中悦：是比较好。

黄碧芬：那么比较难的是哪一块？

汪中悦：我觉得是美国高考的阅读。之前在学校的阅读还是比较短篇简单的，一下子出现那么长篇的阅读，很多都是直接从原版小说里截取下来的。一开始比较痛苦，找不到方向，读得很烦躁。我第一次考试就没有考好，知道自己的方法不对，要完全抛弃以前的方法，从头再来一遍。

黄碧芬：这么快就有领悟了？

汪中悦：对，一考完就觉得很糟糕，我就把之前做过的题重新再做一遍，十月份再去考一次就考得还不错了。

黄碧芬：你的调整能力还是非常强的。在这个过程中是自己苦干还是找老师？

汪中悦：都是自己读的。高二的时候有去上培训班，但我觉得对我来讲没有什么用。出国其实大家基本都靠自学。上培训班这只是引进门，方法技巧主要还是需要自己去做很多题，慢慢领悟出适合自己的方法。

黄碧芬：挺好的，自己领悟出来的东西更可靠也更有成就感，更有自信心。有些事情难做，开始可能找不着北，很迷茫，都得坚持做。边学习，边调整，就会提高。如果在迷茫时就退却了，就不会有后面的领悟和成果。如果让你总结你的学习策略，主要是什么？

汪中悦：我觉得主要是做题再做题，做完题之后一定要总结，总结花的时间比做题更多。比如一道阅读题我做错了，我要回到原文把答案所在的那一段找出来，再看，再分析。难的句子要读懂，还要分析为什么答案会在这里，周围有没有什么关键词，或者前后文有没有暗示答案在这里。

黄碧芬：找到题目本身可能给你的提示，提高自己的辨识能力，很好！你做这么多题都是自己去挑选的吗？

汪中悦：有一些老师会给推荐的书目，我们就按照重要性做下来。一开始我只做了他们推荐的几本书，但我觉得对我作用不大。我从最简单的书开始做，我觉得我一定要做很多题才有做题的感觉。有的人状态很好，一下子做个五本就够了，但我要做很多才能真正进入状态。

黄碧芬：你讲的"进入状态"是指比较有自己的清晰思维和能够判断的感觉吧？

汪中悦：刚开始我也是按照别人的做法在做，但是一直都没有找到感觉。

黄碧芬：你有用心投入、愿意更多投入就有了量变到质变的效果，很感谢你把这些宝贵的经验与我们分享。学习方法、工作方法都是可以迁移的，我们交谈下来，我发现你一路走来无论是学习还是交往都是蛮用心地做实事，都能基于解决问题寻找方法，显示出你具有直觉的灵气和实干能力，这样的品性必将助你走得更高更好。那么有没有经历过什么特别有挫折感的事？

汪中悦：还好，一直都比较顺利。

在生活与交往中都可有更多的双向选择

黄碧芬：交朋友你更在乎的是什么？

汪中悦：我觉得首先是要善良。也不一定要有特别的标准，比如你跟他讲话他不会心不在焉的，也不是话很多自说自话的，就让人觉得跟他交流比较舒服，有一些共同语言更好。

黄碧芬：能面对当时正的沟通的话题真诚互动就会让人比较舒服。**善良、恰当、共同语言，这些特点基本就是好朋友的要素了**，面对一般的人呢？

汪中悦：我觉得朋友深交的几个就够了。我可以交各种各样的朋友，包括暑假的时候去别的城市参加活动，认识全国各地的朋友。我都会跟他们保持联系，但**可以慢慢发现哪一些人值得我深交，哪一些人保持距离就好**。

黄碧芬：你交往多，真切感受也多，而且你还能运用自己选择的主权。这样的交往是更能让自己安全而满意的。

汪中悦：有些人可能对我也不感兴趣，两个人要刚刚好才行。

黄碧芬：这个心态好，这就是交往中双向选择的自然状况。不强迫，不过度追求，也不逃避就行。如果你独处，更愿意做什么？

汪中悦：我有时会完全放空自己，什么都不想，好好休息。有时看看书，或者写写东西。

黄碧芬：在自由阅读方面你更多选什么类型的读物？

汪中悦：我妈以前很爱看书，她有非常多藏书，我就从中挑选自己喜欢的类型看。我爸也有很多书，比较偏向历史这方面的。所以家里的书已经够我看了。妈妈的书是比较细腻的文章,像散文之类的。

黄碧芬:很幸福,身边父母的资源都够你用。生活上像家政饮食方面的有接触吗?

汪中悦:有,但不是很多,不是很会做。打扫之类的会,但要做出好吃的饭菜就不行了。维持需要就好了。

黄碧芬:因为你将要离开家独自生活了,黄老师才特别提出这个话题了解一下。其实日常生活的打理和品位都是快乐生活的源泉呢。一方面可以满足自己的生活和休闲需要,另一方面可以跟朋友分享快乐生活内容,包括茶道什么的。如果请你给学弟学妹说点什么,你想说的是?

汪中悦:生活上还是要过得随性一点,不要太压制自己。如果走出国这条路,要发散自己的思维,想到什么点子就去做。可以适当询问别人的意见,如果失败了也没关系。我们之前也有过这样的经验,我们想做一个活动,是帮助在厦大读书的外国人,我们想建立一个平台,让他们跟更多的中国家庭交往。中间遇到的困难是他们很抵触我们,不信任我们,后来这个活动就失败了。但是**在这个过程中我们也学到了很多东西**。一开始我们是一人想一个点子,有好的就去尝试。所以思维要发散,可以多尝试别的东西。

异性交往的度就在于不要给别人造成误会

黄碧芬:只要我们的愿望是好的,对别人有支持有帮助的,都是可以尝试的。如何看待异性同学交往?

汪中悦:这方面比较受我妈妈的影响,她觉得我们到十六七岁很自然地会有这种想法。我自己也不反对。

黄碧芬:这种交往的度如何把握?

汪中悦:很难说。可以发展一些男性朋友,我觉得每个女生除了要有比较好的女性朋友之外也一定要有一些男性朋友。**男女生的思维是不一样的,你可以更全面地知道一件事不同的看法。**

黄碧芬:你发展男性朋友,又不能让他误解你是爱上他的、是要跟他拍拖的,这个度在哪里?

汪中悦:我觉得还是沟通的方式不要让他误会,不要太热情或暧昧。

黄碧芬:就是可以正常地讨论一些我们认为可以讨论的问题。

汪中悦:包括你有什么心理上的问题也可以跟他们讨论。

黄碧芬：你只是想听不同的意见，但又没有要跟他建立一种特别关系的默许。这个度有时候还是不好把握。一方面是人容易被"知音"感动。

汪中悦：另一方面是对方本身就有特别"企图"，对你有特别期待。

黄碧芬：如果你觉得你不能回应他，怎么办呢？

汪中悦：以前就处理得比较糟糕，会伤害别人。后来会考虑怎么样才能让他不会那么尴尬。

黄碧芬：有自己的立场还会妥善关照到别人的感受，这已是很好的态度和能力。

汪中悦：男生在情感上会比较幼稚，不像女生那么成熟。我妈说感情就是一杯水，用一点就少一点。

黄碧芬：很形象的比喻，当然，成熟的情怀还能不断更新和创造美好的情感。所以人得用心学习并不断提高自己驾驭情感的能力。你与妈妈能这样坦诚交流对情感的理解和把握，真是很幸运、很幸福的关系。如果让你给学校一点建言，你想说什么？

汪中悦：更人性化一点，一开始可以引导对的方向，然后让学生自己发展。不一定要有很多硬性的规定。

黄碧芬：硬性规定而未必有好结果的是什么？

汪中悦：剪短发。除了这个其他方面还是很好的，没有很多的条条框框。

黄碧芬：女孩子对头发还是比较有感觉的。

汪中悦：稍微有个框架就好了，不一定要死死的规定只能留到耳朵这里。

学校其实可为出国生建构自己的班级

黄碧芬：还有其他方面吗？你在这里参与的学习和活动比较多，相信感触也比较多。你觉得学校可以怎么做而能更好地帮到你们？

汪中悦：我觉得国际部要给出国的学生更多的关注。当时我们有一阵子很迷茫，处于没有班级的状态，虽然学校有给我们一个公共教室，但没有真正意义上的班级组织管理。回原班级又没有了座位，跟同学也陌生了，也不知道该找哪个老师。

黄碧芬：学校是给了你们自由，但是太自由了，反而没了归属感。

汪中悦：我们当时这堆人感情特别好，在504这个教室读书。没有老师管，我们就自己选班长课代表。段长会经常来看看我们，但是他也比较忙。

黄碧芬：你们做得很好，共同的志向也比较容易建立共同的秩序，一群人在一起总要建立一种沟通管理架构，使大家能行得出自己的角色职能，也才能有自己的班级归属感。这个建议很好，我觉得你们的做法再完善一下就是一种可操作的方法了。

汪中悦：也希望国际部的老师在不管申请还是别的方面都能给我们更多帮助。

黄碧芬：这个方面，如能列出一个清单，可能会更方便探讨协商。我觉得你是一位有追求有主见而又重实务效果的同学，现在还有点时间，不知你对我们心理辅导室有些什么想了解的问题？

汪中悦：我想知道同学们来这里咨询哪方面的内容比较多？

黄碧芬：有两大切入点：学习和人际关系。其中其实都有大量自我认识和人我关系等方面的问题要探讨。学习方面，从价值意义的确认到学习方法策略的建构，还有个性、能力与发展的匹配等，都还是比较有建设性的内容。还有些比较保守消极的存在状态，包括无比担心欲求不达而考试焦虑或交往焦虑、盲目攀比损伤自我又破坏人际关系等。很多看起来差不多的现象，其背后的成因、动力源可能不同。

汪中悦：每个人的生活经历不同，需求和期望都可能不同。

黄碧芬：正是这样。家庭亲子关系、家庭气氛、父母的期许对孩子影响特别大。尤其让人纠心的是父母之间关系太差而又不懂改善，双方都只在乎孩子的学习成绩，似乎只有孩子的成绩好了才能让家庭完整。这往往就给孩子添加了不能承受之重负。这样的个案常需要家庭系统治疗。学生在人际交往方面的困难也很具体，包括有内在期待而不会或不敢表达、遇事不能真诚面对就难以协商解决、想当然地要求他人、无原则地奉陪而产生的自卑自责，也有异性过度交往的烦恼，还有自我发展意向不明的迷茫等等，你听下来觉得与你原来想象的一样吗？

汪中悦：差不多。会有很多很现实具体的烦恼。

黄碧芬：这些其实都是人们心理成长需要面对的正常经历，无可厚非却很需要真诚学习相应的自我建设内容，并落实到日常生活中去具体转化和改善。很感谢你与我们分享的宝贵经验。

汪中悦：谢谢老师！

精彩聚焦

汪中悦所谈及的"爸爸让她知道了要做自己喜欢的事情才能够把自己的精力真正地投入进去。虽然爸爸工作很忙,但他非常享受自己的工作"。非常有教育的深远意义。她父亲的这种言传身教的力量直接感召她形成了"我觉得以后我工作时应该也要这个样子,不要过多地受到外界的干扰"的内心认同。我们从她目前面对自己的日常学习、升学选择和有困难的考试任务,面对所选择的社会实践活动都有一种积极投入的态度和实事求是的主动担当的自我历练,都不难看到其良好的影响效应。她在学习与交往过程中的积极尝试和兼听并蓄、温和转化矛盾的沟通协调能力等方面的诸多努力都展示了她良好的心理素质和学习风范。她对男女生都应有所交往,"男女生的思维是不一样的,你可以更全面地知道一件事不同的看法"、男女生交往中要注意"沟通的方式不要让他误会,不要太热情或暧昧"的理解和表达都是积极而中肯的经验之谈。

学生访谈篇

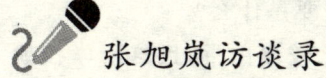
张旭岚访谈录

做好自己力所能及的事情最重要

访谈嘉宾:张旭岚
　　2011年考入美国加州大学伯克利分校
访谈主持:黄碧芬
原始记录:姜振君
整体梳理:黄碧芬

选择出国留学是初三就萌生的意愿

黄碧芬:很高兴认识你,你好像也是第一次来到我们心理辅导室?

张旭岚:对。

黄碧芬:你录取到了哪个大学?

张旭岚:加州大学伯克利分校。

黄碧芬:真不简单,是什么时候决定要出国留学的?

张旭岚:初三的时候。那时候妈妈在网上看到SAT考试的新闻就问我要不要去考,我当时马上就说我想去。

黄碧芬:其实那时候你对去那里可以做什么、环境如何有了解吗?

张旭岚:还没有详细了解,就是感觉会比较有多样化的选择。

黄碧芬:凭着自己可能有多样化选择的机会就愿意前往,蛮有勇气的。妈妈也相当信任你,有勇气把宝贝女儿送到那么远去求学。

张旭岚:我们家还是比较开放的。

黄碧芬:就你这个独女吗?

张旭岚:对。

黄碧芬:爸爸妈妈都做什么职业呢?

张旭岚:我爸做外贸,我妈在银行。

黄碧芬:目前他们的年龄和职业都在比较强盛的阶段,这个时候你出远门

求学可以说是比较安心的吧？你选择学校的依据主要是什么？

张旭岚：这个学校的学术底蕴很好、学校气氛比较自由，而且这所学校就在硅谷旁边，很多高科技研究所就建在那里，还比较接纳世界各地的学生。就觉得是一所很不错的大学。

黄碧芬：求学是要重视学术氛围，你了解了这些会比较安心吧。你到那里准备选修什么专业？

张旭岚：现在还没有定，可能大三会去考商学院。

黄碧芬：就是说学校还是将大一、大二作为通识学习的阶段？这样可以让学生更充分了解自己并打实基础，有利于针对自己的需要做选择。

申请过程的顺利得益于自己的事情自己做

黄碧芬：很高兴看到你们这些孩子很早就懂得按照自己内心的呼唤来做选择，很了不起。一路上做准备的过程顺利吗？

张旭岚：我还是比较顺利的。高一的时候曾发生为了去新东方而错过本校入学考试的事情，当时就没有进实验班。其他我觉得都还好。

黄碧芬：整个申请过程都是你自己在把握吗？

张旭岚：因为我妈也不懂，都是我在论坛上看，自己去做。

黄碧芬：我采访了几个出国的同学都很能干，都是自己收集、分析相关资讯，确认信息的准确度，再投入具体的行动。你也是没有请中介帮忙吗？

张旭岚：因为是自己的申请，请中介反而还没有我自己写得清楚，他们并不清楚我是什么样的人。

黄碧芬：你这样一个向外发展的打算会与学校的课程学习发生冲突吗？

张旭岚：会。到后面要背单词，刚开始是作业放掉一些，后来学校也给了我们自学的时间了。这是在高二下学期的时候。

黄碧芬：就是说高一还是以学校学习为主的？

张旭岚：对。还是很认真地在学习。

黄碧芬：学校这些课程的学习对你有没有帮助呢？

张旭岚：还是有的。我们考美国大学的高考也是要用到现在高中学的内容。

黄碧芬：都是基础教育阶段的内容。

张旭岚：当初想说学理科比较好，因为考试也会用到这些知识。

黄碧芬：你是什么时候进咱们学校的？

张旭岚：从第二实小考入的。后来又直升进入高中。

从小就认为人的本性是好的

黄碧芬：进入初中以后感觉顺利吗？

张旭岚：觉得旁边的同学都很厉害，但是我不是那种太会给自己压力的人，就没有太难受的感觉，我没有要求自己像在小学的时候那么好。

黄碧芬：你当时就晓得这里初中同学的整体水平已经与小学时不一样了吗？

张旭岚：知道一点，我就是放松心态带着平常心态接触同学。

黄碧芬：你可以接受他们的厉害？

张旭岚：对。不要给自己太多目标什么的，不要非要超过别人不可，我觉得人本性都是愿意去和别人好好相处的。

黄碧芬：有这样的认识自然而然地就会去欣赏别人了，就会允许别人比自己强。

张旭岚：他们确实也很强。

黄碧芬：我在这里接待了很多孩子，有些同学会觉得别人很强是不是意味着自己就不行啊？搞得自己很受压迫很受伤，反而会挣扎一段时间。在初中阶段会觉得学校的管理适合你吗？

张旭岚：剪短发这个我觉得不太人性。因为我觉得学生都要好好学习，到了这个年纪其实大家都可以自己控制，剪短发就让每个人都没有个性啊。

黄碧芬：有这么严重吗？发型与个性会有些关系，但可能还不是主要因素吧？当然，对少年学生而言，当他/她很关注这一点时，就会感觉它很重要。那时候会有这样的想法，却还是会去遵守规定的？

张旭岚：那是肯定的，既然选择了这所学校。

黄碧芬：能理解集体的规范得先执行的道理很重要。初中的学习生活与高中的学习生活相比，哪个阶段更愉快自如？

张旭岚：我觉得还是高中。因为长大后就可以享受更多快乐和欣赏更多。所以我总是想要快点长大。

黄碧芬：你刚才说在高中可以欣赏更多、享受更多，这是快乐幸福的重要源泉。你觉得在高中更懂得欣赏的是什么？

张旭岚:就是思想上能成熟看的东西也多了。初中的时候性格比较内向,到了高中就比较开朗,比较放得开,放得开以后就不会太在意别人怎么看你,就会活得比较开心。

黄碧芬:你觉得这种进步、这种成长得益于你的什么经历或者有什么特别的人、事给你启示?

张旭岚:朋友吧。长大后自然而然就会发现很多事情不用那么在意。

黄碧芬:看来你自己还是蛮善于观察学习和自我反思的,用走过来的经验来确认怎样可以让自己更舒服。

张旭岚:回过头想想就没有当初那么在意。

黄碧芬:每个阶段见识不同,认识也不同。后来见得多了,理解多了,相对的轻重、主次就会有自己的平衡。

交益友、善倾听,让自己受益多多

黄碧芬:你觉得思想上的成熟和你的阅读、经历、交往有关系吗?

张旭岚:有。特别是朋友。如果你和一个天性很快乐的人在一起,你就很容易被感染。快乐是可以传递的。

黄碧芬:那你会懂得自己选择吗?

张旭岚:我觉得我选择朋友都是和自己气味比较相投的,然后两个人在一起有话讲,我的朋友都是从初中开始好到现在都很亲密,所以到最后我就觉得只要和朋友在一起很快乐。就是说两个人在一起的效果会互相促进,也许两个人本不是很开朗,但是在一起就会变得开朗。

黄碧芬:两个人会互相借鉴、互相了解会有很多互相交流。你还是很懂得在交往中学习,而且你也会给别人一些好的信息。跟别人交往你更喜欢聊什么?

张旭岚:我们会聊一些感兴趣的东西,比如说看过的电影,有时候也聊聊八卦。

黄碧芬:会聊一些郁闷的事吗?

张旭岚:我比较喜欢听别人讲,我自己心里的事不喜欢和别人说。

黄碧芬:如果确实有些事让自己很郁闷怎么办?

张旭岚:自己听音乐或者就是自己去想。因为我不是很善于和别人讲这些,我喜欢听别人讲。

黄碧芬：更愿意倾听，听别人讲的经验也会很好的反作用于你自己思考与选择。

张旭岚：对。在和别人讲的时候会想以后我碰到这样的事也可以这样想、这样办。

黄碧芬：懂得在倾听中学习借鉴是一种很好的交往学习，当然，如果还能尝试积极给予他人适当的反馈，会是一份很不错的自我历练呢。对自己是多了一份具体情况具体分析的历练，对他人可能就是雪中送炭，给别人一点儿支持或帮助。这可以在日常生活中慢慢去体验。除了和朋友分享会和父母分享吗？

张旭岚：有一些可以，有一些他们不是很理解。

黄碧芬：你对父母很了解，可以讲的就和他们讲，如果觉得他们不太了解的就自己把握了，是吗？关键是能够自我负责，这也是一种担当。和老师交往呢？

张旭岚：和老师聊学业上的事情多一点。

黄碧芬：会不会有时候你对一些教育教学内容、方法的理解和老师不一样？

张旭岚：那肯定会有。因为每个老师都有自己的个性。

黄碧芬：遇到不一样会去探讨吗？

张旭岚：我和我们班主任会聊一些。就是王雪梅老师，她很有才华。

黄碧芬：你们很欣赏她的才华？

张旭岚：对。就觉得她特别厉害。

黄碧芬：我是看了她的一篇文章《一路向西》，那篇文章真是写得好，非常大气。我简直难以想象那是出自一个女孩子的手。

张旭岚：我觉得她上课的风格给人感觉就蛮大气的。

黄碧芬：她也很关心同学们精神层面的成长。

张旭岚：而且她还是那种好生、差生都很关心的老师。

黄碧芬：能这样欣赏老师也自然表达了你的品位。在班级担任什么班干部吗？

张旭岚：语文科代表。

黄碧芬：难怪你和她交流蛮多的，她也是语文老师。做语文科代表工作，你觉得你对同学有什么贡献吗？

张旭岚：收作业。

黄碧芬：对大家学语文有什么具体困难这样一些问题会有了解吗？

张旭岚：没有。因为后来我就比较脱离课堂了。

黄碧芬：当你选择要出国后，实际上你就有许多需要独立担当的事情要做，实际上是顾不了那么多的状态了，是不是？在你看来要在中学过得好一点，哪些方面比较重要？

张旭岚：一个是和同学相处，我觉得这个可能比学业更重要。因为我觉得人还是有感情的，能较好地与同学相处，能找到好朋友比较重要，然后才是学术和活动。

黄碧芬：同学相处、学业活动其实是可以交互促进的，你认为呢？你很重视人的交往感受，就会更注意自己言行的适当性吧？而人际关系好，要分享、讨论、商议什么都会更方便。

张旭岚：我觉得每个人都有自己的个性。也许这部分人不接受你，但你总能找到和自己气味相投的朋友。

生活自理能力比较强

黄碧芬：我们的校园环境里有这么多同学，一定会有和你相互之间比较谈得来的人。在生活自理方面你可以给自己打几分呢，最好是10分，最差是0分。

张旭岚：8分吧。我没有什么概念。

黄碧芬：反正是能够自己照顾好自己的生活，对不对？

张旭岚：对，不然也不敢出去啊。

黄碧芬：在宿舍生活顺利吗？

张旭岚：宿舍挺好玩的，我很庆幸没有出去走读。因为我觉得和同学在一起晚上挺有趣的。

黄碧芬：生活上大家会互相呼应、互相帮助吗？

张旭岚：会。同宿舍的同学可能是班上除了好朋友外最关心你的。

黄碧芬：同宿舍的伙伴是你们自己选的吗？

张旭岚：刚开始是正好碰上，后来大家熟了再选肯定还是在一起。

黄碧芬：正好碰上却能相互接受就是一种缘分。你从小就在厦门长大吗？

张旭岚：对。我两三岁就来厦门了。对老家已没什么印象了。

黄碧芬：两三岁就来厦门，基本就是厦门女孩了。阅读方面你比较喜欢哪些方面?

张旭岚:我蛮喜欢看外国小说。学校安排的名著有的我会当成很喜欢的小说看。其他还有新闻,到高中以后对世界时事会比较感兴趣。

黄碧芬:这是你自动自发的还是有人启发提醒的?

张旭岚:自动自发的吧,到了这个年龄自然而然就对这些感兴趣。

黄碧芬:所以学得越多,想了解、能了解的就越多。

能理性看待民族情感

黄碧芬:怎么看待你将要以中国人的身份到美国去留学,怎么看待自己与家乡、国家和这个世界的关系?

张旭岚:有些在中国感受不到的东西到外国更能感受到。我看电视在国外读书的中国人过春节可能比我们这里的气氛还要浓。到国外后可以学习国外的文化,也会加深对这个国家的了解。

黄碧芬:每个民族确确实实都有自己的渊源。离开这个环境反而对于有人愿意尊重我们的习俗和我们一起过节更感珍惜。人的情感就是这么奇妙,但是有时候也会遇到对我们的尖锐批评。

张旭岚:现在就听得到。

黄碧芬:那你怎么看呢?

张旭岚:我有一次在飞机上遇到法国人和我说"藏独"的事情,我就觉得很多东西他们可能也了解不够,在外面用他们的视角看问题,可能还是要增进沟通,很多东西需要慢慢了解。也不是说他们骂我们,我们就要骂回去的。

黄碧芬:能这样看问题就是一种理性的反应,很好。

做好力所能及的事情最重要

黄碧芬:如果请你给学弟学妹一点建言,你会对他们说什么?

张旭岚:我觉得调整好心态,像我这个人我觉得顺其自然就好,很多事情不必太担心,做好你力所能及的事情最重要。

黄碧芬:中学阶段是否曾有过令你非常想参加并能乐在其中的活动?

张旭岚:去年暑假参加世博会做了志愿者。

黄碧芬:你自愿去的吗?

张旭岚：我自己去网上报名的。

黄碧芬：没有找同学做伴？

张旭岚：没有。因为我觉得每个人安排不同。

黄碧芬：多长时间？

张旭岚：一周。

黄碧芬：具体做什么？帮助别人有一些什么感受？

张旭岚：就是站在那里看到别人问路，经你解答后他们脸上露出的笑容就会从心里感到快乐。刚开始去参加只是想丰富自己的阅历，过去之后就发现那种快乐是平常感受不到的。包括你站在那里看到有各地的人，有些从农村过来的，会感觉到他们的生活状态和城市很不一样。

黄碧芬：你进入角色很快并且观察得蛮详细的。提供服务而被接纳、被认可的确会让人开心。在校园里有参加什么活动也能让你自己开心吗？

张旭岚：高一的时候有参加模联。我参加的活动比较少。

黄碧芬：刚才你给学弟学妹的建议是说要有好心态，可以主动选择去参加一些活动？

张旭岚：**首先要搞清楚自己想要什么**。如果你觉得在国内学习好就选择国内，不要看别人怎样怎样就动摇自己的决定。

黄碧芬：要有自己的选择而不是人云亦云。如果让你给学校一点建议，你更想说什么？

张旭岚：我觉得就是女生不要要求剪短发。我觉得我们学校蛮不错的，就是课业比较轻，会比较重视学生的素质发展。

黄碧芬：走出去会有一种作为外国语学校学生的光荣吧？

张旭岚：肯定会。我一直觉得我们学校比一中、双十好，我们学校的人应该都是这么认为吧？

黄碧芬：对未来怎么向前走自己有些思考吗？

张旭岚：伯克利要读七门不同领域的科目，到时候会去看一下才能知道自己的兴趣在哪，因为中学学得还比较局限。

黄碧芬：七个不同领域你现在有所了解吗？

张旭岚：历史、哲学、生物、物理、化学、美国文化、数学。大一主要是看你的兴趣在哪里。

黄碧芬：基础夯实一点再做选择。看来你的成长还是比较顺利的，没有什么太大的波折，似乎每一步都有你自己的选择、努力和确认，努力之后也会自然达成目标,在这个过程中你并没有什么太大的挣扎,你一直是比较平静地付出和收获。

张旭岚:因为我目标比较坚定,一直想要出国留学。

黄碧芬:所以也不需要犹豫到底在哪儿好,一条路走过去就是了。平常都选择做力所能及的事,也就不会太过度要求自己。

张旭岚:我不会给自己太大压力。

黄碧芬:还有什么兴趣爱好吗?

张旭岚:就弹弹琴,平常和父母去爬爬山。

黄碧芬:跟父母亲的交流还蛮通畅的吧?

张旭岚:我爸妈比较开化,对我的要求也不是很严格。

黄碧芬:很多事情都是你自己做主、自己选择,给他们告知一下就行了,是吗?

张旭岚:会和他们讲,但是最后都是我决定的。

黄碧芬:你觉得这个对你重要吗?

张旭岚:像出国这方面他们没有我懂,所以我决定会比较好。

黄碧芬:孩子们长大了能够自求发展,**父母看到孩子有自己的目标并且积极努力向前走的时候是很有幸福感的**。当然,其实你的每一步都凝聚着父母的信任和支持。你所追求的理想生活是什么样的?

张旭岚:快乐啊。

黄碧芬:你觉得有什么因素可以帮助你得到快乐?

张旭岚:**做自己喜欢做的事情,交往不同类型的人。**

黄碧芬:你觉得与男生女生交往有差别吗?

张旭岚:有。

黄碧芬:比较大的差别是什么?

张旭岚:男生之间平时吵架打场球就好了,女生之间纠结的东西比较多。

黄碧芬:你对中学生有些孩子自己还不是太成熟就追求恋爱有什么看法?

张旭岚:没有什么。因为我觉得只要不影响学业、不太影响心情就好。如果两个人在一起开心就好。

黄碧芬:但是有的人就很会影响心情,眼巴巴地期待着对方的反应,不如意就很生气等,甚至对自己的自我发展大事都难以顾及了。

张旭岚:我觉得我们这个年龄的很多人都会这样,但是我觉得谈恋爱还是要开心最重要,不开心的事就不要再做下去。

黄碧芬:我访谈了各种类型的同学,你是属于内心有目标也会主动去努力、开开心心向前走的。非常感谢你告诉我们这些宝贵的体验。

精彩聚焦

旭岚同学的谈吐和她谦和稳定的外表交相呼应,表现出了一种很有内在定力的成长状态。她有清晰的求学目标,更有理想的生活目标;她有内心依托,更有自主的选择与担当。她愿意更多聆听,善于借鉴他人的好经验;她相信人性本善,肯定"人都是愿意去和别人好好相处的"。她不盲目跟人攀比,有自己的内在品位和追求,却不会与团体或个人的不同见解相抗争。这就让她自己得以专注而自在地做好自己力所能及的也是基于自我发展的事情。祝福她朝着内在和谐、人际和睦并能促进世界和平的方向不断前行。

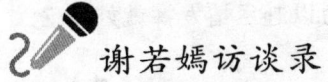
谢若嫣访谈录

善于感受美好情愫的快乐学习者

访谈嘉宾：谢若嫣
　　2011年考入清华大学，主修经济与金融专业
　　荣获2011年福建省理科状元
访谈主持：黄碧芬
原始记录：陈　莹（华东师大心理学系应届硕士毕业生）
整体梳理：黄碧芬

全然接受考试的好心态有助考场发挥

黄碧芬：这次考得相当出色，自己有想过这种结果吗？

谢若嫣：没有，以前最好也就年段第四，进年段前十就只有三次。后来就一直在二十名左右吧，特别意外。

黄碧芬：其实你一路学习成绩还是相当稳健的，只是平时没在"塔尖"上，自己没有这个预期，其他人也不做这个预测，所以反而让你很自在吧。

谢若嫣：是的。我的状态还是比较好的。

黄碧芬：像你这样的孩子，真正要去冲刺高考了，会不会有点担心万一发挥不好怎么办？会有这种想法吗？

谢若嫣：比较没有吧，可能还是会紧张，但是没有想那么多。我想考成怎么样就怎么样了，我也没办法。

黄碧芬：这个心态好，实际上你在高三阶段都能保持这样的心态对待考试吗？一次又一次的考试。

谢若嫣：可能有时候没有，但是我很快就会又这么想了。

黄碧芬：很快又会这么想。

谢若嫣：对。

黄碧芬：考成什么样就什么样了，意味着对考试结果得顺其自然，其实重要的是平常要去学要去做,真正在考场上,只要全力以赴尽情发挥就好嘛。

谢若嫣:对。

黄碧芬:你的这种表面上看似很无奈、**实际上是有准备接受考试结果的心态好**。能完全接受各种考试结果才能让自己轻装上阵,尽情发挥。

画山画水的乐趣也源于赏识引领

黄碧芬:荣获省状元后,我有看到你的专访报道,才发现实际上你学习的面相当宽啊,除了学校课程的学习,还有很多自己的选择项目。你最喜欢的是什么?

谢若嫣:**画山水画**。

黄碧芬:太美了,你会经常去看山看水吗?

谢若嫣:你是说去旅游吗?比较没有。

黄碧芬:那会有一些什么样的实践感受?

谢若嫣:**有时候看到云,就会想等一下可以这么画**。

黄碧芬:嗯,会观察大自然的一些现象。

谢若嫣:对。

黄碧芬:这种爱好保持多长时间了?

谢若嫣:**五六岁到现在了**。

黄碧芬:天啊,那我想你的山水画都可以做出一本厚厚的集子了。

谢若嫣:有,都有收着。

黄碧芬:这就是一个长期的学习累积了。**接受什么影响多一些?**

谢若嫣:**爸爸**。爸爸是书法家协会的。书画同源嘛,会书法的一般都会画画。**小时候画画的时候就经常被他表扬,而写字就一直被他批评。所以我就越来越爱画画**。

黄碧芬:赞赏还是更有激励作用的。

谢若嫣:对。

黄碧芬:有专门拜师学艺呢,还是就跟爸爸学?

谢若嫣:有跟爸爸学,爸爸有朋友嘛,也是书画界的,那个老师也是我非常欣赏的。因为爸爸教我,我不听他的,我也不写作业,所以他就把我送去他朋友那边学。然后学完回来就要做作业,再交到老师那边。**老师说我写得比那边的小孩好,老师表扬我,我就非常高兴,回来接着再写再画又非常有干劲**。

黄碧芬：这就是良性循环，非常好。在一个迎着你的兴趣又不断赏识你的环境里学习，确实会很愉快。

喜欢每一位老师而创造的上课乐趣

黄碧芬：在学习学校的课程时，感觉也是这个味道吗？

谢若嫣：兴趣我觉得很重要，因为很喜欢数学嘛，老师都很好，我喜欢我的每个老师，就会觉得不能让老师失望，就尽自己最大的努力去学习吧。

黄碧芬：你跟老师的交往，都感觉到很舒服吗？

谢若嫣：嗯，而且我觉得我们学校老师真的特别好。就是别的学校老师不能比的。

黄碧芬：这种感觉初中和高中一样吗？

谢若嫣：一样啊，从小到大老师都对我特别好。

黄碧芬：真是很幸运啊。肯定你也很可爱，老师也会因为有你们这样的学生感到幸福。刚好前几天访谈的是陈晨，他也谈到初中的时候是跟你一个班的。说你们那个班冒出了好多尖子，你们才刚刚跟初中老师有一个聚会，去跟他们分享了喜悦心情，特别好，有情有义。那么在你自己的学习生活中，你刚刚说很喜欢数学，肯定会积极投入。对其他学科的感觉怎么样？

谢若嫣：物理本来很一般，物理阙老师他就特别有热情，经常跟我谈话，就叫我认真一点，教我要钻研题目。我慢慢对物理也特别有兴趣，自己也肯去用心做题目。生物我一直都不好，也不知道为什么，就特别讨厌生物。但是冰清老师特别好，特别有名师风范，上课特别有吸引力，我被她感染就特别认真听。以前书都不想看，现在就会努力去看书，老师影响特别大。

黄碧芬：冰清老师的确是热情奔放又不失严谨，我印象也特别深。

谢若嫣：我觉得她是那种特别自信、特别开朗的人。

黄碧芬：她很追求教学的幸福感，跟同学们有很好的互动。

谢若嫣：对，她上课就特别享受。

黄碧芬：你都感觉到她特别享受了哦？

谢若嫣：对啊，她连说"同学们，翻开书"都特别地享受。

黄碧芬：哈哈，你的观察真仔细。我与她聊天也是这种感觉。

谢若嫣：而且她不是很在意成绩，对谁都很好，不是说你读书好就对你好，他对每个人都很好，真的是把爱给学生。

89

黄碧芬:你能观察到这么多,感受到这么多,就代表你内心也有这样的追求和品位。

谢若嫣:我真的很感动。

黄碧芬:那英语科是我们学校的特色科目哦,你感觉呢?

谢若嫣:我很惭愧,我觉得我高中英语都是在吃老本。可能数学、理综又花了比较多时间,英语就没有什么时间啊,就吃老本。但是我觉得林坚老师修养特别好,同学上课睡觉啊,讲话啊,她都可以自圆其说,就自己也没有觉得很怎么样,还始终面带微笑地跟我们讲。

黄碧芬:老师保持一个比较好的状态来跟学生互动,确保投入学习的同学得到学习。这是一种功夫啦。当然老师的不容易就在于还得兼顾学生的多种存在状态。学生一天到晚要上那么多课,要时时保持充沛的状态其实是不容易的,所以……

谢若嫣:其实我上课也会干些别的事情。这并不太影响我的学习效果。

人活这辈子开心最重要

黄碧芬:那在日常课堂上,你一般的把握重点是什么?

谢若嫣:我觉得是快乐学习吧。我笑点很低嘛,有时候身边人有一些什么事情,其实没有很好笑,我就会笑得要死。有时候困嘛,笑一笑就特别有精神。特别是你心情不好的时候,笑一下也会觉得非常舒服。就觉得其实开心很重要,人活这辈子开心是最重要的。

黄碧芬:会自寻开心真是一种高本领啊。你什么时候悟到这个道理的?

谢若嫣:我一直都这么觉得呀。

黄碧芬:你回忆一下,初中就这样吗,还是小学就这样啊,还是更小一点就这样啊。

谢若嫣:不知道,呵呵。

黄碧芬:这个很重要,这个真的很重要,一辈子受益的好习惯。人活着就是要开心,你说有钱没钱,地位高低,聪明与否……有的人很爱比,比来比去都不开心。想要的东西你可以去争取,但是不要被它控制了。

谢若嫣:对,不要强求。

黄碧芬:我特别认同你这个观点,所以我就很好奇地要知道,你这个小姑娘什么时候开始会这样豁达?

谢若嫣：我不记得了，我觉得可能与学琴会有很大关系吧，学琴会比较淡泊。而且我那个老师也特别淡泊，觉得他没什么钱，但是活得特潇洒。偶尔教教学生啊，也不会跟别人比什么。

黄碧芬：这个我等下还要跟你聊哦。你很能从老师身上学到东西，那在你自己的生活中，爸爸妈妈在这方面对你的影响大吗？容易快乐，笑点低。

谢若嫣：这个主要是我自己想的，而且跟同学在一起久了，大家都很快乐啊。我们同学都很开心啊。

黄碧芬：你们有一群特别开心的同学，一起长大哦。

谢若嫣：也是吧，有时候跟我待久了，也变得比较开朗。

黄碧芬：真好，你还能感染别人。不但自己笑点低，还很容易传播笑容。

谢若嫣：对，就天天四人小组笑到要死。

黄碧芬：这就让你整个学习生活不会太痛苦，是不是？

谢若嫣：对，特别快乐。

黄碧芬：有真正为难到你的，让你真的笑不出来的时候吗？

谢若嫣：有啊。

黄碧芬：也是会有哦，什么时候？

谢若嫣：这个不能说。

黄碧芬：哈哈，这个不能说，那选一个可以说的？

谢若嫣：可能有时候考不好，老师找你一下，你可能会觉得真的很对不起老师，也会自己难受一下子。

黄碧芬：考不好你先想到的还是对不起老师？

谢若嫣：老师来找你，你就会觉得，我又让老师失望了。

黄碧芬：就是说你之所以努力学习，实际上有一部分动力是要让老师满意。

谢若嫣：是的，因为老师都特别好，你觉得他对你那么好，就特别想回报他。因为同学跟我说，成绩是对一个老师最好的报答。

把自己要做的事情做好，得让自己做到感觉好

黄碧芬：这种情感的力量确实可以很大。但你前进的动力一定还有一部分是你自己有所追求。在你的日常学习中，你比较追求什么呢？

谢若嫣：其实也没有什么啦，反正就把自己要做的事情做好吧。

黄碧芬：你确认想要做的，你都会把它做好。

谢若嫣：就是比如说，我偷偷跟你讲哦，语文作业我不想做嘛，就不做。但是如果是物理作业，我会做得特别认真。

黄碧芬：物理你更想学好，还是你的某种不放心？语文你反正更有经验了，你不着急，是吧？

谢若嫣：对，因为物理比较难，可能是理综里面最难学的。化学、生物可能你做多了，或者背多了，就会了。物理的思维要求比较高，比数学还难我觉得。

黄碧芬：很多人就绕过去啊，那么难。

谢若嫣：那不行啊。

黄碧芬：你自己都觉得不可以？

谢若嫣：那当然不可以。

黄碧芬：你既然选择了要读理科，每一科目都很重要，必须多投入努力。

谢若嫣：那是。

黄碧芬：对你来说，最有兴趣的科目是？

谢若嫣：可能数学最有兴趣，然后就是物理了。

黄碧芬：虽然物理那么难，你还是可以去钻研它。这一股喜欢的力量，还有喜欢挑战高难度的力量，都是非常宝贵的。学下来你觉得你对物理的驾驭程度如何？

谢若嫣：高考是没有很满意啦。有时候一些小考吧，或者有时候做练习过程中，全对了你自己就会很开心。或者说一题你原来不会做的，现在会做了也会很开心。

黄碧芬：这种开心主要是来自于你做对了，还是来自于思路上的豁然开朗，还是其他什么的？

谢若嫣：感觉特别享受，写的过程写得满满的，看了就特别爽。我的练习都是非常满，别人看了都觉得好恐怖，其实我写得非常开心。别人发数学练习，都是：唉。我都是觉得"哈哈，又有练习可以写了"。然后他们会转过来说，变态。

黄碧芬：能享受这样的过程真是了不得！

谢若嫣：后来整理这些练习，已经考完了本来要扔掉，看到每一张都写得满满的，感觉心血都在那里面。想到以后都不能写了，我还非常难过。

黄碧芬：以后还有得写的，还会有更复杂、更系统化的课题要你去攀登……

谢若嫣：那不一样啊。

黄碧芬：你这些宝贝别扔掉啊，留给后人参考也很好。

谢若嫣：对，对，现在都还没有扔掉。

黄碧芬：那么你比较喜欢的课堂氛围是怎样的？

谢若嫣：就是轻松快乐的，就像我们老师那样。比如说，我们化学老师是朱家贤，他上课就经常讲冷笑话，郑老师也是。**其实不是那个笑话好笑，是他讲的时候，他自己想笑，然后憋住，那个表情非常好笑。**

黄碧芬：朱家贤老师也是活宝哦，我也常感受到他的幽默。

谢若嫣：对，他还编放屁歌给我们听。我们学甲烷嘛，然后他就说了个放屁歌，还特别押韵。阙老师就是表情特别搞笑，有时候讲一个什么东西，他的表情就特别陶醉。

黄碧芬：**你对人的言行举止、表情观察都特别细腻，而且总能解读出这么生动有趣的意味**，如果学生都愿意这样更多去找到老师的优势，找到他人的可爱之处，人际关系一定会更好。其实人无完人，我们都可能有一些地方不可爱，但这不影响他可爱部分的充分发挥。你这个习惯很好，与同学交往，与其他人交往，也都会看到这样可爱的一面吗？

谢若嫣：会吧。**会注意别人什么地方做得比你好，然后就学**。比如说，看到我同学会在书上画很多线条记号，画得特别五彩缤纷，特别漂亮。我也就去买很多彩笔，开始画。后来翻的时候就觉得特别享受。

黄碧芬：看到好的东西，就去学去实践，也许做得与别人不同，但**做出你自己的好感觉就好**。

谢若嫣：对，**会做出自己的心得**。

黄碧芬：欣赏、模仿、提升，而不是只停留在想。这就会有收获。还玩什么？讲到语文你没那么用功，那后来怎么能考那么好？

谢若嫣：不知道啊。初中我是语文科代表，那时我的语文竟然还经常没上班级平均分，语文科代表没上平均分好丢脸哦。后来不知道为什么好像就慢慢变好了，可能是积累的吧。

黄碧芬：你学语文主要是靠课内学习吗？

谢若嫣：有看书啊。有时候作业写烦了，就会看书。**看书比较轻松，坐在床上就可以看了。**

黄碧芬：你是看教材还是看别的书。

谢若嫣：看的是别的散文吧，或者是七七八八都有。

黄碧芬:多数是老师介绍的,还是你自己挑的?

谢若嫣:有些是老师介绍的,但是可能是喜欢这个人,我就会去看他那个系列。

黄碧芬:我也常这样,想多看一点。

写作文要形成自己的风格

黄碧芬:作文这块呢?

谢若嫣:作文要有自己的风格吧。因为我是偏古典型的,第一次市质检的时候就被打得很低,可能评卷老师不喜欢这种古典型的。后来曾转成比较现代、比较西方的那种,用一些比较现代西方的例子。但是我怎么写都写不好,而且我不感兴趣,我写他们的事情写不出感情。后来同学跟我说市里面改卷和省里面改卷的标准是不一样的,可能这个老师喜欢这个味,那个老师喜欢那个味。后来我就想还是要有自己的风格,我觉得我写的古人评卷老师也许不知道,但也得写得让他觉得我很新颖啊。所以我就经常写,特别是喜欢写画家,张大千啊,齐白石啊,经常写这些人。然后可能就真有些自己的风格吧。

黄碧芬:真聪明,将兴趣爱好和自己特别的需求都揉捏得这么美好。画山水画,对经典画家有更多了解和喜欢,这些人物在你的脑海里一个个都是栩栩如生的。

谢若嫣:对,而且就是小时候去老师那边上课嘛。老师觉得小孩子比较调皮,就给我们讲一些画家的故事。那时候很爱听都记得比较牢。

黄碧芬:很多学习是潜移默化的,就像你体验的这样,小时候听故事感觉好,现在写文章很容易派上用场,继续让好感觉加深。你快乐去学,去吸收,去了解就好了。

谢若嫣:对。作文就是扯。一个人的事情,然后你就想到这个话题,然后你就想到这个人,想到这个人什么事情,就赶快扯过来。

黄碧芬:灵活运用。

谢若嫣:所以你其实不用背很多东西,你要会扯。这个是我学习的心得啦。

黄碧芬:扯,我理解就是发挥,是不是?你知道某素材有这方面的意味,你就把它链接起来,再发挥一下,深度就出来了。我觉得你表达得很生动。平常你们就是围绕老师的练笔要求在做,还是自己本身也爱写一些东西。

谢若嫣:在家就算有时间我也会去看电视啊,或者弹弹琴啊。

黄碧芬:太多事情可以吸引你,也需要去做。你自己觉得你的时间管理水平如何?很高10分,很差0分,你自己几分?

谢若嫣:6分。

黄碧芬:就是说还是有些时间利用不好吗?

谢若嫣:就是有时候比较养生,睡觉会睡得多一点,比较好。可能该做什么我也会做,但还是觉得没有同学用功。我同学某某某,下课他也在读书,我觉得他是那种特别抓紧时间的人。

黄碧芬:这倒不一定是管理时间最好的状态。

谢若嫣:可是我就觉得他读的时间比我多。像同学后来会踢毽子,我下课就去踢毽子,踢得非常爽。

黄碧芬:很好的啊,我们讲的时间管理强调的是时间的利用率及内容重点的关注度,还有张弛有度的生活内容的匹配程度。我想这三点是好的,时间管理就很好了。

谢若嫣:还有每个时间段的管理也不一样。有时候管理好一点,有时候差一点。

黄碧芬:那总体来说,读也读了,玩也玩了。看电视、弹琴、绘画都很享受。我那天看到你的报道,我就说这个小家伙其实玩得蛮痛快的。看来你的学习生涯真的是挺享受的。

谢若嫣:嗯,很快乐。

关心健康,张弛有度的自觉学习者

黄碧芬:现在在长大了,很多同学会对人生有更多的思考,会渴望了解生活的价值意义,像你这样的女生,会关注什么呢?

谢若嫣:你是说平常关心生活吗?我会关心我爸今天晚上抽了几根烟,会打电话问他,特别讨厌他抽烟的样。他以前还骗我,骗我说我考上外国语他就戒烟。结果从来都没戒过,气死我了。

黄碧芬:你之所以对他抽烟这么反对,还是基于他的健康考虑吧?

谢若嫣:对啊。

黄碧芬:孩子会自觉学习,父母不用替她操心,她还会反过来会关心父母。这真是太好了!对妈妈会关心什么?

谢若嫣:关心妈妈? 经常打电话是爸爸接,我就会说叫一下妈妈这样,交流也会比较多。

黄碧芬:跟妈妈交流还比较多?

谢若嫣:肯定的,我觉得女孩子都这样吧。

黄碧芬:我还以为你是和爸爸交流比较多,因为你很多东西可以和他探讨啊。与妈妈交流更多的是?

谢若嫣:她会关心我的生活啊,学业啊。

黄碧芬:与同学交往的情况也会跟妈妈谈吗?

谢若嫣:对,有时候会不小心被她看到。

黄碧芬:她也会有好奇心,你会愿意满足她吗?

谢若嫣:这要看什么方面了,就现在会比较愿意告诉她。当时在读书的时候,还是觉得有的事情还是不要讲比较好。

黄碧芬:担心他们接受不了?

谢若嫣:怕他们想太多。你本来是正常的交往,他们就把你想到哪里去了。有时候可能QQ多讲一些话,有时候被她看到,或者是有时候看到我经常跟谁在讲话。她就会问你。然后我就知道她想多了。

黄碧芬:这更需要给她澄清一下啊,免得她瞎担心。

谢若嫣:对啊,我就澄清啊,我就说没有啊。然后有时候我星期天会比较早点来学校写作业,在家里写不下去。他们就会想,我为什么要那么早来呢,就会乱想一下。其实我都知道她在想什么,我就会跟他们说:你们就是爱乱想,明明就是我去写作业了!

黄碧芬:家有长大的孩子啊,许多父母就是会这样子,又爱他,又担心他。尤其是女孩的父母,这是少不了的。会理解?

谢若嫣:会。

黄碧芬:他们要是不放心就跟他们多讲点,没必要刺激父母嘛。对你来说,你觉得同学交往比较难把握的是什么?

谢若嫣:男女之间吗?

黄碧芬:都可以啊。

谢若嫣:与男生交往比较容易,就有时候你跟他多讲两句话吧,反倒是可能会让其他人有想法。其实我觉得我们男女同学关系都挺好的啊。女孩子就可能比较复杂,有些可能心机比较重,你与这样的同学交往时就要多想一下她的感受。

黄碧芬:你懂得区别对待,懂得关注交往对象的感受,很不简单。

谢若嫣:以前是不会,后来住宿住多了,你就会更自觉地替别人着想。也会帮助别人。比如说,我去打开水就不会只提自己的壶,我们都提五六个壶去装水。

黄碧芬:看来住宿生活还是让你们更懂得关心别人了。

谢若嫣:对。以前高一的时候就整天想,我要走读我要走读。后来就觉得越住越快乐,时间管理也比较好。

黄碧芬:你这个转变的经验很宝贵啊,一个开始那么难受,那么想家,到后来会主动帮同学做一些事啊,还能体验到住宿集体生活的乐趣。你觉得这个转变的契机是什么?

谢若嫣:就一个寒假吧,突然间想通了。

黄碧芬:突然想通了什么意思?

谢若嫣:突然想说,唉,反正我都是要住的。就觉得如果爸妈来租房子,就可能他们要两地分居,这样不好嘛。就想着反正我都是要住的,就快乐一点好了,反正大家都一样。

黄碧芬:你这孩子有个很大的特点,我现在感觉找到一点儿规律了。一旦是决定要去做的事,你就会开始想要快乐一点地做,这是一个非常好的经验。而且你会为父母着想,这也是比较成熟的心境。那你们平常用什么方法去把你们的住宿生活搞得快乐一点呢?

谢若嫣:善于发现身边一些比较好玩的事吧。

黄碧芬:宿舍里什么样的事会让大家比较开心?

谢若嫣:好多啊,记得高一那个宿舍很开心,有时候同学开开玩笑啊,八卦八卦也很开心。

黄碧芬:一开玩笑有时候难免过度,有时可能还会伤到某些人吗?

谢若嫣:我觉得不会吧,你要有一个度。

黄碧芬:对独生子女来说,反而还享受了同龄人在一起的那种自在的快乐。你们宿舍几个人?

谢若嫣:高一6个,后来走读剩5个。高二5个,高三有人保送了,就4个。

黄碧芬:在你的宿舍生活中,有没有出现性格比较特别,确实要小心"应对"的同学?

谢若嫣:对我来说是没有啦,我觉得我们宿舍生活都很融洽啊。但是有一次我们去吃早餐,听到高一高二,反正就是比我们小的同学在抱怨他们宿舍怎么样啊,我就觉得我们宿舍太好了。

黄碧芬:你遇到的同学都是比较容易相处的,你们相互影响也会比较好。其实即便遇到性格很奇怪的,通常也有他特别的成长故事,很需要关心而转化。

谢若嫣:各种各样的人都有。当时是有两个人,可能他们之前有矛盾吧,互相不讲话,还好没有当面闹。

黄碧芬:那你们怎么办呢?

谢若嫣:也没有什么办法,可能有的人就是心眼比较小吧,不知道,反正她看不开吧。**其实我是觉得没什么事,她们怎么就能闹那么久呢,也没办法。就是尽量说自己不要去触到那根火线就好了。**

黄碧芬:这是不错的办法,你不干预,也不搅和,不需要去偏袒谁,就不会添乱。

谢若嫣:反正大家回来,回来也就睡觉了嘛。你也不用去管她们干吗。

黄碧芬:集体生活大家能够相知相容真是一种福气,有时候难免有些不搭调,也是正常的情况。相互谦让点,或积极沟通协商解决的意见更好。我们谈的话题都是生活中很细小的事,对拿回状元的你,别人采访你不太问这些问题吧?

谢若嫣:对。

黄碧芬:你们女生在一起会讨论什么人生观、价值观之类的话题吗?

谢若嫣:比较不会。

黄碧芬:或者说对未来职业的展望啊,家庭啊……

谢若嫣:家庭想得比较多,职业什么还比较没想。就一个阶段一个阶段来吧,不要一下子想太远。

黄碧芬:这回考试这么拔尖,拥有了很好的选择资格,你做了怎样的选择?

谢若嫣:专业是之前就想好的,学校之前想的是去香港中文嘛,看到成绩我第一反应是,哇,我可以上香港中文大学了。就没有想过,我一直以为我是50名嘛,我妈也说你挺有希望的。因为之前看最好的就四十几名嘛。后来就改变主意了。

黄碧芬:改变的理由?

谢若嫣:清华的老师让我们看了一个宣传短片,看到他们学生的生活,很触动。**那种刚开始进去的迷茫,到后面很适应校园生活,很触动也很吸引我。**

之前初中时是想去北大的,后来成绩没有很好,也就没有想太多。

黄碧芬:怀着接纳的、欣喜的心意自然地学,认真地做,效果还是相当好的!现在对这样的大学和专业,有什么期待或者有什么担心?

谢若嫣:希望以后在大学的发展也比较顺利一点吧,希望自己可以多读点书,多争取一点机会。

黄碧芬:对这个专业的发展方向有了解吗?

谢若嫣:有了解,就银行机构、外企这些。

黄碧芬:以后到了清华,在这样的高端人群里学习、交往、发展都会有许多要面对的事情,能经常让自己保持一颗安静的求知的心很重要。你怎么理解心理健康?

谢若嫣:可能就是不要去伤害别人什么的,自己要有自己的原则,要能让自己开心快乐。

黄碧芬:你这么通俗表达的几点倒也涉及了心理健康的基本问题:利己而不损人,懂得判断是非而不是盲目从众,要负起照顾自己的责任,要接纳自己才能让自己开心快乐。

慢而典雅的音乐熏陶滋养爱的情意

黄碧芬:要问你生命中最重要的五样,就是你特别要用心去保护、去建设的会是什么?

谢若嫣:第一个是妈妈吧,可能以前一些事吧,就觉得妈妈是我这辈子最想保护的。第二是做人的**尊严**吧,人要让自己具有一定能力,不要去求别人,不要摆脸色,那样太累了。然后就是,**爱**吧,我觉得爱很重要,人这辈子就是要**有爱,活在爱里面是最幸福的**。再一个是**自由**吧,不要说让别人强迫你去做什么,我觉得这是最痛苦的。只要有一个度,自己想做什么就做什么,不想做什么就可以不做什么,那样是最快乐的。然后就是**亲人朋友**这些吧。

黄碧芬:你这孩子对生活的理解蛮有深度、蛮中肯的。你懂得这样维护和建设自己,懂得爱,我觉得特别好。你这样的认识是如何形成的?对你影响比较大的是?

谢若嫣:我觉得是慢慢的好感觉吧,可能跟学琴有关系,琴曲都很慢。

黄碧芬:你学什么琴?

谢若嫣:古琴,不像古筝还是琵琶,它就非常慢,你要很有耐心。

黄碧芬：是你自己想学的还是你父母帮你选的？

谢若嫣：当时就说我没有音乐细胞嘛，后来去看那个琴，我就觉得特别古朴、特别简单，而且感觉是一个人，有额头有头发有脚，觉得挺好玩的。但是学了一年以后就有点烦了，一点耐心都没有了，是我妈坚持住的，她的坚持才导致我的坚持。所以**我觉得坚持这种东西首先是父母的能力，而不是孩子，孩子说不学了就不学了，但这样不行**。如果家长坚持，可能孩子后来就爱上它。

黄碧芬：这不容易，由家长的坚持而又绝不是硬逼，得有好的亲子互动感觉。几岁开始学的？

谢若嫣：五年级下开始学的。手不够大也不行，差不多至少要9岁。

黄碧芬：结果你真的坚持学下来，后来还成为自己可以把玩的特色？

谢若嫣：对，后来自己有时候心情不好，其实弹一弹琴就可以很舒服。

黄碧芬：你是幸运的，妈妈的坚持能影响到你，还能让你接纳。你跟妈妈的关系很好吧？

谢若嫣：对，**她很尊重我的选择**，有时候我爸爸要我做什么，我不想去，我就会跟她抱怨，她也不想我去。

黄碧芬：妈妈显得更理解你？

谢若嫣：对。

独立思考和钻研才会有真正的学业进步

黄碧芬：因为有她的支持，你可以逃避一些事。一般来说你比较会去逃避的是什么样的事？

谢若嫣：原来有请家教，后来我说不请了，我妈也很尊重我，没有说逼我什么。

黄碧芬：你觉得请不请家教的关键在于什么？

谢若嫣：那要看家教老师好不好，因为我以前初中那个家教老师对我影响是非常大的，他的数学特别好，可以一边骑自行车一边给我讲数学题。后来他出国了，找别人就觉得没有像他那么好，可能某几科比较好，没有像他那么全才。后来这家教老师一道题也要想蛮久的，我就觉得浪费时间。

黄碧芬：你找家教你是有需求的，你是希望在一些问题上得到指点的。

谢若嫣：对，而且他会让我思考，**不是单纯教我解答问题。要培养我爱思考**。

黄碧芬:有启发的教学对学生才有助益。因为现在请家教这个问题也是很普遍,是不是非要这样子才能学呢?我有时候也很质疑。这真的需要看你带着什么样的动机去学习。

谢若嫣:有一阵子我就会依赖,遇到问题自己不想就丢给他,让他去想,这样其实不好,**还是要自己钻研题目才会有收获。**

黄碧芬:那么,你一路走下来,除了学校的课程,你还是额外有自己的加强。

谢若嫣:小时候还有学英语。

黄碧芬:时间花在这上面甘愿吗?

谢若嫣:甘愿啊,我妈妈会奖励我,有时候去上上课,觉得我比较辛苦,就去外面大吃一顿。也会有一些物质奖励啦。

黄碧芬:你妈妈很懂你的需要。现在让你来自我评价一下,你觉得自己比较典型的优点是什么?

谢若嫣:**冰雪聪明。**

黄碧芬:是指学东西比较快?

谢若嫣:比较古灵精怪吧,比较爱调皮。上课偷吃水果啊。有时候时间太紧了,洗了水果来不及吃了,上课老师转过去就赶快吃一口。

黄碧芬:在比较宽容自主的课上这无伤大雅又能满足自己,如果是严肃的场所就不太合适,会有格格不入的感觉吧?还有吗?

谢若嫣:没什么了吧,我觉得每个人看你都有不同的眼光吧。可能你觉得自己怎么样,他觉得你是另外的样。

黄碧芬:对啊,那你现在觉得自己是怎么样,除了冰雪聪明以外。

谢若嫣:我觉得我自己是挺特别的一个人,跟别人不是很一样。别人可能比较喜欢现代的东西,我就比较喜欢古代的。

黄碧芬:这种感觉令你有独特感而且让你可以自得其乐,可能还深信自己具有某种特别的能力吧,这对你的自我接纳、自我肯定是有好处的。再来,还有什么?

谢若嫣:书画方面的才能比较好吧。还有就是一道题,可能别人想一会儿就会放弃,但是我就会很努力很努力把它想出来。但可能花很多时间,比较不策略啦,但是我就是觉得我要把它写出来。

黄碧芬:对啊,这种执着很重要,尤其是你自己想出来以后很有成就感。

谢若嫣:对,**特别有成就感。**

黄碧芬：自己钻研出来的过程最能形成真实的体验。会不会经常举一反三，或者归类？

谢若嫣：会，我会有错题本归类。这题做过了，下次有做到哪一题，觉得这两题有点像，就会写到一起去。

黄碧芬：平常就能做这个事？

谢若嫣：对，平常上课也偷写作业什么的，因为作业做不完啊，时间太短了。特别是有时候老师要讲评，你没办法，一定要赶完。

黄碧芬：如果没写作业就去听讲评？

谢若嫣：我根本就不想听，我宁愿选择不听。他讲了，我等下自己就没得写了。

黄碧芬：这就是学习的自觉性。所以你是一个主动的、自觉的学习者，非常好，特别执着，特别坚持，这些品行都会帮助你走得更好的，祝福你哦。那如果用几个词来描述一下自己存在的一些局限会是什么？

谢若嫣：可能就不太规矩吧，上课偷写作业，老师就眼睛瞟你一下。

黄碧芬：那你选择来写作业，是不是对这时候正在讲的课你已经有几成把握了。

谢若嫣：也不一定吧，一般会选语文课和英语课，他们就比较遭殃。化学课也会，因为化学老师比较忠厚，你偷偷写他也不会发现，雪梅老师的眼睛比较会闪，你可能就被她发现了，就会被弹一下头这样子。

黄碧芬：你敢于选这两科，是不是这两科你自己比较有自学的把握。

谢若嫣：其实我觉得有时候写作业更重要，你自己的体会可能会比老师讲一百遍都有用。

黄碧芬：是这样，就是说，你需要通过写作业来自我检查相关内容到底会不会？很无奈地牺牲一些东西，来成全一些东西，是不是这样子？算是你自己时间管理的一个策略。但这是有代价的，你可能因此错失老师给学生的系统或关键的指导。还有什么特点请再深入谈一谈？

谢若嫣：可能就比较自主吧，可能有时候什么事情我不想去，我就逃到别的地方去。比如开什么会，我就跑去图书馆。

黄碧芬：这个问题比较微妙。如果从个人时间管理来看无可厚非，但是从团体组织角度来看，你就可能损害了团体的利益。开会要解决什么问题，如何开，这另当别论。仅从个人与团体的关系而言，得有相互尊重，确保个人为团体的共同目标增效。这会使你与团体有更好的链接。所以这个问题比较微妙，还是得具体情况具体分析。听说你们班挂着好多你的作品,你们班的班级文化被认为是特别有味道的,你贡献了……?

谢若嫣: 没有没有,不是我,是我们班副班长的贡献。我们班有一个人长得很像法师,我们就画了很多他的头像。做了很多小娃娃,运动会的时候挂了出去,还做了很多小坠子,效果很好,后来就移到班级继续挂着。班级的板报也很好看,还有个人成果。有个同学做了一个棵树,有桃子有叶子,上面有我们每个人的照片,考试进步就会贴星星。

黄碧芬: 你们这么多好东西,都是班级同学参与做的?你们是有一个创作集体,还是就一两个人来做?

谢若嫣: 就是那个班副班长非常有创意,有时候班级活动,惩罚都很有意思。

黄碧芬: 班集体是我们学习生活的空间,有人带着你们这样来布置,来激励大家,真是非常好!很温暖很可爱的感觉。如果让你给学弟学妹一点建议,你会更想说什么?

谢若嫣: 珍惜所有,相信报应,万事随缘莫强求。

黄碧芬: 很好,很有佛味的心境哦!如果请你给母校留下一点建言,会更想说什么?

谢若嫣: 直说了哦,我觉得女孩子都有长发情结,我以前在想哪一天我当了校长,就允许大家留头发,可以规定一个统一发型,简单清爽就可以了,其实我之前有偷留头发,觉得绑起来更加凉快也非常爽,写作业也不会有刘海啊什么掉下来,而且这样也比某些人短头发但是七搞八搞好。我相信这是很多女孩子的心声,还有的人因为我们要剪头发都不愿意报我们学校呢,虽然我觉得希望很渺茫,但是还是想说一下。

黄碧芬: 很真实的感受和期待,这也是人性的一部分吧。相信你们这些怀有各种各样的才能和抱负的同学,到大学里继续深造,一定能更好地发展自己,服务社会,生活得开心快乐!

精彩聚焦

若嫣真是个冰雪聪明的女孩,很自然地知道自己要什么、不要什么。她从小就得利益于有爱有艺术熏陶的快乐学习,并且累积了很多有小小目标达成的快乐学习体验。很难得的是她笑点低,很会自寻开心。这得益于她能领略很多层面的真善美情愫，能对自然现象进行自由自在的观察想象并富于自己内在的创作美感，还善于就必须面对的种种现实存在的人事物作出尽可能有趣的解读，使之变得可爱或可耐。从她对儿时至今多位老师的良善本质的赞叹、从她对天空云朵变化的巧思和想象、从她对同学爱班级所做出的种种贡献的欣赏、从她对父母的关爱、从她对学业的自觉投入和有策略性检选"攻关"的行为保障、从她对自己独特性的理解以及基于高品质的为人处世之精神自由的追求，包括她对心理健康的理解，我们都可以感受到她内在的明晰和丰富。正是这样的明晰和丰富促成了她种种需要面对现实的可爱加工，使很多人都痛感高压力的学习生活变得相对轻松有趣。她很好的情感发展水平与她相对高定位又可望可即的心仪目标追求相结合，使她学得自律又有效率。从她给学弟学妹的建议"珍惜所有，相信报应，万事随缘莫强求"，我们仿佛看到一位身经百战、心态安详的长者风范；而她给学校的真诚建言又让我们分明看到一个自然爱美的女孩很青春的执着追求。这位真实、丰富而又深刻的省状元真是非同一般哪！

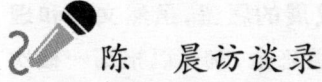
陈　晨访谈录

在平衡的选择中追求优化的学习效果

访谈嘉宾:陈　晨
　　2011年考入北京大学光华管理学院(厦门市2011年文科状元)
访谈主持:黄碧芬
原始记录:陈　莹
整体梳理:黄碧芬

读文科是我理性的选择

黄碧芬:祝贺你荣摘厦门文科状元桂冠,这在你是意料之中还是意料之外?

陈　晨:还没高考前,有想过也许会达到状元什么的,但真的高考后特别是自己估分之后,就再也不敢想这个了。感觉好像和周围同学都差不多,还是比较中规中矩的,可能进入全省几十名吧。没想到真得了状元。

黄碧芬:这几天家里很欢乐吧?

陈　晨:其实也还好吧,父母感觉也都很平静,我们都很平静。

黄碧芬:那是你学习一贯比较好,算是正常发挥呢?文科男生相对少,你当时选择文科是基于什么考虑呢?

陈　晨:其实高一的时候,我文科理科的成绩都差不多。我知道我们学校理科的同学都太强了,就想着报文科好像相对来说竞争会比较小一点。况且我以前就对文科的历史、政治、地理都比较感兴趣。就这样,兴趣加上减缓竞争的考量,我就选择了文科。

黄碧芬:真是明智之举。那时,对未来的升学以及职业选择的取向方面,也有一些考量吗?

陈　晨:我觉得,其实高考是敲门砖嘛,拿着高考成绩才能够敲到好的大学。我想如果我读理科,可能就没有办法像文科这么拔尖,那么就没办法选到特别好的大学。而且我那时也已经有往经济方面发展的愿望，虽然文科和理科都可以报经济类，如果我用文科相对高一些的成绩来报，就可以报高一档次的大学。所以我就坚定选文科，反正文理都可以读经济。

黄碧芬：这已经是比较成熟的选择了，是一种基于自己的兴趣、能学得更好的又有利于未来发展的多向协同的优化选择，这就让你有一种内在的稳妥踏实感啦！现在整套高中文科课程读下来，在社会适应、与人交往方面有没有觉得更有些优势？

陈　晨：什么意思？

黄碧芬：（笑）这讲起来也还是因人而异的。主要是说在社会生活中，能更广泛与人交流的内容是不是多了些？文科的知识内容要拿来分享，好像相对容易些。

陈　晨：是是是。

黄碧芬：报了什么大学？

陈　晨：我已经跟北大签约了，进了光华管理学院。

黄碧芬：光华管理？是什么样的学习内容或资源条件在吸引你？

陈　晨：它是北大最有名的经济和管理学院，当时我还有一个选择可以直接进经济学院，两个都很好。因为光华管理收的一般都是状元级的，所以我想进去里面周围的环境可能会更好。虽然有可能竞争也会相对激烈些，但光华管理在办学方面相对更国际化些、对外交流的机会更多一点的情况还是蛮吸引我的。

在高中还有一段相对清闲的自由阅读时光

黄碧芬：跨入这样一个高平台会拥有更多的学习和选择机会，真是很幸福。回到高中的学习过程，你是只读了学校的必修课程呢，或是还有一些自己的拓展？

陈　晨：高三的话主要围绕高考学习。但是高二，就是文理分科分班以后，我感觉那段时间非常清闲，然后确实还读了一些书，多是我感兴趣的。比如说，经济或者社会，就是社科类的一些书。晚自习几乎也没有什么作业写，就会去图书馆借一些书过来看。

黄碧芬：太幸福了。多少人读得"天昏地暗"的高中，你居然还有这么一段清闲时光。你也是（1）班的，马辉老师那班吧？

陈　晨：是的，班上学习氛围特别好。

黄碧芬：好的学习氛围特别能催人向上。你额外多读的书，是你自己挑选的，还是班级老师的介绍、布置？

陈　晨：当时黄特是有开了一个厦外学生必读的书单的，我从里面挑了一些。还有一部分是我自己在图书馆逛一逛，看看名字感兴趣的就借过来。然后翻翻看看，如果有兴趣就继续深入读下去，如果觉得没什么兴趣就还了。

黄碧芬：有名师指路真好。你这份从容和自在也实实在在得益于咱们学校这么好的学习环境吧？这样一些自主阅读，会让你觉得视野更宽阔吧？

陈　晨：确实是。

黄碧芬：这类阅读有机会分享吗？

陈　晨：分享可能比较少。因为同学读的书也不一样，有的可能没兴趣，有的可能顾不上。

黄碧芬：你学得比较轻松扎实，就可以腾出时间精力做这样的事。你觉得这样的阅读，这样的学习，对你的高考考场发挥有产生什么影响吗？

陈　晨：立竿见影的影响我觉得真的说不上来。可能不一定是具体题目的解答会做不会做的事。

黄碧芬：的确是你说的状况，绝不是这样一种简单的对接。

陈　晨：可能是一种思路吧，文综考试的思路拓展是有帮助的。

黄碧芬：也就是说，面对题目情景的问题，你的思路会有更多地发散和拓展。

陈　晨：对。

黄碧芬：我相信能脱颖而出表现优秀的学生，一定是有更多储备的。就你自己而言，像高二这种有着自主选择乐趣的学习享受，在其他年级，比如在之前的高一或者初中阶段也有吗？

陈　晨：高一后来也有，开始不行。高一毕竟是九科，如果作业都写其实就没什么空余时间了。三年来最清闲的就是高二。还有就是初三直升完以后那段时间也有看，不过那时候还是比较功利，主要是看一些高考要读的那种小说的篇目。大约看了九本。

黄碧芬：那也是一份基本储备。初三直升了，有很多自主安排的时间，你是自学呢，还是和同学一起分享着学？

陈　晨：我的班级周围也恰好有这种阅读分享的氛围，我后面那个同学就先在看《巴黎圣母院》。我想说的是，能对这段时间充分利用是很好的，不然一上高中就可能没有那么多时间。

黄碧芬：这是我们学校直升同学特有的幸福。

少年不知愁，快乐玩中学

黄碧芬：那么在初一初二的感受呢？

陈　晨：初一初二，就几乎好像没有什么感觉在读书。我们那个班那时候就很疯，就是天天都在很快乐地玩，下课就玩，上课就是上课，而且上课也很开心。回家也是很平常地过，作业是都有写，书也有读，但就不是把全部或者大部分精力都放在那里的。初中三年感觉就是一路玩玩玩就到了初三，然后不知不觉直升了。

黄碧芬：真的好开心的少年时代，真是太幸运了。

陈　晨：可能那时候我初中成绩也不是很拔尖，没有像现在这样，就是大概平均下来年段30左右，也没有对自己更高的要求。

黄碧芬：保持那个状态就好的感觉是吧？

陈　晨：对，当时还不懂去想那么多。高考是什么？有何作用？都没什么思考，就只是想活在当下吧。高中以后老师开始会说一些高考的东西，才会意识到可能要好好读书之类的，才会把精力更多地放在学习上。

黄碧芬：说来这就是孩子的天性嘛。就你自己而言，在初中阶段玩得比较痛快的是什么项目？

陈　晨：好像也没有什么特别的项目，也就是跟同学在一起，有时上课还起起哄，下课就打打闹闹之类的吧，感觉大家都很开心。

黄碧芬：起哄、打闹而不伤和气，就容易营造自由表达、畅所欲言的环境。如果说下课是自由自在的，那上课呢，可能会有更多比较有组织、有针对具体学习内容的互动吧？

陈　晨：对，确实是这样。当时课堂上发言的人很多，很积极主动，很踊跃。

黄碧芬：如果遇到发言的内容不太恰当，或者出现一些敏感字眼什么的，会引起……

陈　晨：会会会，底下会轰动。

黄碧芬：那轰动之后呢？

学生访谈篇

陈　晨:就会有其他同学起来接着说……

黄碧芬:就是能继续授课话题的讨论,而不是陷在"起哄"中。对问题的探究,终究还是可以继续的。

陈　晨:对对对。

黄碧芬:这样的课堂氛围比较轻松,又会有思考的刺激。

陈　晨:对。

黄碧芬:如果大家都不敢表达的话,反而会更紧张,久之也会更无趣。

陈　晨:对。

黄碧芬:你们这帮同学,后来的发展如何?

陈　晨:这次我们初中那个班考得还不错。昨天我没办法来,就是我们初中班级聚会,我们请了以前的一些老师。

黄碧芬:班主任老师是谁?

陈　晨:我们三年三个。第一年是蒋丘陵老师,后来是裴双双老师,最后一年是钱永昌老师。

黄碧芬:你们还特别回去,把初中的老师请出来一起分享。

陈　晨:对,因为谢若嫣初中时也是我们这个班的。这个班的学生现在上清华、北大的好像已经有5个了,就以这个契机聚了一下。

黄碧芬:真好真好,你们能够回到从小成长的地方,去跟老师们分享喜悦真是个非常好的行为。当时这个班级最让你满意的是什么?

陈　晨:当时老师没有采取非常高压的态度吧,还是比较松地管我们这个班,让我们每个人的个性可以自由地发展,没有受到很多的拘束或者压迫,然后就可以比较自由地发展。因为**当时同学之间相互关系都比较融洽,相互之间就比较有爱**,这样与人相处,可以学到不少东西。再带到高中,就会受益不少。

黄碧芬:这是自然的。在有相互关心爱护的人群里,互相学习,互相借鉴。

陈　晨:对,并没有特别刻意地去做什么事情。就像同学如果保送没有考好,他很伤心,我也会很伤心。像这次高考,就是班级大家都考得很好,我们大家才会都很高兴。我刚刚出来的时候才听说有一个同学已经被港大录取了,我们都很高兴很开心。

黄碧芬:你们这段时间的幸福指数一定会很高,因为会有很多好消息不断传来。

只有去做才知道——小小活动也要把握很多细节

黄碧芬：那么你在读书学习之外，有选择参加一些其他活动吗？比如学生会社团活动什么的？

陈　晨：高一到高二我都在学生会，是人力资源部部长。在学生会，我这个部门其实没有太多事情，或者说在全校知名度好像也不是很高。

黄碧芬：这个听起来都是非常和社会接轨的一个部门，人力资源部哦。

陈　晨：就是每年新高一或高二调整扩充的时候，负责招聘学生会的成员。后来会不甘寂寞吧，会自己办一些活动，但是总体跟学习活动或者文娱部那种大型的歌手赛比起来还是差很多就是了。

黄碧芬：你们具体做什么呢？

陈　晨：就是开学的时候会负责招募学生会新成员，招聘这块是我们在做。然后平时有一些琐碎的事，像档案和资料的管理，也是我们在做。后来我们有办了一个国学知识竞赛，高二那年的，就是去年的活动。我们底下有一个负责外联的部门，负责联合其他学校，我们做了一个中学生的国学知识竞赛。

黄碧芬：这个好像做得蛮轰动的。陆思嘉同学也谈过这次经历的感受。

陈　晨：她是我们的学生会主席。底下有我们这些同学具体在做，她是负责宏观上的协调。

黄碧芬：你们面向具体的工作设计和组织操作，这对你有一些什么样的提高？

陈　晨：有效提高了具体组织或者策划一个活动的能力。要做活动策划，就要考虑到各个方面，包括场地，需要使用的物品器材，一直到麦克风质量这种很小的细节。这样全面考虑并步步抓落实的感觉，与没有参与这些活动设计，只是作为一个旁观者的感觉是完全不同的。如果你没有亲自这样去做，就根本不会想到，办一个小小的活动，就要考虑到这么多的细节。由此，我们做事情可能就会更周详一点。

黄碧芬：这也是一种体验式学习。就你们人力资源部来说，学生会招募同学进来，每个同学有什么特长，你们有了解，有建立档案，就有了自己的人力资源库。

陈　晨：对对对。

黄碧芬：这类工作会不会占用你很多时间？

陈　晨：在高一高二，当时其实空余时间还是有，所以感觉不会太紧。

黄碧芬：挺好的，本源的任务完成得好，又能多一点承担和体验，都会转化为可迁移的经验，这样的经验在将来的生活、工作中都很有用。

陈　晨：我的数学经常没有办法考得很好，常是因为粗心计算出错。可能就是这种全面细致的思考与把握能力还没有迁移过来吧。

黄碧芬：也许是。你至少可以检查一下自己平时对计算过程的把握是否有给予自己这样的耐心细致的自我要求？

大家在一起的感觉真好

黄碧芬：如果说初中的班级让你们感到轻松自在，那么，高中的班级呢？是一种什么感觉？

陈　晨：我觉得还是比较轻松的。我们班的学习氛围很好，马老师特别有经验，我觉得应该算是收放自如吧。就算是高考前，就到了快考试的时候，我们大家好像也没有特别紧张的那种感觉。平时的学习过程中，一下课，特别后来有那种30分钟的大课间，大家都会聚在一起玩，聊天或者是玩一些小游戏啊。上课铃响了，大家就迅速回到座位上去学习。**读书的时候就是读书，玩的时候就玩**，这个氛围我觉得很好。

黄碧芬：真的很好。**担当责任，全情投入，享受生活**，是一种很好的学习心态。

陈　晨：对，其实晚自习的时候，看看周围的同学，也就知道高考要临近，自己要准备好，就不需要老师再来督促什么。像马老师当时提供的反而就是一些心理上的鼓励或者说一些安慰。马老师还会提供自己经验上的一些东西，比如高考前很具体的照顾自己的一些准备，像毛巾啊，这种细节他也会提前帮我们都想好，要准备好这些东西。到后来连班级卫生他也默默在搞，等于为我们在服务的这种感觉。

黄碧芬：这就是帮忙而不添乱，稳定而又温暖心情，典型的为师为父情怀哪！

陈　晨：是是是，现在回想起来真是很感动。

黄碧芬：那么就你个人来说，高考之前会不会有一点点担心考场上要是发挥不好怎么办？

陈　晨：说实话，在距高考两三个月前有过，反而到剩下一个月，最后一次市质检完,5月份以后,反而就没有特别多的那种想法,也不会很紧张。就算到考前一个礼拜,因为大家都生活在一起,就也没有时间给自己胡思乱想。

黄碧芬:在一个有共同追求的团体里,特别踏实。

陈　晨:对。再看看周围其他同学,觉得他们并没有很紧张,那我为什么要紧张?所以到最后倒有点担心紧张不起来怎么办?因为经常都说适度紧张会比较好。所以到最后担心的是紧张不起来怎么办,不是说太紧张怎么办。

黄碧芬:对你们这种状态我的解读是,你们预备得相当从容。已经一次次这样考过来了,考试的基本要求,试题难度、配伍都有了比较直接的体验和了解,该准备的都准备了,感觉就比较踏实了,这是一种比较稳健的状态。

陈　晨:我觉得,整个学校的感觉,也都差不多。

黄碧芬:大家都在正常过日子,就是很平常地向前走。特别好,做学问就该是这样。我还相信,你们读的内容要比考试出现的试题内容多得多。

陈　晨:对对对。

再忙也会关心讨论社会问题

黄碧芬:那现在呢,除了学校生活之外,有机会关心关心社会的发展,关心一些社会现实发生的热点问题吗?

陈　晨:我不是很赞同那种一心只读圣贤书,就算到了高三最后一段时间,我下课都会拿出手机来看看,晚上睡前也会上上社交网站、新闻网站,都会看一看。

黄碧芬:你一般比较喜欢看哪些类型的新闻?

陈　晨:就是新闻嘛,时政我还是挺关心的,然后一些八卦娱乐也会看。

黄碧芬:大概会占用多少时间?

陈　晨:每天就半个小时吧,这样也不会感觉高三一整年读下来就像生活在世外桃源,什么都不知道。

黄碧芬:很多人觉得学校很封闭啊,其实只要安排好,你还是会有多种渠道满足自己的需要。

陈　晨:我记得高二高三时我们那个宿舍,有一个同学跟我就经常会聊一些这种话题,夜聊的时候也会经常讨论社会话题。后来高三走读就没有了,就是高二和高三上学期一段时间,就经常在讨论一些社会话题。

黄碧芬:非常好。作为发展中国家,作为经济增长比较快的国家,自然会有很多很有影响力的建设,也存在一些让人担心的东西。你们的讨论会涉及这正反两方面的内容吧?

陈　晨:会会会。

黄碧芬:这对你的人生观、价值观会有影响吗?

陈　晨:我觉得多少都会有影响,思想的碰撞。经常我跟他的观点不一样,我们就会在宿舍里小辩论一下。**这样的思想交锋,我觉得大家都会受益。**

黄碧芬:你们宿舍的氛围挺好的。住了几个同学?

陈　晨:最早4个,后来有1位走读剩下3个。

黄碧芬:都能够介入这样的交流吗?

陈　晨:能。

黄碧芬:当你的观点得到同学呼应、支持时,信心会更强?

陈　晨:是的。

黄碧芬:青年学生对社会究竟有一些什么样的关心、有一些什么样的解读,我是很想多了解的,因我经常需要与同学们交流人生观、价值观之类的深层问题,**多了解而不急于下什么结论,这就让我们有一种开放的探讨状态。**

陈　晨:嗯,对。

黄碧芬:你对自己现在的专业学习发展方向,是否有一些社会应用方面的了解?你已让自己进入国内最高学府去求学,这是否意味着将来你可能也要比我们一般的人更多为社会做贡献。

陈　晨:还好啦,现在还谈不上什么贡献。目前还在读书啊,还在索取的阶段吧。

黄碧芬:是还在吸收,还在更多的学习、体验、思考阶段。但是显然,也要逐渐地去关心一些实际的问题,要去考虑怎么建设,有没有过这样的想法?

陈　晨:对国家吗? 以前也会。曾看过一本西方的政治制度宣传的书籍,也会想一些比较成熟的东西能不能借鉴到中国目前的形势分析,也会想这样的问题。然后我们在宿舍也会探讨这样的问题。我记得印象最深的就是我那个同学家在东孚,周围就有一个垃圾填埋场,所以他对垃圾这个问题就很关心。然后我们好几个晚上都在研究怎么处理好垃圾的这个问题。他有一个想法,就是他要把垃圾运到西北,然后就地处理,还可以产生肥沃土壤的效果。然后我从经济的角度来看,就说这种成本会太高,所以就有一些争论。就类似这种小小的问题……

黄碧芬:都可以讨论得蛮有深度。

陈　晨：对对对，还有很多，现在一时也不太想得起来。

黄碧芬：你这个例子已经很可爱了。**同学对自己家乡周围环境的存在状况有关心、有基于改善的建设性想法，而不只是抱怨。**你们还运用所学的经济学、科学的观点来讨论。

陈　晨：他觉得垃圾里面，那种有机的东西很多，所以埋下去就可以产生很多有机质。

黄碧芬：能把所学的知识运用于对现实事物的理解，运用于尝试解决具体的现实问题，这就是学以致用的精髓，也就是我们一再提倡的创造性学习很可行的表达方式。这样做会让你们自己很开心吧？会觉得自己很会想办法吧？

陈　晨：对，会有成就感。

黄碧芬：嗯，有成就感，对我们许多人，特别是年轻人都很重要。你们这些男生在一起，会讨论一些社会现实问题，这样更会让大家开阔视野。真的搞不清楚哪一天，哪个同学就想起，你们曾在一个夜晚有过这样一场讨论，还对这样的一个社会问题有一个蛮好的解决方法。然后就顺着这个思路，真的做出了一份可操作性很强的改造方案。**这样的交流讨论有时就成了实现梦想的营养。**挺好的，分享了你们这样的讨论我都很开心。

做好自己，尊重师长，得道多助

黄碧芬：在师生的互动中，你们除了吸收老师的教导外，是否也会呈现一些需要探讨的问题去讨论？

陈　晨：我遇到的老师和我都还蛮和谐的，好像没有什么冲突和碰撞。

黄碧芬：老师给你们的要求都蛮合理的？

陈　晨：对，反正我觉得老师对我挺客气的，这个词好像不是很恰当，就是感觉相处得很和谐。比如我当时选文理科的时候，我高一班主任是吴明辉老师，他是比较倾向于我去读理科，那时候大家的想法也基本上都是这个倾向。但是我跟他说了我想读文科以后，他也没有再说什么，挺支持我的。

黄碧芬：与老师之间能够有相互尊重的平等交流。**特别在这种意见一边倒的情况下，坚持表达自己的想法还是相当需要勇气的。**

陈　晨：的确是这样。要跟吴老师谈这个分科的选择，其实我是犹豫了很久的。后来也是先跟他发个短信，说想与他谈点事先预约了时间，然后才过去的，也是鼓足了勇气。

黄碧芬：你很会沟通啊，先发了个短信，表达了自己的意愿并具体约定了时间，他由此就能感受到你对他的信任，也会以一种接纳的、有准备的心情来迎接你。我常见到一些同学内心也蛮期待跟老师交流的，但是不敢，或者是不懂怎么交流。你从小就能这样表达自己的想法吗？

陈　晨：我觉得从小我的决定都是我自己做，感觉我父母也不会给我过分的影响。像文理分科，他们最初也是主张我读理科，但是交流以后他们听了我的想法后也都支持我了。

黄碧芬：非常好。你有自己的思考，自己的选择，还能提出来与父母、老师一起商讨，最后做决定的人还是你自己，这就是一种自我担当。看来，你们家的氛围也比较民主，爸妈会听你的心声，会尊重你的意见。他们自己的职业生活状态如何？

陈　晨：父亲是个普通工人，在柯达上班。妈妈现在退休了，但之前一段时间就是下岗，然后就会比较零零碎碎的工作，一年两年，然后再换。

黄碧芬：真不容易，可见她也很努力。下岗工人失去了系统的保护之后，面临的就是如何求生存的问题。

陈　晨：对对对。

黄碧芬：你看着妈妈这样不断寻找努力工作的时候，会怎么想？

陈　晨：就是觉得父母都这么辛苦，自己就不能再给他们添麻烦。我知道他们很忙，也没有多少时间来管我学习，我也都是自己来安排时间，读书学习和外出玩玩什么的，都是自己安排。以前小长假约同学出去，经常就会约不到人，都是因为父母不让出去。但是我从来不会，我要外出可以，几点回来也都可以，只要跟他们说一下，父母给了我很大自由。就唯一会限制我玩电脑或者看电视，还是出于对眼睛的保护，还不是因为学习。

黄碧芬：这样的家庭成员关系会比较好，相对独立又互相关心爱护。你的学习已经是在领先的状态里，爸爸妈妈也就比较放心。爸爸妈妈都有自己的担当，你也觉得自己应该多努力，这就是一个良性的家庭互动循环。平时与父母更多交流什么呢？

陈　晨：平时有交流，但也没什么特别的内容。像文理分科、报志愿这种重大的事情，他们也会给我他们的意见，还会去找到一些比较热门的行业，比较好的专业，推荐给我参考。考上北大在选择报哪个院校的时候，他们也通过各种渠道会给我一些信息，会找一些亲朋好友，会去问一些这两个专业之间的口碑，和学业上的差别，给我很多信息，我觉得对我最后做决定还是有很大帮助。

黄碧芬：父母爱你又努力给你适宜的帮助，感觉得到你内心对他们认同和感谢的深情。很多人都说青少年时期会有一个比较明显的"逆反"时期，在你身上感觉如何呢？

陈　晨：可能也是会有一些小的事情会有不同的看法吧。但我总体来说算是比较随和吧，因为重要的决定一般都是我自己做，平时的一些小事我就不会太坚持。

黄碧芬：真好！平常对家里亲戚朋友来往什么的，你会参与吗？会与他们交谈吗？

陈　晨：那肯定都要参与啊，不过我们家亲戚也比较少就是了，往来平时也比较少。可以与他们交流，总体并不多，所以也没太明显的感觉。

黄碧芬：感觉你在家庭、在学校的生活中都是比较自主，或者说要做什么，不做什么，你是有比较大的自由选择空间的。那么，你怎么看待自由？

陈　晨：我觉得，自由就是不受限制，没有太多的条条框框，可以有自己的个性，就是自由。但是还是要有自我的约束，才能得到自由，我觉得得到别人对你自我约束能力的信任，就是得到自由的前提吧。像我，就算是在假期吧，也不会一整天，或者说连续好几天都跟同学出去玩，不读书。这样子我自己这一关都过不了。

黄碧芬：整天都不读书就觉得都不知道自己是什么了？

陈　晨：对，就觉得自己这关都过不了，怎么会得到父母信任呢？

黄碧芬：这就是自律，通常你都会有一个相对妥善的安排。

陈　晨：对，假期里都是自己的时间，我就会更强调这种计划，会有自己的计划，会是劳逸结合的安排。

黄碧芬：真好！劳逸结合才会长久。

陈　晨：我的安排会比较合理，不是尽情地玩或拼命地读那种，那都不是我的风格。

黄碧芬：张弛有度，重要的事情先做。这样子家长看起来就会放心，就会给你自由。你父母也很幸福，有一个能这样把握自己的孩子。

珍惜拥有，多分享交流

黄碧芬：在咱们学校经过了六年的学习生活之后，如果让你对学弟学妹讲点什么？你更愿意告诉他们什么？

陈　　晨：就是好好珍惜我们厦外这个氛围良好的环境，这里有这么多的老师、相处融洽的同学，要多跟老师同学分享交流，而不是只顾读自己的书。我觉得一心都钻在围绕考试的读书上的，其实高考也不见得就能够发挥得特别理想。

黄碧芬：从某种程度上来说，只关心本本，思维可能会更僵。

陈　　晨：对，我觉得就我个人经验而言正是这样的。如果把自己封闭起来，感觉真的就会胡思乱想，个人的状态就会不太好。比如上次自主招生考试预备时，因为有一个寒假，都是待在家里自己读，所以到考前几天真的是比高考紧张很多，就会莫名其妙地胡思乱想。一直到应考前还非常紧张，紧张到现在回想起来都觉得非常不可思议。当时就不知道为什么会这样子。**可现在想就是因为自己一个人在家吧，跟同学交流比较少，信息不通又缺少分享，就会让自己胡思乱想。**而像这次高考，考前一个礼拜我们都住在学校，大家都在一起，就不会那么紧张，就根本不会紧张，反而才会发挥好。我参加自主招生考试就是因为太紧张，就没有发挥好。两相对比就非常明显。

黄碧芬：你这个亲身经历很宝贵，对比真是非常明显。从容放松的心态，一定更有利于思维水平的发挥。

陈　　晨：是。

黄碧芬：所以人际的相互支持，的确是很重要的。你看到了大家都这样，就有一种安全感。大家都在同一个轨道上在向前走，其实很多可以分享的感受，可以互相借鉴。你如何理解高考？

陈　　晨：高考可以影响你的一生，但不能决定你的一生。

黄碧芬：很好，很恰当。今年学校 30 年校庆，刚好你们又考得这么好，大家都很高兴。你看看可以给学校一点什么建言？

陈　　晨：我觉得学校各方面都还不错，要说改善的话，也是一些硬件方面吧。我觉得软件方面都不错，学业的交流，活动的平台，都还不错。

黄碧芬：有这么多活动的平台，你觉得自己有充分地参与吗？

陈　　晨：体育运动方面我投入太少，就是运动这一块是我的弱项，不擅长。

黄碧芬：体育健身倒是一辈子的需要，作为张弛有度的那个弛，你一般用什么办法呢？

陈　　晨：我的放松多是看看电影什么的，都还是坐着。说起来也不是很科学，就不推荐了。

黄碧芬：你自己已经意识到了静态坐着的时间比较多。看来我要建议你在大学的运动场上多动一动，因为毕竟是要往高处走的，需要强健的身体本钱。祝愿你能更全面地照顾好自己，才能更好地为自己、为家庭、为国家多做贡献。

陈　晨：谢谢老师！

精彩聚焦

　　与陈晨的访谈让我内心有种感动油然而生。他的父母对他真是身教重于言传，爱他的形式突出表现在信任他、给他相对自由的选择空间。父母对他有严格的行为规范，对他具体处事的方法却不太干预，孩子内心就愿意尊重和接受，执行起来也不会乱。当然，孩子也早就品尝到自律的好处，深知"能自律，得自由"的道理。

　　陈晨的成长经历充分显示了教育不需要做太多事，营建一个有良好人际交往氛围的好环境最重要。家庭环境有爱，有行为规范，有理解、信任和支持，学校环境有好的教育引领、教学秩序和班级学习环境，就足以促进孩子进取和发展。父母、老师都只要做好关心孩子、适当服务、真诚引导这类本分工作，孩子自然能够学会自己选择学习和交往的内容，并不会对父母、老师有太多要求或对抗。相反，在潜移默化中，孩子还会有许多很具体的基于独立观察比较的学习思考，也会有良好的行为效仿和情感认同。

　　一次食堂用餐时，我遇到陈晨在高三年的班主任马辉老师，他向我反馈的信息好可爱：这孩子是一个很自律的内在丰富的学习者，他回班级还特别提及接受本校心理黄老师的访谈让他很舒服且受益匪浅。这让我再次感受到他真是个会把经历当作学习过程的人。

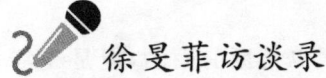

孜孜不倦是她的本色，发掘乐趣是她的法宝

访谈嘉宾：徐旻菲
　　2011年考入清华大学，主修经济与金融专业
访谈主持：黄碧芬
原始记录：陈　莹
整体梳理：黄碧芬

从小就只要痛快地学习

黄碧芬：你们年段长啊，还有教务处张斌老师啊，都谈到你从小到大一直保持着很稳健的学习状态向前走。你自己的感觉呢？

徐旻菲：对啊。

黄碧芬：我好奇的是，你能这样稳稳当当向前走，得益于你付出了什么样的努力？

徐旻菲：我记得小学的时候，家长给我的期望值就没有很高，让我就觉得痛快就好了，就按自己的兴趣来学。在小学阶段其实并没有达到拔尖水平的，就在年级靠前而已。

黄碧芬：你是哪个小学？

徐旻菲：同安第一实验小学，挺好的一所学校。

黄碧芬：是很好的学校。

徐旻菲：到初中的时候，我妈也跟我说进了外国语，会读书的孩子多，你只要保持中间的位置就可以了。刚进校的那次分班考，我居然就到了班级前列，真有点在意料之外，但也没觉得太大压力。然后第一次期中考就年段第一了啊，感觉自己还是挺轻松的。但是因自己没太在意就松懈了下来，期末考就没那么好。这就让我意识到"不进则退"的问题，我会让自己再认真学习冲上去。

黄碧芬：当时还比较小，能自己反思就很不错了。

徐旻菲：在初中阶段就这样起起伏伏，虽说名次也是挺前面的，但是经常都会掉下来一回，然后再上去。感觉自己是会总结一下，有时候去玩啊，去看小说什么的，那时候初中还不懂，有时候也会看言情小说。我那时候住宿，我们九点半熄灯，同学会聊天啊，有时候还打灯看小说，这样的时候成绩就会下降。后来总结了一下，就觉得不可以，会主动把耽误的学习补上来。

黄碧芬：还是一种能掌控的局面。并没有为考试太烦恼。

徐旻菲：是的。直升高中实际上又跳过了中考的压力，没经受什么考试历练。初三的时候都在搞竞赛，对于竞赛我又没有给自己太高的要求，心里倒是觉得跟那些中考的同学相比有点心理上的差距。听说高一是个分水岭，一度还怕跟不上呢，就一直都很认真，九科都努力把它学好，基本就没有什么课余时间，但是这九科真的都学得很扎实啊。

全面把握课堂重点，集中精力主攻应会内容

黄碧芬：九科都能够学得这么扎实，时间上你是怎么分配的？

徐旻菲：分配？就是**上课一定要认真听**。我觉得我上课基本上都能抓住老师讲的，一般是在自己懂的地方才会开小差。课后就是写作业，我觉得我们学校挺好的，布置作业的量是差不多的。有时候可能会有点赶，但是可以完成。而且**有质量地完成之后**，觉得自己确实是掌握了这些知识。**我就没有课外去参加什么辅导，也没有额外多做什么练习。**

黄碧芬：就是跟着自己任课老师的安排走，就达到了这种很扎实的水平。

徐旻菲：对。但是**我觉得我还是有点不足，就是课外的东西没有去多作拓展。**我记得以前有一个同学就评价我，说我像一只兔子。

黄碧芬：只吃窝边草，哈哈。

徐旻菲：因为我们班也有另外一个同学，就什么都会去看，说他比较像老虎之类的。

黄碧芬：其实关键是你怎么学，是否重在对问题有自己的理解和解决。你围绕初、高中所有课程目标要求学得这么扎实，使你能够走到现在这样一个高度。现在你已拥有根据自己的发展意向选择更好的学校和专业的资格，这样的自由实在不是每个人想要就能拥有的。

善用联想，理解知识的存在形态与内涵

黄碧芬：我还想了解面对这么多学科的学习，有没有你更爱学的，或者感觉更好的学科偏向？

徐旻菲：我觉得学的过程其实是差不多的。在学的时候我喜欢把知识放到实际生活中去想一下，找到链接的联想，就觉得挺有趣的。我辅导我的弟弟等其他人时，发现他们做题就在套公式，都没有去想实际的场景问题。而我通过将知识原理放在实际的场景中去联想学习，就学得比较清楚一点，这就是理解嘛。这样学的时候我就觉得很有趣啊。每一科都是这样学得专注又有趣，其实就可以一直学下去。

黄碧芬：每一科都能学得专注又有趣，这已经是很好的学习品质了。

徐旻菲：就算是政治这样的科目嘛，很多人都觉得挺枯燥的，但是如果真的去联想国家怎么管理啊之类的话，也会有点乐趣在里面。

黄碧芬：就是啊！你能够这样主动去联系社会实际进行联想学习和理解，这就是很有效地拓展性学习了。你一再说自己没有关注社会、没有向外拓展，我看都不公平呢。实际上你自己是随时在拓展性的学习过程中取得了更清晰的理解和认知。

徐旻菲：对啊，但就是没有专门去课外摄取一些东西。

黄碧芬：你是指更有目标地了解或参与一些专门项目的学习吗？如果你觉得这很重要，为什么不自主去追求一点呢？

徐旻菲：还是不很清楚要去看什么。我是会看一些杂志，看一些《环球时报》啊之类的报纸，感觉那种语言对我还是有点高深。

黄碧芬：各专业领域都有自己的学术或习惯用语，没有一定的了解和需求，要很快读懂内涵是不容易的。你刚刚讲到一个经验我觉得相当宝贵，还想继续向你取点经。就是在课内学习内容的理解上，你其实并没有唯文本记忆，会更多去拓展其与现实社会相关联的内涵。可以举个例子来说说看吗？

徐旻菲：要举哪一科的？

黄碧芬：都可以啊，我都很感兴趣。

徐旻菲：比如说物理啊，每个实验，我们不是有做实验吗？其他学校也有做啊，但是他们有时候就背一下步骤什么的。我觉得还是要亲手去做实验，要按我们做的过程梳理一下，就会觉得步骤更清楚。有些东西我现在讲你可能

也听得不是很清楚。

黄碧芬：还行，物理、化学、生物都有一些实验内容，实验有没有亲自做一定是不同的，**在做的过程中会有具体的观察和感受，对每一个实验步骤的原理才会更清楚。你用心做实验，对每一个操作步骤原理就会理解得很清楚。**

徐旻菲：**是的。还有一些知识的学习要跟常识结合嘛。**像我们生物有"配子"问题，有雄配子、雌配子，像花药肯定是雄配子嘛。有的人不了解花的结构啊，就还会考虑雌配子的情况。

黄碧芬：嗯，这样的同学极有可能背过花的结构实际上在生活中并没认真研究过一朵花，更不会经常观察应季的花木变化。

徐旻菲：是有这样的可能。

黄碧芬：像这样能与现实存在事物的结合，所学的东西甚至都能看得清清楚楚、明明白白，根本不需要生搬硬套。像这样的联想，你都是很自动自发的吗？

徐旻菲：对啊。

黄碧芬：那我是不是可以理解为，其实你对很多自然或社会常识，或者说对自然存在的事物，感性的认知是蛮多的，头脑的库存是具体充沛的。

对自然事物感兴趣的主动了解法

徐旻菲：**因为我对自然事物很感兴趣啊。我觉得学习就是要看懂、弄懂一些东西啊**，并不是简单地记得一些知识而已。要掌握一些方法，看我们自然世界有什么东西需要我们去理解，**要主动去了解。**

黄碧芬：好一个"主动去了解"。我猜想你在学习过程中，你透过教材介绍的资讯，会有许多自己的理解和疑问，你会带着问题去钻研，去拓展阅读或比较阅读思考。你有多备参考书吗？

徐旻菲：就学校发的。

黄碧芬：学校有一些配套的参考书，你会使用得比较充分吧？**就是说不仅仅为了做题目，而是为了更深入理解某些问题而阅读思考吧？**

徐旻菲：比如说我们高一的时候有安排竞赛，老师都会要求买一些参考书嘛，像化学有《无机化学》，生物有《普通生物学》，我都有买，闲的时候也会随便翻翻。物理倒是没有买，因为没听说要买什么。

黄碧芬：真好。更小一点的时候，像少儿百科全书这类，会去看吗？

徐旻菲：小的时候是什么都看的。

黄碧芬：哦，什么书都看，那印象比较深的？

徐旻菲：非常多啊，就是关于一些常识嘛，还有一些古典的书籍。但是应该都是缩略版，适合儿童看的。那些故事都挺有趣的。

黄碧芬：这对你来说都是自由阅读。

徐旻菲：对啊。

黄碧芬：没有什么特别的目的。

徐旻菲：故事确实很有趣，这就足够了。可能在读的过程中，**阅读和理解的速度就加快了**。

黄碧芬：对啊。**这个大概是几年级的情况？**会觉得很有趣，孜孜不倦地去读的。

徐旻菲：一二年级。

黄碧芬：一二年级就这样了啊？那你可能也比较早就识字了哦。

徐旻菲：对，我爸在我很小的时候，就从他们图书馆搬很多旧书回来，有许多儿童读物。我没事无聊的时候就在那边翻。**基本上每本都看过去，有的还看过好几遍。**

黄碧芬：这么小，爸爸就给你"设置"了自由阅读的环境，真好。他也喜欢看书吧？

徐旻菲：对啊。

黄碧芬：哦，真好。你看到高兴处会跟他分享吗？

徐旻菲：长大一点会，以前小时候就不会，小时候我看的儿童读物他不看。

黄碧芬：哦，这样啊，他看他的，你看你的。

徐旻菲：对啊。

黄碧芬：但是看完有很多好奇的发现怎么办？

徐旻菲：什么？

黄碧芬：你看的书，你开心啊，你看到很多有趣的故事，会跟谁分享？

徐旻菲：我就自己很快乐啊。有时候读书是个人心灵的成长，与那些跨时空的人物已经进行了一场畅快的交流了。

黄碧芬：就自己很快乐了，还感觉跨越了时空与那些书中人进行了一场场畅快的交流——这其实已经是很高品质的分享啦！那妈妈呢，妈妈会跟你分享这些吗？

徐旻菲：我妈不喜欢看书。

黄碧芬：哦，在你们家，她主要照顾你们俩吗？

徐旻菲：为什么要照顾？

黄碧芬：因为你们的兴趣都在读书里面啊。

徐旻菲：哦，她就做一些家务啊。我觉得她就像个女强人一样。

黄碧芬：怎么说？

徐旻菲：她很喜欢把地板洗得干干净净，就操持家务什么的，有一点洁癖。

黄碧芬：如果你们没有按照她要求的卫生习惯来做，她会抗议吗？

徐旻菲：她就自己去打扫。

黄碧芬：她就自己去打扫，还不会向你们问责，你们真是太幸福了。你们可以这样安安静静地享受书籍的美好，或者说家庭环境能够保持优美整洁，是需要人去打理的，因为你母亲很爱做这些事，你们其实就坐享其成了？就算她没有去读"闲"书，实际上她也做了一些支持你们、帮助你们的事啊！

徐旻菲：是的。

黄碧芬：你以前有感觉到妈妈做好家务事实际上也支持到你们吗？

徐旻菲：没有。

黄碧芬：所以，我常呼吁母亲们不能只满足于做好家务事而已。家庭生活通常是这样，好像会有一些分工，谁做什么都习惯了。如果每个人都做好自己分内的事也会相安无事，怕的是不承担、不尽责，或得到照顾都没感觉。家人之间，能有更多精神上的共鸣一定会更好！你一路学习这么好，可能她就已经开心得不得了了。

徐旻菲：对啊。

黄碧芬：哈哈，是这样。很多妈妈的爱是这样表现的。那在生活自理方面对你有要求吗？

徐旻菲：我不是很满意她，她就是喜欢包办我的所有事情。

黄碧芬：怎么说？

徐旻菲：像最开始的时候，小学要考外国语嘛，因为我家在岛外，到外国语需要住宿，她就不愿意让我出来了。我抗议了非常久，我爸也支持我，才过来的。

黄碧芬：妈妈担心你不能独立生活？

徐旻菲：对啊。

黄碧芬：那结果你真的初一就住校了？

徐旻菲：对。

黄碧芬：住校就开始了自己管理自己，有没有遇到什么困难？

徐旻菲：她说什么我离家就会哭啊，但是我没有啊，我觉得很快乐。

黄碧芬：哈哈，你这孩子适应性蛮强的嘛。在家里都是妈妈照顾，真的离开家了你也能照顾自己。自己会洗衣服吗？

徐旻菲：会。冬天的时候还是会带外套回去，因为外套怕洗不干净。

黄碧芬：这也可以。刚刚还讲到教弟弟，是什么弟弟？

徐旻菲：表弟，跟我们住得比较近。

徐旻菲：那么在班上同学会向你请教问题吗？

徐旻菲：会。

黄碧芬：你会跟他们讲解吗？

徐旻菲：会。

助人又强化助己的讲解提高法

黄碧芬：你觉得给他们讲解，你自己本身还有一些什么样的提升吗？

徐旻菲：有啊，有些问题，可能我自己选出那个答案，但是并没有太深入的思考。被他们一问，我就觉得有点迷糊嘛，就会再去想，会把这个问题想得比较透彻。

黄碧芬：这也是我们经常在鼓励同学做的事。学习过程难免会遇到难题，我们遇到问题可以独立思考，也可以跟他人探讨，如能够积极主动地关心帮助那些有疑问而请求帮助的同学，实际上自己也常会感受新刺激，得到新思考。帮助他人也是在帮助自己啊。

徐旻菲：有时候面对一个具体问题我想出解法来了，我会跟一个同学说，然后叫他再去跟其他有需要的同学说。

黄碧芬：你还这样"授权"给同学去实践啊？

徐旻菲：也会有其他人问嘛，他有机会说给别人听时，他可能还存在的不是非常清楚的地方，就会在说的过程中被突出出来，就会弄得明白。

黄碧芬：这真的是好事，立竿见影地学以致用。你这样"授权"给同学去做，通常同学能答应吗？

徐旻菲：他们都很乐意啊，毕竟能巩固一下，确定自己有没有掌握。

黄碧芬：你这是充分使用资源匹配啊！你没有太多时间反复讲同一个问题，就鼓励那些刚刚得到帮助的人，他们通过跟别人说，可以进一步巩固和掌握知识,又可以帮助别人。非常聪明的方法,这也是我们一直提倡的团队成员共同进步的协作支持法。真是非常好。我觉得你管理自己的时间、管理学习内容方面都是相当有选择的。什么时候要做什么,你都非常清楚。

徐旻菲:还好啦。

慢工出细活,优化作业品质

黄碧芬:你通常自习时间怎么安排?

徐旻菲:自习啊,因为我写作业挺慢的,我比较喜欢慢慢写,写得很认真,刚开始的时候字都是一个一个写,写得非常慢,我喜欢写得清楚整洁。所以基本上自习都在写作业。

黄碧芬:虽然写得比较慢,但你对自己写下来的内容是充分理解的?

徐旻菲:是的,我觉得质量会比较好。

黄碧芬:慢工出细活嘛。现在社会工作生活的节奏太快,许多人都在反思如何让生活节奏慢下来。就写作业而言,更多追求对题意的理解,准确地表达,慢而突显品质才能长长久久。那么多学科,你有办法都顺利完成,都能够做得完,这就说明节奏也不至于太慢。

徐旻菲:像高一的时候,听人说文科的作业基本没有写,因为没时间,但那时我也是完全写的。高二还好一点,周末我就会多看一点书,老师会布置看很多书,我觉得还是很有帮助的。

黄碧芬:对你有帮助的课外阅读一定是很愉快的事情,你本来就这么爱看书,这是一辈子的好习惯。在高一时要完成这么多学科的作业,而且都做得这么好,你需要加班加点吗?

徐旻菲:没有啊,我周末还会写一些奥数题。

黄碧芬:写一些奥数题? 是你自己的选择吗?

徐旻菲:有时间就写,一般会空出星期天来写,但就是没有办法花更多的时间去投入,只是纯粹喜欢这样学习的快乐,并没有办法达到像范睿托那样的境界。

黄碧芬:范睿托同学我也采访过。他是把数学竞赛当运动来享受的人,非常愉快而又很有效率地投入。但我认为你也做出你自己的风采了,你会从周末额外的数学竞赛学习中得到自己纯粹的快乐,这已经很不简单。由此,对你的课内数学学习有帮助吗?

徐旻菲：有些帮助。平常考试就有些地方会粗心错，但对试题的理解基本上都是可以的。

黄碧芬：那些竞赛内容和你们日常教学的内容还是蛮不同的，那些竞赛内容你也可以做得进去或听得进去吗？

徐旻菲：我觉得听的话，纯粹只是先把它记下来。我还是比较习惯一题想了很久，然后如果想不出来再去看答案，再看一些变式题。

黄碧芬：你觉得这样的学习对你有帮助吗？

徐旻菲：有啊。**它会让我思维更开阔一点啊。**

黄碧芬：思维更开阔，是否意味着数学的思想方法也会更好？高考数学是不是也考得很好？

徐旻菲：这次数学大家都考得很好，就没有优势啦。

黄碧芬：平时数学其实还是你的优势科目。

徐旻菲：对。

黄碧芬：对女孩子来说你这种类型是比较少的。那么对英语的感觉呢？

徐旻菲：英语我觉得到外国语进步很多。我小时候就喜欢看书，**小时候翻到我妈有一本语法书，那时候不知道为什么还觉得挺有趣的，也会自己看起来。语法大家都觉得挺枯燥的，我这就有了点基础。**然后考到外国语，我们初中英语不是学得挺难的嘛，与岛内同学相比，我们岛外同学是有不足的。那时候我的成绩只是中上，没有办法达到顶尖。但是**我一直稳稳地独立学习，老师说读报，或者是做一些摘抄什么的，我都认真完成。到了高中，再布置摘抄时，就算只要求摘抄 5 个词，我通常会摘到 8 个、9 个，一般看完一篇文章，我会觉得很多词都挺好的，就会多做几个。**

黄碧芬：这样做的结果必然会让你的英语学习能力不断进步。你什么时候感觉到你的英语水平与岛内同学相当了？

徐旻菲：高一的时候我的英语成绩好像就可以排到班级第二之类的。到高二的时候就经常年段第一。

黄碧芬：这说明你对英语的学习管理是非常到位的。你是怎么做到的呢？

徐旻菲：不是有听说读写嘛。老师会布置我们录音，我会录得非常认真，基本上是把那篇课文都背下来了。而且录非常多遍，也听得非常多遍。还要练听力、语音语调什么的。

黄碧芬：你是抓住语言的学习规律主动投入练习的。听说能力本是我们学校的强项，你的自觉投入，使它很快也成了你的强项。

徐旻菲:但是可能我在交际方面还是比较少练,所以口语没办法非常好,现在还是没有非常好。

黄碧芬:能意识到不足,就有机会去改善。没有去参加英语角什么的练习活动?

徐旻菲:没有。我还是自己默默地学比较多。我觉得我们外教课还是开得挺好的。**老师很强,要求也高,他布置一些任务我会主动去完成,感觉还是学到很多。**

黄碧芬:对老师布置的任务不打折扣地完成,其间还可能会产生很多新发现,也常给自己一些挑战了是不是?

徐旻菲:有挑战的任务比较有动力。

黄碧芬:对,有挑战更有动力。**真正爱学习的同学都更喜欢有挑战的任务。**

人强我强大家强——欣赏周围同学的积极品质

黄碧芬:你这样的心态和学法在同学中有交流吗?

徐旻菲:我高一时所在的班级挺出色的,我想说的是班级各方面的人才都有。像许欣儿你认识吗?

黄碧芬:认识,我也采访过她。

徐旻菲:她比较外向嘛,她做班长会搞许多活动,还会搞模联什么的。跟她在一起,就可以学到很多东西。

黄碧芬:是,你也到模联社吗?

徐旻菲:没有。我曾与她做过室友,有接触到那种文化。

黄碧芬:你觉得她主要是一种什么样的风格?

徐旻菲:她就是一种外向型人才。比较擅长交际,还会想出很多点子来。

黄碧芬:擅长交际,想出点子,联络同学,给同学分配任务吗?

徐旻菲:会啊。

黄碧芬:那分配的任务适当吗?

徐旻菲:比如我们班级的一些活动,像元旦文艺汇演,要表演的节目都是她安排的,合唱啊什么的都是。安排得挺好的,我们只要顺从和维护就可把它做出来。

黄碧芬:真了不起。在同学自己组织的活动中都让你感觉到有新鲜的东西可以学。对班级还有其他感受吗?

徐旻菲:我们那时候四人小组很强嘛,我同桌是林曼欣嘛,她很擅长管理时间,除了课内学习之外,还会看《环球时报》什么的。她还可以晚睡早起,好像睡眠时间不需要很多似的。这样她就拥有了更多时间,她就可以多学很多内容。而且她也像我一样认真。本来我有时候也会偷懒,没有办法一直那么认真,但是跟她做同桌,就逼着我一定要认真。

黄碧芬:伙伴相互影响的力量真是非常大。我注意到你很善于采集同学身上显露出来的那些积极品质,欣赏对自己、对班级有贡献的工作方法,挺好的。你刚刚介绍的几位都很强,包括你自己也强。你给他们的最好的影响是什么,你知道吗?

徐旻菲:应该也是认真吧,还有细致。可能就成绩一直很稳定,让他们也要向前冲。

黄碧芬:真是一个很好的团体,相互之间都在不断吸收好的信息和影响。跟老师交往的感受呢?

徐旻菲:高一的时候主要是自己学习,就没有怎么跟老师交往。我还是比较喜欢有问题自己解决,觉得自己解决比较有收获。一般也没有遇到什么不懂的。到高三就要跟老师多交流,因为有时候会觉得挺迷茫的。在复习过程中会有高原反应,会遇到成绩没有办法提上去等情况,就需要跟老师交流请教。老师会鼓励你,会跟你一起发现一些问题。

黄碧芬:老师也都很了解你们的整个学习状态。

徐旻菲:他们会通过一些成绩表现来看问题。

温故知新还是需要耐心细致的创意投入

黄碧芬:那么学习新知识和复习,在你看来学习方法上有什么不同?

徐旻菲:学习新知识重在理解和记忆。复习就需要对学过的知识再过一遍,有时候就容易因学过而不耐烦,就要争取在看第二遍的时候能够再发现一些东西出来,这样会比较有乐趣一点。

黄碧芬:对啊,这就是温故而知新嘛,当然,还有知识的系统化。

徐旻菲:比如说,生物科重在课本,就需要对课本逐字逐句、每个角落都看过去,就可能会发现一些挺有趣的东西。

黄碧芬:我觉得你始终会让自己从学习过程中找乐趣。你既会找乐趣,还会去找挑战,遇到难题不惊慌,还觉得是很刺激的自我训练,自己愿意去思考。你真是天然就具备了很好的学习品质,这样的状态走在学习或工作的道路上都会更有幸福感。

徐旻菲:而且就是不要给自己太大压力,自己能到达什么水平就什么水平。

黄碧芬:对,爱学习又不畏难,还会有什么过不去的坎?那么对未来的发展有什么思考?

徐旻菲:未来还没有想好。

黄碧芬:曾经有什么想法?

徐旻菲:我看到清华大学提供的专业选择,每一个我都觉得可以做下来。

黄碧芬:兴趣很广都可以对接的感觉好好啊!后来录取到清华大学的什么专业?

徐旻菲:经济与金融(国际班)。

黄碧芬:对这个专业的选择有点挣扎吗?

徐旻菲:我还真是比较迷茫呢,我妈妈觉得学这个专业比较好。

黄碧芬:这样啊。商业社会,对经济与金融专业而言,高端、中端、低端人才肯定都需要。入学后可以多做专业性质及其未来发展等方面的了解。以你的学习能力,我想你在学习上的适应性应该会比较宽。你数学很好,其他各科的学习也都很有感觉,很到位,相信这些贮备还会经常让你自然有迁移运用的种种契机。我觉得你实际上已走出一条学校课程也可以快乐又高效学习的路子,还是一种很稳健的走法。有没有什么时候厌学过?

徐旻菲:厌学?就复习的时候有时候会有点厌学。我不喜欢复习。以前学习新知识就是平时认真学,考试前反而可以放松一下,基本没有复习。高三整一年都要复习,你又不可能放松一年,所以有时候就会有点厌学。

黄碧芬:你还真实践了"不考不玩,小考小玩,大考大玩"的牛人学法。因你平常学新知识的时候就很扎实,重在理解和应用,才有可能在复习的时候放松一点也会取得好成绩,这是真正高水平的读书法。你这样的人怎么可能考试焦虑呢?没什么好焦虑的嘛,心里都有数。所以你确确实实是很适合读书做学问的人。

徐旻菲:我觉得学校给我们的一些意见就很正确。会让我们多去参加一些课外活动,我就看到我们班很多同学会去踢毽子、打球,这样子可以减轻一些压力。

黄碧芬：对啊，张弛有度。上课时专注投入学习，休息时通过运动来舒缓调节身体。你会去运动吗？

徐旻菲：我比较喜欢慢跑。

黄碧芬：慢跑？可以跑多少米？

徐旻菲：最多就四千米。

黄碧芬：四千米？

徐旻菲：对，是最多，高三上学期多数跑七圈，下学期多数四圈。

黄碧芬：已经很厉害了！每天都跑吗？

徐旻菲：高三基本上都有跑。除了大考前怕突然受伤，就没有去跑。

黄碧芬：是你们全班的行动，还是你自己的行动？

徐旻菲：我自己。有时候碰到同学就一起跑。很随缘。

黄碧芬：很随缘地运动，对你来说就会很放松。

徐旻菲：嗯。有时候就会看到一些很熟的面孔，一直在那边跑，就会有动力要坚持下来。

黄碧芬：对，运动也需要互相感染、互相鼓励哦。看你这样一个小巧玲珑的女孩，意志力挺强的嘛。写作文这一块呢？

徐旻菲：写作文？

黄碧芬：对啊，包括中文的学习，语文的学习？

徐旻菲：作文很难讲，因为好像评卷老师的口味是不一样的。我就是多看一些课外书，积累一些东西。

黄碧芬：嗯，平时的积累是很重要。

徐旻菲：我们老师很会教写作，眼光也很好，经常会把班级一些范例展示给我们看。我们就觉得那样很好啊，那些精华的片段都很厉害，就会模仿。

黄碧芬：你们语文老师是谁？

徐旻菲：雪梅。

黄碧芬：雪梅啊，很大气的老师。我看过她的一篇教师获奖征文，就觉得她是那种大气蓬勃的老师。

徐旻菲：她很有才华。

很有美感品位的学习感受

黄碧芬：你如何面对语文的"背诵"。

徐旻菲：语文背诵，我好像有时候早上比较早起，或者晚上睡不着，就会把课文过一遍。就是太无聊了的时候就在头脑里过过这些内容，过着过着就睡着了。

黄碧芬：哈哈哈，无聊的时间都会被你打发来做有用的事了。

徐旻菲：而且我们现在要求背的一些文章，其实都是非常经典的古文。就觉得那些字句都写得很好，读着根本不讨厌，还可以用于写作文。

黄碧芬：对啊对啊，你这孩子就是学以致用型的。你才不会只为了考试去背书。

徐旻菲：而且那些文章也选的很好啊，这样连贯读下来，就感觉到有一种文脉、文气在里面。读起来挺舒服的。

黄碧芬：非常享受啊。

徐旻菲：对，有一种美的感觉。

黄碧芬：美的感觉！能体验美的学习是很幸福的。在语文学习之外，其他学科的学习也有这种感觉吗？

徐旻菲：美的感觉吗？

黄碧芬：对，美的感觉。

徐旻菲：都有啊。

黄碧芬：都有，天啊！比如生物的美是什么样的美？

徐旻菲：就会想去了解那些细胞啊，个体啊，是什么样的，感觉自然界就是这样和谐统一的。

黄碧芬：细胞也好，生物体也好，自然界也好，本来就都是一个个相对独立的整体，相互之间还存在着直接或间接的联系而和谐统一的美，你的理解太到位了！那像数学的美又被你怎样解读呢？

徐旻菲：数学的美？数学就是我们要用最简单的方法，最简洁的语言，把一个题解答出来，让别人看得懂。因为它存在一些技巧，有时候你想得很复杂，就会写得很长冗，就不能够把那个问题简化。

黄碧芬：用最简单的语言，去解释那个特定的问题，而且还要尽量通俗易懂，真是太了不起了！我有好奇心要一科科问你的美感都在哪里了，你别不耐烦哦。化学的美在哪里？

徐旻菲：我觉得化学的美对我而言不是真正意义上单独存在的美，化学的美比如在推断一些元素时，就用到一些数学的知识。

黄碧芬：还可以用数学的知识去推断哦？

徐旻菲：对啊。

黄碧芬：这样啊，它这是怎么通融起来的？这个经验有跟同学们分享过吗？

徐旻菲：因为有时候解释不怎么清楚。

黄碧芬：但你自己是可以感受的。所以**知识在你的头脑里都是可以灵活调用的**。真是太幸福了。我们谈到这，我忍不住再感叹，你能够把书读到这种份上，很享受它，又经常有新的感觉，有美好的感觉，真的要很珍惜自己，要善用自己的资源。

徐旻菲：但是以后就很难这样子了啊，没有一个学科可以包容这些东西。

黄碧芬：这是什么意思？

徐旻菲：上大学以后要怎么办？

黄碧芬：有好多未知和不确定是不是？没问题啊，你去学了你自然就会有了解。而且每个学科，多多少少都会涉及一些中学学过的知识基础，重要的是**你的治学态度和学习能力**。大学也有专业基础课和专业课，每一科都有它自成逻辑的知识体系。你很善于自我提问而组织学习内容，也乐于迎接有挑战的学习，到了大学，开启了新的学业之门后，我相信你同样会有新发现并找到新乐趣的。这方面你还有担心吗？

徐旻菲：有一点。

对未知还有一点担心

黄碧芬：是什么样的担心？

徐旻菲：担心经济与金融不是很有趣。

黄碧芬：这可能还是你对它不够了解造成的。你现在对经济金融有些什么样的理解？

徐旻菲：**我个人是比较喜欢探索一下大自然的奥秘**。有点不现实，很想知道宇宙是怎么形成的，我觉得每个人心中都有这样的疑问。但是自己不可能去真正找到那个问题的答案。

黄碧芬：可能是问题太宏观而看不到切入点。你喜欢探索大自然的奥秘，是否也可以拓展一点包括种种社会现实存在的奥秘？人生时间有限，我们很多人都会感到难以穷及。所以，**随着学习的深入，你可能会形成自己更能探究也更乐意探究的具体问题**。自然科学研究的许多重大发现都有些偶然中有必然的意味。社会科学呢，同样会有些专门的研究目标，也会有些特别需求派生出来的研究问题，这可能相对都会比较具体，走进去才会知道。我有些疑惑的是，你既然对大自然奥秘那么感兴趣，那你填报志愿的时候，有没有多做相关了解和咨询？

徐旻菲：他们让我随便选。

黄碧芬：当时到底给了你几种专业的选择呢？

徐旻菲：就理工科的。

黄碧芬：有什么选择？我了解一下。

徐旻菲：那么多，我也忘了。

黄碧芬：他们是清华大学招生组的，专门把你们约过去，是吧？

徐旻菲：对。

黄碧芬：那他会给你介绍，他们有什么样的专业吗？

徐旻菲：我们之前去咨询还不知道分数，他给我推荐一个化学工程和工业工程，还有一个是能源实验班。这些好像都是生产方面的，不是发现那一块的。

黄碧芬：你说的那种发现，是特指什么样的发现？

徐旻菲：就是探索自然奥秘的发现。后来成绩出来了，觉得挺高的，就说可以报最好的专业，随便挑。

黄碧芬：那最好的专业包括什么？除了你这个经济与金融以外，还有什么？

徐旻菲：这个应该是最好的。

黄碧芬：还有呢？

徐旻菲：还有建筑学。

黄碧芬：建筑学，还有呢？

徐旻菲：其他就不算是最好的。

黄碧芬：你自己就挑了这个"经济与金融"吗？

徐旻菲：我妈帮我挑的。

黄碧芬：你当时自己没有想法吗？

徐旻菲：之前老师也有问过我，数学老师有问过我，你要读什么？我就说不知道，觉得都可以。他就问我家长什么意见？我说我妈比较喜欢我读经济类的，他就说既然你觉得读什么都可以，那就还是听一下家长的意见吧。

黄碧芬：总体来说，你的好资源并没有浪费。主要是你的适应性本来就宽，之前又没有做过个人兴趣与职业种类的匹配探究，在清华大学，这又是最好的专业之一。当然，好的标准是什么？恐怕也会因人、因社会的发展水平而异。以现在对你的学习情感和学习能力的了解来看，我相信你经过一段时间的学习了解，自然会找到自己的研究方向的。

徐旻菲：……

黄碧芬：我对这个专业也不太了解，只是大致知道在世界范围内，经济与金融领域必须面向社会经济发展和民生安宁做出相应的理论和应用研究。在国家长治久安的高度、在国际范围的经济流通政策，听起来都很宏观很重要，影响力也特别大。你站在什么立场，要解决什么问题？你的研究成果将为社会、为生活在不同阶层的人们带来什么影响？你们这些未来的研究者要对经济发展规律、对时局、对世界的良性发展有很清晰的认识。绝不是简单的收支运算而已，它一定和社会发展有很多相配套的联系的。所以我在想，像你们这样的专业，肯定是需要全才，需要有广博知识基础的人才更能胜任。当然像经济学可能也借助数学手段做很多模型，你可能还需要通过分析很多数据，分析很多资料，去发现一些问题。和自然界那种很具体的物质探究可能会有所不同，但都不能脱离实际，都有其存在或发展的条件、原理和价值意义。你原来比较心仪的关于自然奥秘的探究，一定很适合你，只是你自己不够明确要什么而不能有坚定的自主选择而已。那么，鱼和熊掌不可兼得，先珍惜拥有会比较舒服。还很难说下一阶段你会如何发展呢，是不是？

徐旻菲：每个人都会有这些兴趣嘛，但是不一定会达到研究的高水平。

黄碧芬：没有关系，因为这是一种素质。无论做自然科学研究，还是社会科学研究，要出成果，要有效解决现实问题，都是不容易的，都需要潜心钻研。有时一个实验设计可能费尽周折还是没有得到预期的结果，真正的科研学者就需要从中还能有所发现，有所取舍。而且还得调整保持或重新界定自己的研究方向，调整研究方法，这需要多大的耐心与韧劲啊？！所以我觉得**学问做到高处，特别需要具备很细致、很周密的思维品质和专注的行动力**。具备这样的品质，不论你做经济金融，还是做自然界的探秘发现，我认为都是通用的。因为你的学科知识很扎实，又没有什么偏科的，所以你会有比较宽的适应性。

徐旻菲：听您这样一介绍，我感觉安心了些。

黄碧芬：这是生涯规划的课题，我们还该有更充分的学习与分享。

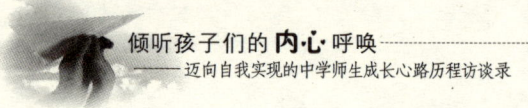

单纯而又求真向善的内在追求

黄碧芬：现在来谈谈宿舍生活吧,你住校六年,与同学相处顺利吗?交往方面有自己的选择吗?

徐旻菲：没有,随便啊。与大家交往也都还好。但可能我比较内向吧,宿舍有时候同学会从家里带东西来分给大家,因我自己比较拿不出什么太好的东西,就比较不敢拿别人的东西。

黄碧芬：怎么说?

徐旻菲：就是宿舍大家会带一些吃的来分享。而我不想总吃别人的东西,很不好意思啊。其实大家相处很好,也许不必太过小心。

黄碧芬：是啊,这方面也是要随缘一点。同学带些东西与大家分享,我觉得不需要去比什么价值高低,只要真诚就好,是你特意为大家带的,那就OK。人家与我们分享时,越是自己没见过、没吃过的,当然越有新鲜感啦。快乐享用、真诚感谢、积极回应就好啦。你一味躲避反而有些不通人情而有别扭感嘛。可以在自己能力范围内尽量考虑预备分享同学们更喜欢的。那么精神方面呢,能与同学顺利分享吗?

徐旻菲：我自己没有什么困惑啊,所以就没有特别跟同学……

黄碧芬：你是说没有特别需要倾诉的感觉。

徐旻菲：是的。

黄碧芬：你自己的生活比较充实,又都在你力所能及的把握中,所以你有一种内在的单纯。

徐旻菲：我们老师也都说我很单纯。

黄碧芬：很单纯本身就是一种可爱的好品质。下面我们再谈几个中学生关心的热点问题。就你而言,你觉得爱情和友情有什么不同?

徐旻菲：我一直都不是太理解,爱情可能就是喜欢一个人吧,有点想要去占有他。友情应该就是君子之交,在一起很开心,离开了也没有非常不舍,就觉得是缘分。

黄碧芬：这感觉还是蛮实在的。友情有很多选择,还允许共享。而爱情会更浓烈一点,而且有专一性的要求,不愿意跟别人分享。所以中学生一旦陷入到追求爱情中……

徐旻菲：就会比较局限。

黄碧芬：这是你原来就看懂的问题吧？

徐旻菲：现在知道了，在讨论中。

黄碧芬：真是严谨的孩子。跟爸爸妈妈会讨论这种问题吗？

徐旻菲：不会。

黄碧芬：那你们同学之间呢？

徐旻菲：我们分班后与以前不同班级的人住同宿舍，他们有时候会讲年段上一些不同的情侣。因为我都不懂得他们谁是谁，所以听着听着就觉得没什么意思。

黄碧芬：这又是你内在单纯的反应。自己没有这种需求，也不爱打探别人的"八卦新闻"。省省心做好自己得了。我想了解的是当别人讲得热火朝天的时候，会觉得有缺失吗？

徐旻菲：嗯。有时候会觉得有一点。**但我觉得高中追求爱情还是太早了。**

黄碧芬：为什么会这样说呢？

徐旻菲：虽然也听说有一些爱情可以促进学习的实例。但更多的我觉得还是会沉陷下去。

黄碧芬：是这样的。**中学生的自我还未充分发展成熟时要驾驭真实的情感是很不容易的。真正的相互理解和促进，还要有真情的珍惜和回应，爱是一种高级能力，对人的个性品质修养要求比较高，需要时间和经历来感受和解读。** 现在最可怕的现象是有些人（成人、青少年都有）身体机能的需要或物质的追求都高于精神的需求，交往模式和处理问题的模式就自然存在问题，当事人还往往是非不分，给个人、家庭、社会都带来伤害，很不可取。在对生命意义、人生观、价值观这样一些比较深的问题上，你有一些什么样的思考或感受？

徐旻菲：我觉得人生就是要追求美好的事物，探索真理，感受快乐。

黄碧芬：很美好的人生观。具体来说呢？

徐旻菲：针对个人而言，我考虑到我们是住在同一个地球的集体中的人，还是希望能够对周围的人做一些贡献，改善他们的生活。让每个人的生活都是美好的，就这样子。

黄碧芬：非常正向的人生态度。在这种真善美的大前提下向前走，会走得安宁而宽阔。我好奇的是你虽然一直处在个人单纯耕耘的学习生活状态中，内在却惦挂着地球与人类的生活品质，还让自己至少能够关心一部分人。真好！黄老师有理由相信，你一定会有作为、有成就的。那么从你自己来说，如果让你给自己一个评价，用四五个词来概述你自己，你会喜欢用什么？

徐旻菲：不知道。

黄碧芬：还很少这样探索哦。

徐旻菲：对啊。

黄碧芬：试试看嘛，因为了解自己的人就是自己嘛。

徐旻菲：就是概述比较难。

黄碧芬：试试看，这个不是标准答案，只是一个感觉，觉得你自己是什么样的。像你刚刚讲的，**认真、细致，就是一个很重要的特点。还有呢？**

徐旻菲：**很有耐心。**

黄碧芬：耐心，还有吗？

徐旻菲：**很投入。**

黄碧芬：对关心的事、正在做的事情很投入，很好，都是很美好的积极品质。

徐旻菲：**缺点就是太小心翼翼了。**

黄碧芬：谨慎的另一面常常就是小心翼翼，还有呢？

徐旻菲：要哪一方面的词啊？

黄碧芬：都可以，你想到什么就是什么。正反面都可以。

徐旻菲：**有时候会有点忧伤，无缘无故的。**

黄碧芬：这样哦，这个我们稍稍拓展一下，一般是什么时候？

徐旻菲：**就自己一个人啊，在看风景的时候，会觉得。**

黄碧芬：反而是比较轻松的时候。**你在高度投入做事情的时候，倒不会。**

徐旻菲：对啊。

黄碧芬：看风景的时候，真是一种美丽的忧伤，可能还是需要知心朋友的分享吧？

徐旻菲：**大家都觉得我成绩好嘛。我如果稍微说我不好什么的，他们就很不屑，就没有人会真正理解我。**

黄碧芬：在你很自然得到的成绩，别人可能努力半死都不能如愿，所以他们才这样回应你。心理学总说个体差异普遍存在。就是说人的存在状态、内在感受和内在需求真的是很不一样的，要真正理解人不容易，要真正尊重他人也很不容易。你说的明明是实实在在的感受，别人却不能体察，是因为个人景况、内心追求都有太多不同。在学校，像你这样成绩一贯很好的人，既幸运，又难免孤独，是不是？

徐旻菲：是。

黄碧芬：我觉得你用词很准确，这会有点儿忧伤，也就是一点点，还不会把你怎么样哦，因为你更多的时候是投入于你很享受的学习状态，对不对？我没白问你这个问题，你这样的一个反馈，让我很感动。有一本书叫做《人格的魅力》，老狄维士写的，很通俗易懂，对人性有很好的解读。他强调人首先得学会让自己独立做正确的事，特别是自己想做的正确的事，这就会发展出很有力量的品格，由此拓展开去，还能够更好地帮助他人做正确的事。当你能这样真诚与他人分享共鸣时，能部分缓解你的孤独感。你已养成很好的做正确的事的品格，你的诚实、耐心、认真、细致、投入等，都是很有益于学习和工作的品质，而正确地学习与工作是生命最可靠的建设。现实社会生活中，浮躁好像随处可见，你拥有的耐心、细致、投入反而是珍品。现在我完全能明白为什么你能够一直保持学习上的稳健了。如果请你给学弟学妹一点儿建议，你会更愿意跟他们讲什么？

徐旻菲：我希望他们能够像我一样去发现学习的乐趣。很多人会觉得学习很苦，其实不尽然。学习的乐趣并不是很浓烈的，投入时候就会觉得挺舒服，挺自在的，然后学到一点东西。

黄碧芬：非常好。其实专注投入的学习，看起来不是轰轰烈烈的，却因你不断有所发现而有乐趣。这个经验真是可靠又宝贵。我也常与学生分享学习就是探险，学习上确实有很多很多可以探索的空间。如果让你给我们学校一点建言呢？你在这里过了6年，又是寄宿生活，方方面面都有很多亲身体验吧。

徐旻菲：我觉得我们学校很棒了啊，开展一些活动方面挺棒的。教学也很好，恰如其分，作业量也不会太多，而且环境也很美。

黄碧芬：环境也很美哦，高中特别舒展。

徐旻菲：对。就是好像少了一点志愿者活动。

黄碧芬：学生会有一些，比如说到博物馆去做义务讲解员。

徐旻菲：那种是保送生。就是没有那种高一高二就开始做的。

黄碧芬：其实还可以从初一就开始选择，是不是？各年级都可以有自己的志愿者团体活动。在你看来，这个志愿者活动做一些什么好呢？

徐旻菲：我们同安那边，就有一些中学，我们有一个图书馆，他们就组织学生去开展图书上架活动。就是有一些书归还之后，把它们回到原位。

黄碧芬：到图书馆去做志愿服务。

徐旻菲：这类活动不会很艰难，就挺简单的嘛。但是有去活动就感觉在帮

139

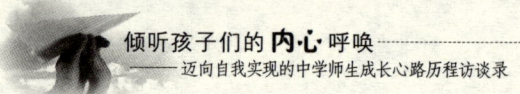

助其他人,对社会做一点点贡献那种感觉。我很羡慕他们。

黄碧芬:那你自己倒是没有特别去选择这样的项目做?

徐旻菲:感觉学校没有组织。

黄碧芬:倒是在这方面,那些出国的同学,他们就自动选择参与了很多类型的志愿活动,有些还是相当了不得的项目。这么说吧,就你而言,**就你这种学习状态,适当拓展做些公益的志愿工作,并不会耽误你学习,是吧?**

徐旻菲:不会啊。

黄碧芬:看来志愿者除了在校外服务,在校园内,同学们也可以组织一些相互服务的团体,人的发展水平不同,所需要的服务就不同,还有我们共同生活的校园环境还很需要建设与维护呢。

徐旻菲:比如说呢?

黄碧芬:比如还是有很多人学习困难啊,有的同学很需要学习如何善待自己,善待他人,与人协作啊,还有如何同情弱者,更充分地帮助他人改善被困的局面啊?等等。**我们的校园里各种各样同学的优秀资源一旦得以调用,其能量一定非常之大。**当然走到社会上,寻找和发现跟社会有一些关联的又能丰富和锻炼自己生命发展的体验和实践的途径,都非常好。这个建议很好,我们会积极反馈。很享受与你的深入交流,谢谢你告诉我们这些真实的感受和经历。

徐旻菲:感谢老师和我的交流,我觉得收获颇多。

精彩聚焦

不夸张地说,徐旻菲同学让我看到了一个在现实社会环境里未受到"污染"的可爱女生。十几年的学校心理辅导工作经历,这是我唯一直接遇到的与学习效果密切相关的十大心理品质都发育得很好的学生。她的学习乐趣和学习能力都是从小自然形成的。她的家庭环境给了她无条件的爱和允许她独自慢慢享用的精神营养。被她误解为很强势的母亲,其实有很得当的爱的表达:只要她读书读得痛快,而不强调学习名次;能够给他们父女以生活上的关心,以给他们一个干干净净的家为己任,而不计较得失;在女儿的强烈争取下,她能够放下担心,适时让步。

厦外的课程学习和师生、同学的交往内容都较好地拓展了旻菲的学习视野,她实际上享受到家庭和学校的双重滋润。她安静内敛的个性具有很强的反思能力和体验能力,如荣格所说的是"个体化"完成得好的趋向完整的人。这样的个性使她善于与一切有生命的东西,甚至与无机物、日月星辰,都能建立起一种亲密无间的关系来。在她安静单纯的外表下,自然流淌着一种浓厚的向真、向善、向美的情愫。她内在体验着的、蕴藏在对知识真切感知基础上的生动情感不断丰富着她的心灵,也帮助她很好地开启了一扇扇认识和了解世界的窗口。她的学习态度、动机、行为,尤其是她特别钟情于自然真理的学习与探究热情,以及她能关注到的"让住在同一个地球上的人都生活得美好"的心愿,都让我有理由相信她的未来无可限量,她一定会以自己的方式为人类的和平幸福作出自己的贡献。

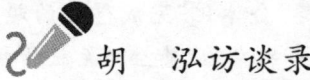 胡　泓访谈录

统筹兼顾赢得学习发展的自主权

访谈嘉宾：胡　泓
　　2011年考入北京大学数学院
访谈主持：黄碧芬
原始记录：陈　莹
整体梳理：黄碧芬

初一时小小的他就自愿多学一点

黄碧芬：很高兴邀请到你，我们已采访了你的一些保送的同学、出国的同学，现在还有你们这批参加高考的同学。

胡　泓：第一次接受访谈，还不晓得自己能谈什么。

黄碧芬：管段和潘丽老师都向我推荐了你，说你是将高中课业与物理竞赛兼顾得很好的代表。你在高考中也取得了显著成绩：理科第三名，今年理科的前两名好像都是女生？

胡　泓：（笑）这几年都是女生考状元，男生考试考不过女生啊，因为今年数学考得简单，女生文科有优势。

黄碧芬：（笑）这个潜台词是不是考难点，排前列的就可能是男生啦？我跟你打电话预约时就知道你是一个很有意思的孩子，爽快而又不失尊重。你也是初中就在咱们学校就读的吗？

胡　泓：是，我初一到高三六年都是在本校。

黄碧芬：那么，在你的经验里面，初中阶段和高中阶段的自我要求与学校要求，有什么不同吗？

胡　泓：自我要求？**就我自己来说，自我要求肯定比学校要求高一点**。老师平时要求，就是上课认真听讲，作业认真完成。平时自己可能还会给自己一些更多要求，比如说，我课外参加一些竞赛，或者说参加一些什么活动啊，学校组织的一些活动啊。

黄碧芬:这些都是自己的选择吗?

胡　泓:对,这些都是自选项目,老师课堂教学的那些是必选项目,可以结合一下,根据自己实际情况啦,有些学有余力的同学就可以多参加一些活动。

黄碧芬:你的这种自我要求,从初中就有了吗?

胡　泓:初一开始,当时因为我课内学得感觉就比较好,课外有足够的时间,那就别闲着,就自己去拔高一下。

黄碧芬:当时选择了什么项目?

胡　泓:初一的时候选择的项目,主要还是学习上的东西,比如说奥赛之类的。然后,初二的时候有去管弦乐队待了一阵。高中以后是学校组织的大型活动,比如外语节的一些活动,我会去参加——就是丰富一下自己的课外活动。

黄碧芬:我经常听到同学说,初一的时候感觉压力很大,这么多厉害的人都撞在一起了。你倒是初一就游刃有余。

胡　泓:初一也压力很大?初一我发现很多人都没有使出 100% 的力气在学习。一般初一能考在年级最前面的,是他使出了比其他人更多的力气在学习。

黄碧芬:这样啊,以你的观察其实很多人还没有使出全力在学习?

胡　泓:我后来发现自己之所以能一路领先,赢得最多的还是在初一初二,因为到了初三大家都开始认真起来了。初一初二如果你比别人花更多时间,你起点就比人家高。

黄碧芬:起点高并保持努力就更容易领先。有些同学初三以后觉醒了才开始努力,有办法超越那些长期努力的人吗?

胡　泓:有努力通常就会有进步,在同等条件下,你短时间努力比长时间努力那效果肯定差了。慢慢积累下来的绝对是好的。

黄碧芬:很赞同你的观点,你的表达也非常到位。人的天性、智商可能不同,但做学问最需要的是真诚的态度和勤勉的努力,长时间努力和短时间努力所得到的历练不同,能累积的知识能力也会不同。

兼听则明,自己做主

黄碧芬:你在各个阶段都有些选修项目,这类选择通常是如何确定的呢?

胡　泓：自己会有些需求，也还是有参考一些他人意见，比如家长也会提一些建议啊，有时候跟家长意见与自己的意见不一致的时候，会让老师出来调剂一下。

黄碧芬：这样挺好的，你有自己的思考，又可以跟家长、老师交流。有道是"兼听则明"嘛。在与家长交流方面，你觉得父母给你的意见中肯吗？

胡　泓：有些意见不会完全符合自己的需求，甚至引起强烈的抵触，都有过。他们经历跟我不一样，所以看问题的角度也有些跟我不一样。

黄碧芬：这是很容易遇到的情况，那么，遇到这些冲突你会怎么办？

胡　泓：**通常我会用我自己的实际行动和成绩来证明我的这种方法是正确的。这样他们才能信服，如果我这样做下去有问题，那我也会听一下他们的，改进一下。**

黄碧芬：我觉得你们家的气氛很好，父母和孩子都能表达自己的看法意见，而你还拥有自己相对独立的主权，可以保留你自己的意见，并通过自己的实际行动来考察检验这些意见是否正确。

胡　泓：成绩要出来。

黄碧芬：方向对了，又会在可持续的努力中适当调整方法，成绩不进步都难。**考量一种方法好不好，当然要看做的效果和对人的影响。发展是硬道理。**你的坚持通常会有什么反应？

胡　泓：一般来说，我想要坚持的，我按照我这套来做，只要我做得有成果，父母都会支持我这样去做。但是**有些时候如果我错了，我也希望父母给我一个自己探索的机会，我希望自己拥有找到错误的自主权。**我不喜欢一遇到挫折就说我这个方法错，这也不行，那也不对。

黄碧芬：的确要深入探讨，才能更知其所以然。有没有遇到需要这样深入探究的时候？

胡　泓：有啊。

黄碧芬：可否举个例子谈谈？

胡　泓：比如说初三的时候，分班以后，我参加奥赛成绩不是太好。当时我爸妈就质疑我的方法，可我认为我的方法应该没问题，我觉得自己学习管理的主线不能变，其他可作一点调整。然后我就按照自己这条路走，直到高一高二的大考结果出来，证明我的这条路大方向是没问题的。

黄碧芬：**大方向把握好了，过程有些起伏是正常的，方法可以探究，总体能够有所控制和把握就好，越复杂的事越得有这样的弹性。**那么你敢于坚持走自己的路,并走出好的效果,是不是也多了自一份特别的自信呢?

胡　泓:就像改革开放以后,逐渐就是要搞市场经济。你也要经历一些失败啊,比如说价格啊、闯关啊,你也得经历一些失败的啊,但是最终市场经济还是成功了。肯定要有失败,你没有失败就没有发展。

黄碧芬:你真是很有担当勇气的男生。探索难免有损失,但不要陷在害怕损失的怨叹中,还要更有针对性地去探索、去解决问题,要允许自己可能走一点弯路,重要的是你愿意向前走,你愿意琢磨更好的方法途径。

胡　泓:我会参考他人意见,但我不喜欢把意见强加给别人的做法。

黄碧芬:可以探讨而又给人尝试和思考的空间,这要求一点不过分,这点其实是青少年的强烈需求,也是一种非常重要的内在发展动力。

统筹兼顾,赢得学习发展的自主权

黄碧芬:在学校的课程学习中,你有自己的独立探索空间吗?

胡　泓:在学校的课程学习中,我跟大家很不一样,因为我大部分时间是在自学。比如物理、数学课,我听老师讲的时候比较少。

黄碧芬:那是因为这些内容你已学过,你已经掌握了?

胡　泓:我已经掌握了,就读一些新的。但是也仅限于数学、物理、化学这些理科,文科的课还是要听的。自己没有充分学的,听老师讲印象还是比较深的。

黄碧芬:你非常清楚自己要什么,已知的,未知的,心里都有数。

胡　泓:还喜欢筛选更快掌握知识的方法。

黄碧芬:真不简单。可我还有个疑问,在一种特定的课堂环境里,你身在其中,却另做一套与他人不同进度的事,会难受吗?

胡　泓:习惯就好,能做到老师讲课你两耳不闻就是了。

黄碧芬:这不容易,你学过了还按部就班地按上课秩序走,是不是也有一个让自己验证所学效果及进度监控的需要?由教师主导的课堂教学,会有一些与你自学所不同的信息,可能是你特别有自己对学习重点进行把握的选择控制,才能安心不听课。就老师而言,如果知道你有超前学习过,知道你已经能理解掌握了,通常会给你这种自由,是不是?

胡　泓:是这样,慢慢地,我的抗干扰能力也强起来了。有些同学他们好像遇到一点噪音就读不下书。

黄碧芬：是的，怕错过又未能建立自己的学习路径的被动学习者最易受干扰。你具体是参加哪个学科的竞赛？

胡　泓：物理。

黄碧芬：那么去参加这样的竞赛活动，对你来说有收获吗？

胡　泓：**得到的东西非常多**。首先是一种自主学习的能力，因为竞赛必然要多学许多课外的东西，而且多数是自己来学的。**你这种自主学习的能力一旦得到锻炼以后，对你自己的学习管理，特别大学以后的学习管理是非常有好处的**。另一个收获是，因为我已想好以后是要学工科的，物理肯定是工科的基础，这就让我以后的起点也比较高。这两方面都让我感到非常有帮助。

黄碧芬：你怎么会那么确定地说你要学工科？什么时候开始有这样的想法的？

胡　泓：对工科的选择，可能还是凭感觉在说，高中学科的不断学习，我觉得自己对物理比较有兴趣，因为很多工科都是建立在物理的基础上的，然后就开始对工科产生兴趣。

黄碧芬：这跟你家长的职业有关吗？

胡　泓：没什么关系。他们一直叫我读经济的，经济管理，但我对这一点兴趣都没有。

黄碧芬：你父亲他本身是做经济的？

胡　泓：我父亲也是工科的。他要求的工科，跟我想学的工科又是不一样的。

黄碧芬：怎么说？

胡　泓：他是要求我去读他的那个专业，但是我对那个专业也是一点兴趣都没有。我想读我自己喜欢的，因为我对这个有兴趣。

黄碧芬：你父亲的专业是什么类型的？

胡　泓：航海。

黄碧芬：那你自己选择的方向呢？

胡　泓：我选择的是电子。这两个方向几乎没有什么交集的。

黄碧芬：那你怎么能这么确定的选择这个方向呢？

胡　泓：这个方向，我也记不清什么时候开始坚持的，但是**学习那么多之后，我发现这个地方最有得学，这个领域最有意思**。因为电子和信息联系在一起，21世纪是信息时代。虽然说发展很快，他们一直说这种知识更新很快，以后老了吃不消。但是我觉得这个最有得学，最有得学就会最有意思。

黄碧芬:具体在你选择的这个专业领域里,大致会有些什么具体应用发展的方向,你了解吗?

胡　泓:它有很多不同的专业分流方向,现在都是按大类招生,到大二分流。也就是取决于大一,大一你发现你哪方面比较擅长,会比较有兴趣,OK,大二再转。本科生教育的一个趋势就是淡化专业,加强基础。

黄碧芬:你怎么晓得这么多具体资讯啊!?

胡　泓:有自己去了解,去查各种资料,都有很清楚的介绍。比如说招生网站上就会把整个课程安排都跟你讲。

黄碧芬:你们年轻人网络工具用得很熟练,获得相关资讯变得相对容易了。我前面访谈的一些出国学生,他们大量的信息也都是从网上找到的。在中学阶段,你已经对自己将来的职业发展有了比较清晰的认识,这反过来也让你的学习更有动力吧?

胡　泓:那是。

自己探索攻克难题更有成就感

黄碧芬:你会不会与同学交流这些方面的内容?

胡　泓:不会。因为我们都有各自的兴趣。我通常会与他们就其他方面共同感兴趣的内容去交谈。

黄碧芬:能够确认和探究自己的兴趣爱好,又能自在地与他人交往,蛮幸福的哦,有没有幸福感?

胡　泓:我认为幸福感是在你获得一些成绩以后才会有的,我一般就是在自己通过自己的方法取得成绩以后我才有幸福感。

黄碧芬:可是很多大成绩是需要在不断努力之后才获得的,不管是你自己的方法,还是他人介绍的方法,只要能帮助你解决问题,都是可以尝试与鉴赏的嘛。在这样的进取过程中会有幸福感吗?

胡　泓:只要攻克难题,解出题目就很有成就感。因为我是在按自己的方法探索。

黄碧芬:看来你真是一位自主的探究型人才。毕竟你也一直在班级生活,你认为咱们的大班教学,有没有什么方法可以更好地提高效率呢?或者说可以让更多同学像你一样更有动力、更自主一点学习呢?

胡　泓:从教学来看,我觉得更多还是要靠自己,靠自己去学习。

黄碧芬:你是在几班?

胡　泓:14班。

黄碧芬:14班整体学习的氛围都比较好?

胡　泓:对,从晚自习就可以看出来。自习很安静,大家都在做自己的事情。

黄碧芬:对学习内容的理解和应用,的确是相当需要个体用自己的心智加工信息的,每天上这么多课,自然会有许多知识内容需要消化理解、融会贯通。大家都先专注于自己的学习理解,再带着疑难问题请教探讨的顺序会比较好,毕竟迎着高考的系统要求,其实各方面都要很周到地抓落实。

胡　泓:嗯,各方面都要前进,不能让哪方面有落下。

黄碧芬:像你这样的孩子,在读文科的这些科目中,会感到困难吗?

胡　泓:文科,我高一高二的文科积累少一点,所以到高三有一段时间比较棘手,特别是语文。因为语文学习更需要一个积累的过程,高一高二没有打好基础,高三就很头疼,所以要用功复习。初中语文我还是很不错的,但是到高一高二因为要读竞赛,难免会牺牲掉一些东西。所以这方面积累就少了。

黄碧芬:你讲的积累主要是指?

胡　泓:课外的。课外你看的东西越多当然也会更好,课外阅读服务于作文的效率是显而易见的,像今年那个高考满分作文,他就是读了很多课外书,做了很多笔记。然后又有很多练习,经常写文章。有读书积累,又有应用。

黄碧芬:嗯,要学以致用。

胡　泓:像一支钢笔,一支钢笔你要去吸墨水才能写,但是如果你不写的话,它就凝固了,你也写不出来了。

黄碧芬:这比喻相当贴切,先要阅读思考吸收知识营养,消化吸收后还得积极应用,知识才能活起来,才能变成你的能力、你的素养。在与老师的交往上,你会更多选择什么样的取向去交往?

胡　泓:一般来说都是自己有一些疑问再去跟老师去交流一下。

黄碧芬:带着一些问题向老师请教学习、磋商探讨?

胡　泓:是的,从我个人角度,我跟老师交流的大部分都是题目。就是遇到了一些疑问,纯粹是学习上的疑问,比如哪一个知识点怎么理解,我交流的差不多都是这些。

独处有建设，交往可分享

黄碧芬：这种交流是非常具体的，对老师来说，也是更容易跟你交往的。与同学的交往呢？

胡　泓：同学交往？我们更多的是聊些课外的东西。比如电脑游戏啊，或者NBA这种东西。

黄碧芬：你有时间玩吗？你要学那么多，比别人超前那么多。

胡　泓：可以玩，一天花半个小时到四十分钟玩一玩是绰绰有余的。因为你抽出这些时间玩一下，你的身体和精神都得到调节一下，反而有助于学习效率的提高。

黄碧芬：你自己能掌控，不会让它泛滥？

胡　泓：也会有掌控不了的时候，还是需要外界帮你控制一下。有时候玩一下，不知不觉一个小时过去了。游戏这种东西，说不准的。学习再好的人，一玩进去有时候真的是会陷下去。

黄碧芬：你通常是周末玩还是平常在学校也玩？

胡　泓：平时在学校比较没时间。

黄碧芬：所以周末让自己玩玩，放松一下，调节一下，跟同学们也有一个谈资？

胡　泓：对对对。

黄碧芬：那游戏外，同学之间还比较感兴趣聊什么呢？

胡　泓：篮球啊，NBA啊。

黄碧芬：篮球、NBA，这些都还是运动的话题，男生以懂运动、会运动为荣？

胡　泓：因为很多人都关注这个。

黄碧芬：你自己会去打球吗？

胡　泓：我最喜欢就是篮球。

黄碧芬：最喜欢篮球，平时你的运动项目就首选篮球吗？

胡　泓：嗯，对，篮球。

黄碧芬：专注的学习之余，又能经常享受动态奔放的运动，这样对你来说生活也过得有滋有味啊。

胡　泓：对对对。

黄碧芬：还有一个比较微妙的问题，我还想请教一下你这类型的男生。高中生都觉得自己长大了，有些同学好像也很迫切地需要亲密的异性伙伴，热衷于寻觅知心温暖的友情。你怎么看待这种现象？

胡　泓：我并不反对这样子，因为现在他们那种还不叫真正的谈恋爱。他们那种怎么说呢，就是一种比较亲密的关系，学习上互助之类的。我们年段就好多对。

黄碧芬：都只体现在学习互助上？

胡　泓：不是不是，就是你平时生活的各个方面，如果你只停留在学习上，那肯定不是谈恋爱。那绝对不是谈恋爱，太奇怪了。

黄碧芬：还是有一份特别的感情和期待？

胡　泓：那肯定有，而且很多都是公开的，我们也习以为常了。但是也没有说哪一个人就沉溺下去了。

黄碧芬：在你们周围，你觉得并没有太沉溺其中的？

胡　泓：没有。

黄碧芬：那我是否可以理解为，学校也好，家长也好，其实不必干预这类事情？

胡　泓：学校干预的，特别反对的是那种不在公开环境交往，却过多……怎么说呢，这好像不是很好描述。但是我是觉得这种东西，如果你处理好的话，是不会影响什么的。

黄碧芬：我注意到你强调了**关键是要处理好，要在公开环境正常交往**。两性关系有多种存在形态，关系定位不同，交往的方式当然也不同。特别需要真诚、尊重、理解、负责任。人的情感包涵着很大的动力，处理得好促进成长与发展，处理不好很容易变成"剪不断，理还乱"的纠结。

胡　泓：嗯，也有，**处理不好就变成纠结了。这个问题还真的是不好说，就是你不能把精神的追求都寄托在这种关系上，期待太高，你就不行。**

黄碧芬：主要是现在还没有足够的力量去承担相应的责任。欣赏而不越矩、交往而不打扰好一些。而且，许多高中生，其实自我意识、自我发展、与人交往的应对能力还不太成熟，要把握这些微妙的关系实在是不容易的。不如先建设好自己。我们都是从小就受家庭父母保护长大的人，家庭对我们很重要，你如何看待家庭？

胡　泓：感觉现在对这东西不是很有概念。但是我觉得家庭肯定是要放在首位。

黄碧芬：放在首位的意思是？

胡　泓：就是说，如果你让其他东西妨碍家庭的话，比如说如果你个人情感上出了问题，对你其他事情也是有损害的。

黄碧芬：也就是说，善于维护家庭的人，各方面会生活得更稳妥些？

胡　泓：我感觉家庭维护得好的人，他好像都非常自然，两边都不误的，两边都做得很好。

黄碧芬：这个"两边"指的是什么？

胡　泓：自己的事业和自己的家庭。他们往往是处理得很自然，没有说是哪一方面太过火，都很自然的样子。我该工作的时候就去工作，我该回去的时候就该回家。

黄碧芬：这本是可以兼顾的，是可以相互促进的。你们这些宝贝以后都是社会的精英人才，家庭的安宁幸福才有社会的安宁和谐。所以很感兴趣地特别多问一点。

儿时的努力和坚持已化为现在的陶醉和享受

黄碧芬：现在回到高中生活来，学校有这么多社团活动，除了竞赛以外，你刚才也提及参加过管弦乐队，你具体学什么乐器呢？

胡　泓：小提琴。

黄碧芬：小提琴不容易学。你从多大的时候开始学？

胡　泓：中班还是大班。

黄碧芬：这么早，学到什么程度啊？

胡　泓：学到十级。

黄碧芬：几年级达到十级？

胡　泓：六年级。

黄碧芬：六年级就学到十级水平，很了不起啊！刚才提到初二时参加学校管弦乐队，感觉如何？有意思吗？

胡　泓：现在想想是有意思，因为学琴这种东西，当你在学习的时候，必须练习那些特定的技术，你觉得很想摆脱它，当时四年级的时候根本不想学。

黄碧芬：现在能否再拾起来，偶尔也拉一拉？

胡　泓：有啊有啊，现在这种感觉真的是很喜欢。以前是抵触，非常厌恶。现在是放松，自我陶醉。真是长大了以后才有这种深刻体验。

黄碧芬：当时你如果没有再坚持一下，达到某种水平，现在就难有这种享受了。到大学打算继续吗？

胡　泓：有机会当然继续，如果丢掉太可惜了。

黄碧芬：对，让音乐的欣赏和享受伴随你的一生。

不妨碍他人是个人独立自由的基本前提

黄碧芬：再谈一点深一点的话题。我们同学都在学校生活了很长时间，你觉得学生作为一个人，与学校是一种什么样的关系？

胡　泓：首先，你必须保证你个人的独立，你才能来关心整体。

黄碧芬：保证个人的独立，才能关注整体？如何理解？

胡　泓：有一个姓杨诗人讲过，我必须首先作为一个个人来歌唱，我才能作为一个集体来歌唱。**这里强调的是我需要得到一个人的全面的发展，就是说我需要的东西我大部分都可以得到满足。**

黄碧芬：你讲到人的全面发展，这个概念的确很重要。你还讲了独立，是强调人得满足自己的基本需要吗？

胡　泓：对。**我这种独立是在不伤害别人的基础上**。我就举一个例子，就是美国吧，在美国的办公室里面，你讲一个黄段子，就要遭到法律的处罚，但是美国大街上到处都是脱衣舞俱乐部，就是说明这个问题。你在办公室里讲黄段子，你伤害的是别人的自由，但是你参加脱衣舞俱乐部，你没有妨碍任何人的自由。

黄碧芬：就是说工作场所是行使特定工作职能的地方，要维护良好的秩序，不可以随便打搅别人；而俱乐部是公众消遣的地方，可按你俱乐部的性质规则去玩。

胡　泓：对。

黄碧芬：这个例子举得太好了！这个例子非常恰当地定位了个人和团体的关系。团体一定会有自己的规范要求才成其为团体，个人要服从团体。当然，可能团体的有些要求不太合理，个人可以积极反馈意见，可以按程序去协商争取改善。

胡　泓：因为**团体是由个人建立的，团体需求很多都是大部分个人需求的体现，所以一般来说，维护团体需求也就维护了个人的需求**，这个关系搞清楚了，抵触就不会是很大的。社会都是由个人建立的，团体也是由个人建立的。

黄碧芬：像年段、学校开大会这样的事，必然要求大家遵守大会的秩序，这时候就不允许个人在那里叽里咕噜。是吗？

胡　泓：对，因为你伤害了别人听这个大会内容的自由，所以你这种说话自由是不会被允许的。你必须尊重他人听的权利和在台上的人说话的权利。

黄碧芬：必须尊重他人。我感受到的是你在自己求学和生活中的自由和独立，来自于你懂得这个分寸。

胡　泓：就是不要妨碍别人。

黄碧芬：非常好，这是成熟的认知。对我们青少年来说，这个关系的建立很重要。这个关系没建好，个人就容易歪来倒去——站不好自己的位置，还容易扩大自己所谓追求独立和自由的要求或权利，容易将自己凌驾在团体之上。那可能很多时候就要制造麻烦了，然后就要受挫折。所以你刚刚讲的那个例子非常生动。

不计得失不断前行的人才能赢得未来

黄碧芬：如果让你给学弟学妹一点建议，你更愿意跟她们说什么？

胡　泓：跟他们说，你不管是成功也好失败也罢，如果谁先把这些东西抛在脑后，然后向未来前进的话，那么你肯定是赢得未来的那个人。

黄碧芬：太好了！正是这样的。不论成功也好失败也罢，你能越快地把那些什么名利得失抛掉，专注于重要的工作内容，并享受拥有的生活，你就能获得可持续发展的势能，成就必然会在前方等你。不见得一定是站在顶峰的人，但一定是可以独立生活、享受生活、创造生活价值的人。

胡　泓：把你的经验教训保留下来。其他那些痛苦，或者是高兴、得意忘形，全部抛在脑后。**学生现在最关注的高考或者中考，其实都只是人生的某一个阶段成果。**

黄碧芬：而生活是不断向前走的。我们可以不断从中去吸取经验教训，取得好的经验，调适你的方法，继续向前走。

胡　泓：对。

学校就该是一个促进学生全面发展的地方

黄碧芬：如果要让你给我们学校的教育教学管理一点儿建言，你更想说什么？

胡　泓：如果说学校的话，**我最希望的是学校是一个可以让学生得到全面发展的地方**，这方面我觉得我们学校已经做得很好了。像外语节、艺术节、科技节、运动会、管弦乐团，那么多的活动，**不同的学生总是能在其中找到自己的兴趣点。**

黄碧芬：每个人都有自己的优势和兴趣爱好。学校有必修课程，也有自选项目，给大家搭建了许多自我锻炼和相互学习、相互协作的平台。**关键是我们怎样统筹自己的时间，更主动投入生动活泼的学习生活。**我发现我们很多优秀的同学正是在这样多向的学习练习中越来越能挑重担，并更好地展示了自己多方面的聪明才智的。能够这样来赞赏学校很幸福啊。

胡　泓：我们学校在厦门已经是一所不错的学校，我们的优势是很明显的。我昨天到新浪网清华一个专栏上看，也是一个福建省的中学生，他自我介绍，介绍了大半天，只有四个字可以概括：数学物理。不断的数学物理、数学物理，如果一天都泡在数学物理里，那太枯燥了。

黄碧芬：你们的生活丰富多了。大家谈的、大家关注的东西都很多。那么在精神世界这方面，包括你的日常学习收获，你对音乐的自我陶醉，你与同学、老师在多种活动中的互动心得……都属于精神修养的内容。当然还有心灵成长方面，你会有关注吗？

胡　泓：心灵成长？心灵成长是一个非常泛的概念。

黄碧芬：比如自我意识，对自己的看法或接纳水平啊，对学习、生活，对他人、对社会的认识啊，我们有多种社会角色，都得有自己的定位和担当，也会有其中的困顿或享受，心灵成长意味着更多的自我接纳、自我建设和贡献社会。也意味着在复杂的世界里懂得要坚持什么、反对什么，尽量让你好，我好，世界好，而不是顽固地……

胡　泓：我不会很顽固地坚持，我会权衡。因为一直走下去，如果你万一走错了怎么办。中间应当给自己调节的机会。

黄碧芬：我感觉你追求的是相对更高效而稳妥的路子，是吗？有很多同学在讨论人生观价值观这方面的问题，这方面你怎么看？

胡　泓：我觉得讨论这种没什么意义。因为你只要是负责任地按自己的方法做的话，自己的人生价值就体现出来了。我没有去想那么多，我就想我人生接下来要做什么或者说更多的是短期目标不断汇集成长期目标。没有特别去考虑这些东西，考虑更多的是一些比较现实或者比较近的东西。

黄碧芬:虽然比较现实,但是你让你的短期目标聚焦于你的长远目标,这就有比较可靠的发展希望,而我们人都需要希望的激励。

胡　泓:对,慢慢就浮出水面了。

黄碧芬:这样的走法都是可预测能掌握的,可望可即。这就会让人有安全感。比较麻烦的是那种眼前重要的事情不好好做,挑三拣四,称斤称两,却一直想着老远的结果好不好的好高骛远状态。

胡　泓:随着你人生阅历的不断增加,有些追求还会改变,这是一个不断调整的过程。你不要停下来,不断朝前走,就好。

黄碧芬:的确是这样,与你交谈非常愉快。

胡　泓:我也是。谢谢老师!

精彩聚焦

　　对个体独立和自由的追求是绝大多数青少年和成年人很在乎很期待的深层意愿,其实也是人之为人的普遍需求。本访谈内容让我们真切地感受到胡泓同学那种"能自律,得自由"、"我要,故我行"、"我行,故我能",以及"专注精进"而"不妨碍他人"的基于优化效果的自我负责发展取向。他的成长智慧还集中表现在勇于担当可能的过失并乐于保留可独立探索的空间,所以,一路走过来,他累积并收获了"一步领先,步步领先"的可靠效果。难得的是,他小小年纪,已由自己独立选择的担当经验中总结出了不计得失不断前行而能赢得未来的真谛。

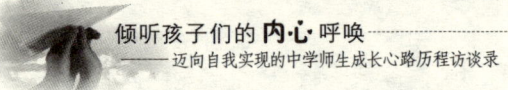

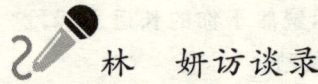

着力于现在的努力并不断让自己感受进步

访谈嘉宾: 林 妍
　　　　2011年考入北京大学元培学院
访谈主持: 黄碧芬
原始记录: 陈 莹
整体梳理: 黄碧芬

高考其实并没有那么可怕

黄碧芬: 祝贺你取得那么好的高考成绩!我很好奇的是面对高考这件事,一路走来,你感觉怎么样?

林 妍: 学业是挺重的,但我觉得老师对我们的帮助很大,就是会谈心啊,鼓励啊,自己就觉得心态还蛮放松的。

黄碧芬: 老师对你帮助特别大的主要有哪些具体做法?

林 妍: 之前我成绩起伏挺大的,每次考完试之后,班主任,就是阿贵老师啊,就会帮我分析一下,会找出需要注意的问题,然后再鼓励一下什么的。同学们也会及时地互相帮助,互相鼓励,这样心态就会摆正。我个人也还是属于心态比较好的类型,考过就算了那种,我觉得心态好比较重要。

黄碧芬: 心态好是很重要。而好心态多来自有比较好的内在追求,你怎么看待高考啊?

林 妍: 原来觉得高考是一个非常恐怖的考试,大家都说很累啊,甚至还有人会因为这个压力太大而出什么事情。但我经历下来觉得并没有这么严重,高三下我们每天下午还跳兔子舞,让我们释放一下压力啊。老师们很关心我们,一直就是鼓励啊,循序渐进一步一步来。这样子下来我觉得没什么可怕的。

黄碧芬: 一方面是你自己非常投入,一方面是咱们团体的氛围很好。大家在一起有那种伙伴间相互支持的感觉,一步一步向前走,感觉特别好。现在看来你觉得高考对你个人,对家庭,对咱们国家,它都有什么意义呢?

林　妍:我觉得对我而言,就是实现了我的梦想,考上一所好大学,这是大家都想要的。

黄碧芬:是很多人从小就有这梦想。

林　妍:对于我的父母来讲,他们肯定希望我有一个很好的结果,毕竟这么多年了,他们对我付出也很不容易。有一个好的结果他们也是很欣慰的。至于对于学校国家来说,那就是培养出好的学生,不仅是学生自己有更好的发展,将来对社会的作用也会很大。

黄碧芬:这就是一种能够创造多赢的好结果,当然也将是一种崭新的开始。

决定大事时会多参考师长同学意见

黄碧芬:你后来报了什么学校?什么专业?

林　妍:北大,进了元培学院。

黄碧芬:元培学院,这是你自己的选择吗?

林　妍:嗯,对。元培学院是第一年不选专业,就是大通课,第二年再来选。我觉现在自己还没有一个非常明确的目标,选元培应该会比较好。

黄碧芬:你又是如何了解元培的呢?

林　妍:会去问一些同学,问老师,问家人,**各方面的意见都参考一下**。

黄碧芬:大事的决策能够多征求意见是很明智的。考得好才具备了选择的资格,很幸福。

林　妍:是。

黄碧芬:现在应当是特别轻松的一段时间,都玩什么呢?

林　妍:也没有啊,就是和同学出去,吃吃饭,看看电影啊,大概就是这样子。

黄碧芬:放松地和同学在一起,联络一下友情,畅谈一下理想,这个都是挺好的。让我们再回到你中学成长的历程中来,你是六年都在外国语吗?

林　妍:对。

黄碧芬:是自己选择的吗?

林　妍:大部分是家长,因为当时还不懂事,家人说这个很好,然后就来了。

黄碧芬：小学在哪里读的？

林　妍：思北小学。

丰富愉快又可自主选择的中学生活

黄碧芬：进了外国语以后，你印象中，你的学习生活你自己特别满意、特别有自信的是哪一部分？

林　妍：我觉得就是不仅仅注重于学业，课外活动或者是班级、学校的活动也非常多，我觉得这个在很多中学是没有办法达到的，在外国语有，对我来说是很满足的。

黄碧芬：很满足的，嗯，你自己多数会选一些什么样的活动去参加？

林　妍：大部分是班级的集体活动，比如年段组织的班歌比赛之类的，还有运动会，我觉得，我们学校办的外语节、艺术节什么的都是很好的。大家都参与，感觉是很精彩的，就很喜欢。

黄碧芬：很喜欢而参与，有投入有好感觉而更喜欢。这就会有收获。那么在哪些时候，你会感觉压力还是蛮大的，甚至于还有点挣扎的？

林　妍：我觉得可能还是高一的时候比较累，因为高一是要读九科嘛，当时可能对理科比较注重，而我本身又是比较倾向文科的，当时不得不把很多精力都投入在理科中，就觉得精力不够用了。当时又是在实验班，高手很多，整个氛围都还是蛮紧张、蛮有压力的。但是到后来文理分科的时候，就还好，我选了文科，就可以了。

黄碧芬：你选择文科的主要依据是什么？

林　妍：就是对文科比较感兴趣。

黄碧芬：还有呢？

林　妍：还有文科的成绩也会比理科好一些。

黄碧芬：这两条就支持到你了。当时为什么没有选择保送什么的？

林　妍：当时我们班已有很多人报名，然后我就想不如高考的时候拼一下，反正就多那么两个月的时间，拼一下说不定会有更好的结果。要是实在不行，那我努力过了也就好了。

黄碧芬：你还是很有自信的孩子，有些同学是为了求安全求保险而选择保送呢。

林　妍：当时其实也是挺纠结的，有问老师啊，也与父母商量很久，后来还是说服自己就两个月的时间拼一下，应该就可以了。

黄碧芬：是这样的，能够通过高考而获得更充分的选择资格，现在总体的成就感也会更高吧。让我们再回望一下，在初一刚入学的时候，有没有"被淹没"的感觉？

林　妍：是觉得班级里面都是很厉害的人，不管是学业方面，或者是活动啊，或者是和人交往的能力方面，大家都是很厉害的。我进去只是五十几个人当中的一个，但是我觉得待在一个优秀的集体里面还是很幸运的，没有那种完全淹没的感觉吧，还是觉得挺开心的。能进到这个学校里面来，就很开心了。

黄碧芬：因为你并不急于一定要自己去拿第一，或者不急于要让自己非常"耀眼"，是吧？你可以欣赏别人，而且自己也能够融入这样一个优秀的集体，有机会跟大家有更多的学习和交流，是吧？

林　妍：正是这样。

黄碧芬：这个心态好啊！你从小就这样四平八稳吗？对你来说，最喜欢做的是什么？什么时候最舒服？

林　妍：我平时就是比较喜欢看书啦，看看书听听音乐。因为学习任务也是蛮重的，我就觉得在看书听音乐的时间是最幸福的。

黄碧芬：在阅读方面你主要会选择一些什么样的题材？

林　妍：也还蛮多的，就像小说啊，还有一些名著啊，还有一些杂志也挺喜欢看的。大概就这样子。

黄碧芬：具体一点，什么样的杂志？

林　妍：像《看天下》那种杂志，或者比较偏娱乐性质的那种也会看。反正就都看一点。

黄碧芬：这类阅读对你来说有什么帮助？

林　妍：我觉得，可能就是一些思考性的，比如像《人物周刊》这种，让我在学习语文的作文中积累素材，更多的是放松心情。学习得很累时，看一看啊就放松了，然后又可以继续去读书了这样子。

黄碧芬：看来你总体还是比较安静的，在体育运动方面有什么投入吗？

林　妍：蛮少的，最多就是跑跑步啊。周末的时候有时候会留宿在学校，就会跟同宿舍的人一起去跑跑步。

温和交往的姿态让自己不急不躁

黄碧芬：在与同学、老师、家长的交往方面，感觉比较安全比较顺利的时候多吗？

林　妍：我觉得都还好，跟大家交往都没有什么冲突啊，就很和平的。相处得都挺好。

黄碧芬：你一路走过来真是四平八稳哪。常说青春期的孩子会有一段比较特别的"逆反"时期，像你这样各方面都感觉比较平和的真是蛮难得的。你觉得这个奥妙在哪里？

林　妍：我觉得可能是父母对我的那种教育吧。小时候他们就会跟我说一些与人相处要怎么做，不能太尖锐地跟人家冲突之类的话。他们也尽量不用一些很严厉的言辞来批评我，也会循循善诱开导我。

黄碧芬：他们本身就在示范着温和交往的姿态，是吗？爸爸妈妈都这样吗？

林　妍：对。

黄碧芬：你跟他们两个都聊得来？

林　妍：跟妈妈比较聊得来，毕竟母女比较亲嘛。

黄碧芬：这样哦。那爸爸跟你交往的都是什么样的内容？

林　妍：也没有啊，就是平常像家庭的小事啊，或者是学业方面的事情，也都是会商量一下，都有。

黄碧芬：看来你们家的氛围比较好，爸爸妈妈是什么职业？

林　妍：就普通的工人啊。

黄碧芬：普通工人，同样能够给你示范温和交往的良好榜样，这就很好啊！你们与亲戚们走动多吗？

林　妍：还蛮多的，因为是从小出生在厦门，亲戚们也都在厦门，所以经常就会到处走动走动。像前几天还有到每个亲戚家都去坐一坐啊。大家都很开心。

黄碧芬：你也得到很多祝福，是吧。这也是家族的荣誉嘛。在与同学交往这一块，你也能够保持平和吗？与男同学女同学都聊得来吗？

林　妍：女同学比较聊得来，男同学，可能因为男女之间没有那么多共同语言，不过也还不错啦。

黄碧芬：你觉得是你更主动多还是等同学来找你多一些？有在班级承担点什么工作吗？

林　妍：就是平常很正常的交往。做科代表,地理科代表。

黄碧芬：你做科代表工作的时候,比较注重抓什么？

林　妍：我当科代表是到比较后期了,大家都还满自觉地,因为面临高考了,大家都很自觉的要读书,写作业,就是帮老师收收作业而已。

黄碧芬：现在多数人认为科代表的作用就是这样的,收收作业,发发作业。有时候我有机会和同学探讨这些工作的时候,我经常会很好奇地问他们,作为这个学科的代表,我们是不是可以对这个学科的教学要有更多一些的关心啊？收集同学的一些需求,反馈给老师啊什么的？

林　妍：我觉得我们班的同学们都还蛮积极主动的,一有什么问题就会主动去问老师,有的时候大家共同有什么问题就会跟我讲,然后我去反馈给老师,老师也会及时地解答疑问。

黄碧芬：真好。那跟老师交往呢？在你的感觉里面是怎么样？

林　妍：我觉得老师们都还蛮年轻的,不会有很大的距离感,还蛮亲近的。比如说像班主任,因为他从初中跟我们到高中,就还蛮亲近的,有什么事情都会跟他聊一聊。剩下的老师也都是有什么问题就可以马上的去跟他讲,不论是学业上的,还是其他方面遇到什么困难都可以。

喜欢自然交往而又不失自己的立场

黄碧芬：这样哦,那这些老师对你来说基本上都是导师级的人物。你自己有遇到疑惑,或者有什么不太清晰的,就可以跟他们去探讨一下,就可以得到一些指点,得到一些帮助,这是很可贵的。你对朋友的选择,会更注重什么？

林　妍：兴趣爱好比较接近,有一些比较共同的话题,差不多就是这样子吧。

黄碧芬：通常是这样的。对其他没什么共同语言或还不了解的人呢,会怎么交往呢？

林　妍：就是很普通的那种。打打招呼啊,有时也是会问候,就是蛮平常的那种。

黄碧芬：都说女生比较重感情嘛,在初中或高中阶段,都会冒出一些貌似在谈恋爱的同学哦,你怎么看待这种现象呢？

林　妍:我觉得可能更多时候是更亲密的朋友的感觉,毕竟大家还没有完全成熟啊,还没有达到以后那种谈恋爱成熟的阶段。可能就只是现在两个人之间比较有共同的话题。我觉得如果对学业没有什么影响,或者是反而能促进学业,两个人互相鼓励,还是可以,只要不做太过分的事情,都是可以理解的。但是我个人目前是不太想这么做啦。

黄碧芬:在你看来这个阶段不想这么做的原因主要是什么呢?

林　妍:因为还没有成熟啊,而且现在毕竟还没有真正的自我独立能力,花的还都是花父母的钱,两个人之间交往,就不是作为独立的人来交往。

黄碧芬:你这认识很到位啊!你自己会把这个关,就不会太容易受诱惑,也不会因盲目羡慕他人而自卑。人生态度或如何看待生活,是个大话题,对此你有什么思考呢?

林　妍:我的想法比较具体,其实就是想说,能上一个挺好的大学,出来有一份稳定的工作,能赡养父母,接下来有一个稳定对家庭,就可以了。我并不想要抛头露面,然后站在舞台正中央的感觉,我只是想能好好地生活,赡养父母就可以了。

黄碧芬:嗯,这个是百姓安居乐业,一种特别自在的状态。不一定要站在舞台中间,但是我一定得是可以自食其力的,甚至是可以有一些作为,可以对他人有所帮助的。不然的话,要维护这些情感,要维护这样一种比较好的家庭生活状态,也不是简单的事。那么对你来说,你觉得,像你走到今天这个程度,这些愿望的实现,可望可即吧?

着力于现在的努力并不断让自己感受进步

林　妍:我觉得,我其实目标没有非常长远,但就是**现在要付出努力,明天才会有回报啊**。就是以后想要好好的,过上安稳的生活,现在就要付出,才能为以后好的生活奠定基础。

黄碧芬:这个道理你是非常明确的,从什么时候开始这么清晰的?

林　妍:也没有一个非常明确的时间限定,反正慢慢地就会觉得,重要的是现在嘛,现在要努力,我觉得未来是一个非常远的词,只要现在有努力有收获我就满足了,也不一定要定非常远大的目标,就是现在好好努力。

黄碧芬:我的解读是,在你看来,其实未来还是有蛮多可能性的。实际上,你现在根本也没有可能去确认它一定是什么,那与其这样还不如不要想这么多,把现在把握好。现在把握好了,可能给你提供这些可能性的选择就更多了。是这个意思吗?

林　妍:是。

黄碧芬:这就是我们经常讲的"活在当下,把握当下"的核心理念。非常重要。这种思想对你走进高考考场、稳健发挥有帮助吗?

林　妍:有啊,就是原来也没有预设一个很明确的目标,**只要是发挥出水平,能稳定发挥就够了。**

黄碧芬:对啊,尽可能去做好。

林　妍:对啊,自己也没有很明确的非要做到什么程度的想法。

黄碧芬:甚至考试之前都没有想到会考得这么好。

林　妍:没有,完全没有。

黄碧芬:所以这个心态放松很重要,你完全接受考试结果是什么就是什么,不强求。

林　妍:就是反正先考呗,尽量考好,考出来再说。**反正我已经努力了,已经付出那么多时间、那么多精力,考出来成绩是怎么样我都可以接受。反正是我自己考出来的成绩。**

黄碧芬:这就是完全的自我担当的心态,所以你在考前根本不纠结。

林　妍:不太纠结,紧张还是会的。毕竟那么重要的一个考试临近,还是会紧张。但没有那些太大的想法。

黄碧芬:这就是非常宝贵的经验啊,**会重视认真,而不是害怕担心。凡能够这样并没有太大的野心,而会全力以赴先做好眼前重要事情的人,反而更能真正把事情做好。**也更不会有太大的情绪波动。真是挺好的。平常跟同学交流,更喜欢聊什么?

林　妍:好像就什么都聊啊,就是平常的学习生活啊。比如说功课上不会的也会谈一谈,老师们发生的趣事也会谈一谈。还有一些八卦啊,都会聊一聊。

黄碧芬:你们这些女生,像一些时事政治啊,社会的热门大事啊,会聊吗?

林　妍:也还好啦,有的时候就是发生那种大家都还蛮有感触的事情都会讲一讲的。

黄碧芬:这些事情会影响你的心情吗?

林　妍:聊过了也就算了。我们不是住宿嘛,周末回家看到那些新闻啊,那些非常有震动的事情,周日回来,晚自习下课的时候聊得可能会比较激动,聊完睡一觉就还好了。

黄碧芬：对对对，跟大家议一议，大家可能情感上啊或者认识上啊，会有一些共鸣。那过了就过了，我们自己的日子还是要过的，该要做好的事还要一件件做好的。我们同学保持对社会的一些关注，不一定现在马上就能做什么，但是至少有一个了解。对社会的了解常常也能反作用于你对学业的理解，或对未来专业、职业的选择。

会考虑有默默奉献特质的职业取向

黄碧芬：如果让你展望未来，尽管你现在还没有选专业哦，但是你内心是否会有点什么向往？

林　妍：原来曾有一个设定是往教师的方向走。现在就是还没有一个非常明确的目标吧，反正就可能是那种默默奉献的工作吧。我觉得能与人交往、能给身边的人一些什么东西就可以了。

黄碧芬：看来你的追求还很真有些内外一致的意味，有自己的"一贯性"——从性格来看，不想站在舞台中间；从对未来职业的考量，会考虑有些默默奉献的性质，认真做好本分工作就能够为他人服务，就能够对周围的人有好一点的影响力。我在想这样的一种职业取向，是很安全的，可以做的事情也很多。刚刚你提及教师曾经也想过对不对？特别想当一个什么样的老师？

林　妍：我很喜欢我们学校的氛围，如果可以的话，回到我们学校，第一是能回馈母校嘛，毕竟培养了6年不容易；第二就是觉得学校的氛围还是比较好，比较轻松的。

黄碧芬：这样的一个可能的走向，确实是可以满足你的这些愿望的，祝愿你学成归来回报母校哦。当然，随着你的受教育内容的拓展和加深，可能你也会有更多的思考和选择。无论你做什么，只要用心去做都可以有所建树，造福社会的。就教育领域而言，还是需要更多优秀的，能够以身示范、感染和促进学生积极向学的人来当老师。毕竟教育还是社会的基石，从人的素质来说，主要还是靠教育来打造的。

平和中不失进取的个性色彩

黄碧芬：如果让你用五个词来表达自己的个性色彩，你会选哪几个词？

林　妍：安静,淡定,乐观,平和……想不出来了。

黄碧芬：不要紧,再想一下。

林　妍：积极向上吧。

黄碧芬：你看到这里面有三个词都和你的平和有关系,两个词有积极发展的品质。乐观在你的理解里是什么意思?

林　妍：就是面对困难不要太焦躁,也不能太沮丧。沮丧肯定是会的,但是不能太沮丧。要想想吸取经验教训,然后想想接下来要怎么办,继续努力。

黄碧芬：就是如果遇到困难,遇到挫折,不要被它吓倒,不要太害怕那些损失,是不是?而要去寻找改善的方法,那终究会使事情有更好地发展。这是乐观,很好的一种生活态度。

黄碧芬：那如果让你用两三个词来形容自己的不足,你会用什么?

林　妍：可能比较内向,可能不够自信。

黄碧芬：比较内向,不够自信,还有吗?

林　妍：可能缺乏冒险精神。

黄碧芬：缺乏冒险精神,你看看你概述的这些内容也是很有一致性的。但"内向"不算一种缺点,内向作为一种性格倾向,强调的是不那么张扬,不那么外露,比较有一点保留。但是你的内向里头,有乐观,又有积极进取,尽你所能做好让你感觉更自在的事情,这是相当安全的。之所以许多人会把内向当缺点,你觉得更多是一种什么样的理解?

林　妍：可能是说,内向就是不会要求更多,不会特别去展示自我,就是太过于默默无闻地在一边,可能有时候这样子也不太好吧。

黄碧芬：是不是说因为你有这样子的一种有保留的状态,就可能不会积极去行动,常常就因此失去良好的机会。也就是说,你本来是能做的,甚至可以做得不错的事,因你慢几拍或没有积极面对就溜过去了。

林　妍：对。

黄碧芬：所以,面对内向的孩子,我常会主动征寻他的意见。但这只能是在很熟悉的环境才有的待遇。你刚刚谈到不够自信,你对"自信"实际上怎么理解?

林　妍：可能就是对自己能力的肯定吧,视线至少是平视的,可以勇敢地迈出第一步。

黄碧芬：视线至少是平视的,这表达很生动啊,是不是隐含着知己知彼、我也能行的意味?这需要对人对己的了解和勇于担当的勇气。学识的深浅、能力的大小其实都有一个累积的过程,而且还是一个需要长期付出的过程。在与人交往中,在一些不是很正式的场合,主动表述自己的观点,互相的探讨,应该来说还是蛮不错的选择。当然,在一些公众的场合也偶尔露露锋芒,选择一些项目去主动担当都是很好的锻炼。在你的中学阶段有这样的经验吗?

林　妍:有,曾经也有参加过外语节歌手赛,但是第一轮就被淘汰了。

黄碧芬:是自己作为选手去参赛,没有参与做组织工作?那淘汰以后呢?淘汰以后你会怎么样?

林　妍:也没什么,就重在参与嘛,还是会积极地支持其他同学。如果是班级里面组织活动的同学,有什么事情需要帮忙的话也是会去帮的。

黄碧芬:参与或帮忙,在你的经历里基本是随机随缘的,自己并没有特别要去把这个事做到一个什么高度的要求。只求重在参与,这个就无可厚非。如果要把它转化成自己的能力训练,可能还得有更多的投入。刚才提到自信心和敢于冒险,冒险也有担当的意味,这些内容是有相关性的。如果让你给学弟学妹说点什么,你更愿意告诉他们什么?

林　妍:要好好享受高中的生活。高中虽然是很苦的,尤其是高三的学习生活是很辛苦的。但是我们现在回想起来,还是很愿意再去过一遍高三的生活。因为它特别充实,又能让你不断努力去追求进步。所以要好好把握当下,好好努力。不管你的目标是什么,都要付出努力,才会有你认可的结果。

黄碧芬:这个阶段的努力真是一步一个台阶,很扎实。如果给学校一点建言的话,你会更愿意说什么?

林　妍:我觉得学校这种轻松的、师生之间的和谐的互动,还有那种丰富多彩的,能发展其他特长的活动都是很好的,都是我们学校的特色。

黄碧芬:我们校庆三十周年马上就要到了,包括我们做这个项目,也是很想给三十周年的校庆献礼。我们把部分优秀同学的成长经历梳理一下,呈现给学弟学妹们学习。这是很有意义的一件事。对这样的访谈你又有什么具体感受呢?

林　妍:我觉得就是表达了自己的看法、经历,如果能给学弟学妹一点儿借鉴,我是十分高兴的。也很感谢老师邀请我一起来做这样一件有意义的事情。

黄碧芬:谢谢你与我们分享自己的经验。

精彩聚焦

　　林妍同学的求学和成长经历很有自己的"一贯性"：她从小到大都尽力做好当下的工作而并不想"站在舞台中间"；她对未来职业的考量，也多考虑"有些默默奉献的性质，认真做好本分工作就能够为他人服务，就能够对周围的人有好一点的影响力"；她用"安静、淡定、乐观、平和、积极向上"来描述自己的个性色彩真是好贴切。同时，她说自己有所不足，如"比较内向、不够自信，缺乏冒险精神"，实际上也与她对许多事只"重在参与"的心态是一致的。由此，她自然散发出一种恬适的生活状态——以平和的心境欣然接受自己的存在状态。她认同先付出、后得到的朴素真理，并愿意通过自己的努力读一所好大学，拥有一份稳定的工作、好好生活、赡养父母的生活态度都给人以一种特别质朴的踏实感。

杨　迪访谈录

自我成长与助人意愿的整合
让他内心特别充实

访谈嘉宾：杨　迪
2011年保送西安外国语大学，主修西班牙语专业
访谈主持：黄碧芬
原始记录：王智亮
整体梳理：黄碧芬

统筹兼顾努力迎着目标向前走

黄碧芬：你好！同学告诉我你的保送之路走得并不轻松，都很佩服你的坚持不懈。我很好奇的是：你是如何确定自己要走保送之路的？

杨　迪：保送的选择是高二下才确定的。之前还是有经历一番"挣扎"的。开始还是更想出国留学，高二上学期认真准备了两个月就去考SAT，考的成绩还不错。有两个原因还是让我不得不忍痛割爱：一是我比别人准备得晚，可能之后社会活动方面的经历贮备也会比较少；二是我们家经济条件虽然能够供我出去，但我自己感觉若没有奖学金，我出国学习四年要让我爸妈花费两百万，这就意味着他们四十年来的积蓄全没了，**这让我于心不忍**。我考虑到这个分数虽然对只准备了两个月的我来讲是不错，但不一定能申请到奖学金，就决定不去了。

黄碧芬：你能这样多向考虑问题真是难能可贵。后来呢？

杨　迪：当时在准备美国高考时也了解到美国的大学其实也有多种不同的层次，如只进一般的大学其实意义也不是太大。我感觉国内大学也没有差到哪里去，我后来想明白了两点：第一点，福建省不是个教育强省，我可以考到教育强的外地大学；我选择了文科，也意味着不容易申请奖学金，那就先在国内读大学。每周六我都会参加一个校外的心理小组活动，里面有个双十学长，他考上的是武汉大学哲学系。我看了他那届的高考指南,发现他们那届福建省本一批次只有3000多号人,我当时看完后很震惊:我初中升高中时还是没有概念,觉得只要是成绩好,读哪所大学都差不多,当我看到只有3000多个名额时就惊讶了,本一线只有3000个名额,福建省有多少个人要去抢啊!而且这3000个名额里有很多本一的学校并不出名,也并不太优秀。第二点我当时以为只要你的分数够高,你爱选哪个专业就选哪个专业,但我后来发现,比如说考武汉大学,当时分给福建省的提前批只有一个名额,只给哲学系,就只能进哲学系了。语言是我很热爱的一个科目,综合以上因素,我想如果我能够保送,在短时间内还比别人多了一次机会,保送到一个不错的学校去学语言,同样也是一个非常好的出路,并且安全性大很多,所以我选了这条路。

黄碧芬:选大学、选专业历来不是一件容易的事,它涉及自己的兴趣爱好、生涯规划,又需要多因素的双向平衡与匹配。相对你自己的追求和条件,走保送之路,确保进一所好大学读你喜爱的语言专业,的确是比较可靠的选择。

杨 迪:因为也有前车之鉴,我中考时有一个很好的同学,他成绩也不错,如果他中考没有出意外的话,也可能进很好的高中学校。但他中考时紧张之后又发烧,在语文的考场上大吐不止,导致语文发挥失常,他后来只进了职高了。我回想之后就觉得高考太不保险了,这种一次性的考试风险相当大,我觉得保送确实是一个很好的避险的方法,最终选择了保送。

黄碧芬:那你得感谢学校有这么好的政策给学生以选择的机会。

反思不足,提高自己的整体作战能力

黄碧芬:整个保送准备和相关的应试过程顺利吗?

杨 迪:整个保送过程我还是经历了一些波折,但我还是觉得挺好玩的。同学们也说我想法太多。我之前考的两所学校都没上,按理来讲那两所大学我应该是没多大问题的,这样说是根据往届的情况,我的程度该是能进的。结果没上的原因是:第一选报的上外,我没有勾专业调剂,当时对自己的能力挺有自信的,觉得前几届男生比女生少,拥有加三十分录取的优先权,所以只要是男生一般都会收,前几届的情况是这样的。我有填几个自以为是冷门的专业,如西班牙语、意大利语、瑞典语和荷兰语,觉得自己肯定会进的。结果后来才发现瑞典语和荷兰语是四年才招一届,一个班只有三十个名额,保送生只招两名,很多人就把它们放在第一志愿了,所以我的三、四志愿就等于浪费了。

西班牙语确实是最难进的专业,今年考上外的人又特别多,意大利语第一志愿全招满,等于我四个志愿全部没有用到。老师有打电话去问,回应说如果我勾专业调剂的话就会进,我听完这句话真是觉得挺崩溃的。

黄碧芬:的确不容易,有很多自己不了解和不能确定的因素在起作用。

杨　迪:当时还在等另一所学校北京语言大学,它分三个线,笔试、面试、口试线,面试和口试是十分钟之内考完,考试时也没有告诉你哪个是面试、哪个是口试。笔试、口试我都过线了,只有面试一个没过,口试成绩是4+,面试成绩是4−,要求是两个都要过四分,就因为一个减号我就没有进了。我觉得很蹊跷,但后来自己也有反思。我是所有考生里最后一个去考试的,考官跟我聊得比较久,最后又问我一个中文问题,你在课外有什么样的活动,有没有什么兴趣爱好?我当时还停留在对上外的盲目自信上,就谈得非常浅,我说看电影、游泳、打乒乓球、打羽毛球,就没有再讲我的任何活动了,讲完后草草了之就走了。我觉得如果那时候我多放一点心思去把我的课外活动一个一个有条理地讲清楚,我也许就能进这所学校了。最后进了西安外国语。所以我一路走过来都很忐忑。

黄碧芬:我感受到的是这样走过来你的自我反思力真是很不错,瞧你每走一步都做利弊分析,并且要了解失误的可能原因,这就会让你越来越懂得把握做事的关键点。我们平时的很多预备如果在关键的时候不能发挥出来,就不能很好地帮到你自己。这是很可惜的。这样成长的经历对你今后的人生幸福同样是很有意义的。何况,西安外国语也是一所相当好的学校。

杨　迪:它是一个外国语大学,但是它的地点不太好。

黄碧芬:对于既成事实的东西,我们若能更充分看到它的好,可能会让自己舒服一些,而且只要你愿意,求学阶段的选择机会还是有的。

排除干扰,坚定信念,为所当为

黄碧芬:在经历两次失误后,再去投考西外,内心有担心吗?

杨　迪:当时是2月26号考试,中间我经历了一段非常难熬的时间。我1月1日考上外,1月8日考北语,1月12日得知上外没录取的消息,1月16日又得知北语没入围的消息。我本是一个挺敏感的人,当时不能说没被打击,但我同时又告诉自己要挺住,我就让自己一直表现出比较淡定、比较理智的状态,一点声音都没有出。倒是我妈她简直受不了,一天到晚只要她看到任何有关大学的信息,不管是在阳台上还是坐公车的时候她就会自己流眼泪。当时我北语结果是查网络的,我在查时我妈就在我旁边。我自己看完后只是叹口气说没上,但是我妈在一旁却大哭起来。她觉得我在高中努力了三年,去考这两所学校都没有上怎么办?她是在为我的前途着想,她当时还说早知道这样我就让你出国出定了,就坚定你这条心,让你不用替我们考虑钱的问题。我说那些过去的事就不要再提了。就是这段路走得非常艰辛。过春节时跟姥爷、姥姥表面上是很开心,可是心理上还是会想如果考上了气氛就会更好一点。到大年初三的时候我就开始进入状态,没有出去玩,天天跑到图书馆,一开门时我就去,大概九点钟,一直到两点才去吃饭。一直待到图书馆闭馆,八点到九点钟。回家之后继续读练口语什么的。我过的都不是保送生的生活,过得比高考生还苦。

黄碧芬:的确很不容易。**很欣赏你的镇静和自律。**

杨　迪:直到2月26日考试,我感觉是一种形式上的解脱,根本就没有想这所学校能不能上,心里想着考不上就自行打算吧。我当时剩下两个学校的选择机会:西安外国语和东华大学。东华大学的情况是只要初审过了,剩下的学生就是等额选举的90%会进。在考西安外国语的前一天晚上,上网发现自己在东华大学的初审居然过了,当时我看到就叫起来,因为这是在考试前一天晚上9点多才知道的,我就立马给我妈打了个电话,她说太好了你终于有大学上了!当时她又哭了!当时我已到西安,西安的环境、西安外国语大学的环境比我预想的要更差。学校周围环境太荒凉了,旁边就是郊区,四周都是村子。校门西侧原本想开一个大门,后来因为安全因素,由于村民经常往学校里扔燃烧弹,那里就用一堵很高的围墙封住了。当时我和另外三个同学都想,完蛋了,选错地方了!觉得四年的时间会很枯燥。但是**当时我觉得我准备了这么久,就要好好考试才能对得起我自己。**对于专业我很早就想好了我坚决不挑英语系,因为我觉得英语我读了那么久了,并且英语的就业率也是最差的。如果能进西安外国语的西班牙语也不错,**我准备得非常丰富,高考卷五十份卷子我全写完了,五十篇作文我也写过了,我把作文也作了分类,因为这所学校去年考了两篇作文。事实也证明我的付出是有收获的,在全国去考试的人里我排在了前三,笔试、面试分数都很高,**最后顺利进入西班牙语这个专业。

黄碧芬:总算可以松一口气休息一下了?

杨　迪:27日晚上我就坐飞机回家。28日晚上还莫名其妙地和我妈大吵了一架。可能是到这个时候我觉得保送大概已经尘埃落定了,我觉得我妈给我的压力非常大,太压抑了!之前备考时只要看一会儿电视,她就会说你有没有想过看这一分钟的电视你可能就没大学上了?我整个春节除了春晚之外就没有看别的电视了,睡觉只要超过九点钟她那种哭的脸就又要出来了,我就觉得很难受。那天晚上我实在受不了就爆发了。之后我想了很久,给同学打了通电话,最后就哭了。整个保送过程中我都没有哭过,同学都说我的心态非常好,**我没有想过那两所学校没上就死定了,还是很努力地拼搏微笑**。我想如果自己之前把握好几个点或许就会大不一样,那种感觉是有点自责,心里很难受。那天电话打到很晚,闹钟是设定到八点三十五分,因为我妈不让我九点之后起床。第二天闹钟响后我就按掉继续睡,没想到过三分钟又响起来了,没想到是老师打来的电话,我接起来嗓子都没清就说"喂"?对方说同学你上了!我当时以为是东华,没有任何激动。老师说是西安外国语。我问上啦?老师说上了。我又问上啦?老师回答上了。**这样重复了三次,但是我还是很平静,我继续问我的舍友上了没有,因为他比我更危险,他只剩下一所学校了。**老师说他也上了。我谢了老师就挂上电话,当时我爸就在客厅我也没跟他说好消息。在房间里坐了很久,什么反应都没有,呆坐在那里。直到中午吃饭时我才跟我爸妈讲,我妈说你在开玩笑吧,于是亲自打电话给我的英语老师,确定我上了之后她又哭了。

黄碧芬:只有通过煎熬的努力才会有这样的反应,很期待又不敢相信,你和你妈都很有趣。

杨 迪:上外和北语都是我妈跟我一起去的,结果两所学校都没上,对她打击非常大,她说如果我没有跟你一起去,没有去认识那些学生家长,不了解这些录取信息,也许心里会好受一点。她也是全程悬着一颗心,她觉得她的情绪濒临崩溃。**我就要求自己去西安。**因为我东华大学第一志愿是日语,考虑到日语适用范围特别窄,市场也已经饱和。我就想**专业是一辈子的,大学只是四年**。并且西外和北外、上外是有交换的,只要在全班前八就能被交换到这些学校。西班牙语是大三、大四一定要有一年出国的,慢慢也爱上了西安外国语大学了。

求发展,孩子自己的本性很重要

黄碧芬:你的表达很感性又很生动、很清晰。你母亲很爱你,但她自身对压力的表达好直接。好在你自己把握得很好。**你有没有发现你真的长大了,**

对困难的承受和担当,对专业的思考与发展,你对自己、对社会都有比较清晰的了解,知道自己何去何从更好,心就会定下来。而妈妈凭着那股母爱,就希望你顺利发展,一受挫折就难受,还会哭,我现在还不懂她这种反应模式是自然的反应还是"策略的模式",但不管怎样,她让你感觉到关心爱护却又不能依赖她,从根本上说对你还是很有建设意义呢。这里你是否意识到孩子自己的本性很重要?如果你不想要,或你很容易被打击,她这样的哭就只会添乱。即便如此,面对父母自身的局限,孩子们还是不能强求的。所以长大的孩子常会反过来成为父母的心理支持力量。

杨　迪:我会对每件事都有一个百分比的把握,想着这件事有百分之多少的底气?我有点不太明白老师你为什么会来找我,因为我觉得应该是保送到很好的大学才会接受采访。

黄碧芬:我觉得每个孩子都是宝。你们都在自己的视野和能力水平上甚至超越自己的能力范围做出种种很努力的尝试,这些经历都是非常宝贵的。黄老师觉得请你请对了!你的感受很真挚,表达也相当清晰,短短时间已谈了许多可以让我们一起分享和借鉴的东西。我还觉得你是一个重感情、比较会统筹思考的孩子。你有自己的梦想,不断努力向前走,同时你也很体恤周围的人,包括你的父母、你的同学,你都会关心他们,在乎他们的存在状态。

杨　迪:(被接纳的愉快微笑,眼圈泛红)……

黄碧芬:你对未来学业、专业发展也有一定思考,这都让我相信你一定会珍惜在大学学习的大好时光继续向前走。

强烈的助人意愿让他内心特别充实

黄碧芬:你选择了语言学,就能更多发挥你良好的理解力和沟通力,将来会如何使用所学而为你自己、为这个社会服务呢?有过关于人生方向的思考吗?

杨　迪:我课外有参加一个心理小组,它是帮助一些有网瘾或者父母不在身边的孩子的组织。我小的时候曾经也过得不是很舒坦,所以自己有个想要帮助孩子的梦想。我长大之后要办一个NGO(非政府组织),主要就是帮助这些小孩子,我觉得心理上的东西其实很重要,想在这个孩子的关键时刻拉他一把,让他重新恢复生活的勇气,他就会往向善的方面走。如果一直没人帮助他,他可能会变成社会上的炸弹,对这个小孩就很不公平。西班牙是一个天主教社会,对少年儿童非常关注,结婚在他们来讲是非常神圣的事情,原来一旦结婚甚至是不能离婚的。只要有小孩一定要把小孩生下来,他们要担负很重的责任,虽然他们国家出生率很低,但他们对每个小孩都很负责。他们有非常多帮助青少年的机构。我想我学了西班牙语之后,就能更好地接触他们,向他们学习一些这方面的知识。但是我想过自己没什么背景和资金,西班牙语有很大的人才需求,如果毕业后做翻译费用也是比较高的,我想自己先工作几年等到自己有足够的实力和人脉再着手去做这件事。

黄碧芬:难怪你能够这样四平八稳的,我发现你跟你的许多同龄人相比,讲话语速快而稳健,有经过自己的大脑,**有充分思考,并且基于这样的爱心来做事情,是会有多赢效果的**。尤其是你能够同情弱势群体,能够思考如何为社会的安定与发展做出自己的贡献,这样的视角和情怀都不简单,祝你如愿!同时也跟你预约一下,也许到时候我还能助你一臂之力呢。

杨　迪:那真是太好了!

黄碧芬:语言作为一种工具,它一定能够让你先打开独立生活的大门。你好像对宗教还有些了解?

杨　迪:就是天主教、基督教之类的,算是有一些了解吧。我自己觉得宗教可能真的有,也可能没有。但是作为人们的选择,任何文化都有需求,不分正确或者不正确。

主动锻炼工作能力需要好心态

黄碧芬:现在对你来说,生活中最有底气的部分是什么?

杨　迪:就是我现在的工作。我现在到戴尔去实习,就慢慢开始要去做这些东西。**我一直敢去做一些事情,可能是一直以来我的生活态度都比较好**。我现在到戴尔去还不算正式员工,但是已经有二十天左右的时间了。面试的时候我对电脑一点都不清楚,但是我参加面试的时候很实在,不知道我就说不知道,能够回答多少我就回答多少。面试官也是老总,不论他怎么骂我,我都保持一个很好的心态。他在讲话时会故意抛很坏的眼神过来,他说如果你是在读书,你今天过来面试你的得分就是零分。你什么都不会我们为什么还要录用你?我就把我的性格特点都讲出来,他说我们是电脑公司,如果你要进来的话会受到很多考验,你愿不愿意进来?很严肃。我那时候刚刚考完,别的同学可能休息了很久或者要去旅游,我想我一定要先找一份工作慢慢做。因为工作经验是大学四年后最重要的积淀。如果我现在进入500强的企业实习，对以后的职业发展非常有帮助。我想我一定不能表现出怯弱或者不耐烦，就一直对面试官点头，一直跟他说对对对，对不起对不起。面试完之后我觉得我一定会被刷掉了，我妈去问了里面的人看我表现得怎么样，结果那个老总说他考的那些问题是明知道我不会回答的，只是想看看我的态度，**他说我不论态度什么的都很好**。昨天刚好和老总一起吃饭，他说他觉得我的性格不像90后那种浮夸，很搞笑很张扬，不懂得体恤别人。我上班是早上九点开始，到五点半下班。一般里面的员工下班后就走了，但我是刚进去的，做社会媒体这块，就要学很多技术类的东西，**我觉得自己还什么都不了解，下班后就自动留下来学习，回一些人的帖子**。我甚至还希望我这种"个人行为"不要被打搅，没想到那个老总什么都看在眼里。他还跟我说了对我的观感，这真是让我很开心、很欣慰，我觉得他对我的肯定比父母亲对我的肯定来得更加好。昨天我跟他吃饭，他也会观察我的言行举止，只要你做他的下属，他什么都会看你的，他会去分析你还能为公司做什么样的事情。他看我是这样的好态度，他会让我开始慢慢着手销售这块。

黄碧芬：真好，能够有一个这样"高压"的老总，那么全面精细观察和引领他的员工，真是非常好的入职学习环境。你的态度真的也很好。在这方面有很多人是容易过度自我防御而产生抵触情绪的，别人的一句话他就马上要反驳或者马上要找个借口搪塞，这样会使得双方都很不愉快。**所以真诚的态度和踏实的行为都是非常重要的"武器"，可以影响他人对你的信任度**。你是什么时候变成这样四平八稳的？

杨　迪：我高一的时候一点都不像现在这样，不知老师是否记得我高一的时候也有来找过您，住在那个宿舍里我情绪非常不稳定，高二的时候我就搬出来住了。我觉得这也是需要历练的一个过程。

好心态来自成长的真实打磨和历练

黄碧芬：你觉得这方面的进步是什么因素在起作用？

杨　迪：刚才我有跟你讲过我小的时候过得并不舒坦。自己经历过的事情多，各种感觉我都有，比普通人来得多。所以看到别人正在经历的时候会有感同身受的体验。从在小学的时候受到欺负的那种感觉，到后来我学会了去感恩别人，帮助别人，知道要用什么样的态度去跟别人沟通。我其实是经历过许多挫折的。我觉得被欺负的人可能表面上不会表现出来,但心里面会非常受挫。有时我觉得我自己心里的想法是好的,但是很多人还是会恶语相加伤害别人。我深知其中滋味,所以一些伤人的话我就不会去说。

黄碧芬:己所不欲,勿施于人。

杨　迪:我很感谢我的初中经历。不管是老师还是同学都对我很关心,同学之间关系也很好。在初中时我交了很多朋友。我觉得小学成绩一点都不重要,虽然在小学时我们是不排名次的,但是老师给我的感觉好像我总是全班倒数第几名。初中第一次考试我就考了全班第16名,当时很开心。我印象很深刻的是爸妈也很开心,对我说16名是一个什么样的概念,对我说全年段又是什么样的一个概念,对我说高中是什么样的概念,你在年段要排到什么样的名次。当时我就领悟到一定要努力把自己的成绩提上去,只有成绩好,老师、同学才会觉得你有方法。

黄碧芬:少年时期的孩子非常需要老师同学的赞赏或接纳,其实各年龄段的人都需要他人的接纳,少年尤其是这样。

杨　迪:那一次考试成绩给了我很大的信心,我从内心开始认真学习,从此一步一步往上升。所以这件事注定了我对学习成绩的追求,这是影响我的第一件大事。还有一次我们发了张考卷下来,我只考了69分就不敢跟我妈说。其实我妈已经打过电话给老师知道了我的成绩。她把我叫到天台去跟我讲了很多,说做人一定要诚信,你今天不把一张不好的考卷交给我,只是少一次责骂,但是老妈跟你沟通的真诚度就会减少,中间会充满欺骗。之后我就立即把考卷交给了她,从此以后我就再也没有跟我父母亲说过谎,这么多年以来我也没有说过任何谎话。这是第二件大事。

黄碧芬:你妈妈能这样及时捕捉教育时机而帮助你分辨是非真是非常到位。

杨　迪:还有中考对我的影响,我不像别人有一点压力就不懂得释放,容易与别人起争执,不懂得怎么礼让,不懂得怎么体恤别人。中考时是十分有压力的,只剩一百天时全校聚集在一起,学校领导讲话。当时只有一个概念,只要中考没考好你的人生就完蛋了。确实是这样的,中考只能考一次,我有些职高的同学已经开始工作了,还有些不是达标中学的差别很大,进入了不同的人群。当时很有压力,我们还要考奥赛,想着一定要拿到那五分,一定要拼啊,贴了很多小纸条在墙上,比如今天要完成多少任务,今天不努力明天就进不了哪里,人生就毁了之类的。

黄碧芬：这种方法对你这样有目标、有梦想又能主动担当的孩子很有用吧？

杨　迪：对，我觉得这些真的很有用。还有一件影响我的大事是初中的时候我爸给我的讲的一个故事。他说有一座高山在你面前所有人都要爬这座山，第一个人到了雪地之后，他们就被雪地迷惑了，不想再往上爬，就想在平地看看雪景也很漂亮啊，就不往上爬了。第二个人把目标设定在四分之一的山腰，再看看这座山这么高，对比一下自己的目标，也不想往上爬了，坐在山腰上欣赏雪景。第三个人把目标设在半山腰，他肯定会去爬那座山，但快要到半山腰时，他看到自己的目标快要实现了，会自动停下来。只有少数的一些人，把目标定在山顶上，不管中途会遇到什么样的风险，一定会拼命向上爬。虽然不一定会爬到山顶，但是往往能爬过山的四分之三。我爸说这个社会上，第一种人只是想看看风景，完全不会进步。有些人貌似有目标，但是目标太简单，并不会真正想实现它。有些人把目标设在半中央，这样的人是体验人生的人，体验过了之后就下来了。最后少部分人把自己的目标坚定地设定在山顶，他会一步一个脚印去爬，虽然最后不一定爬到山顶，但他爬过了四分之三，看过了最美丽的风景，体会到人生的道理。但关键是因为这部分人是少部分人，我爸就问我要做少部分的精英还是大部分的流辈？我回答说当然是精英。他说如果要做精英，目标还需要有分类。短期的目标带着你往前走，中期的目标告诉你未来的方向，长期的目标给你一个最坚定的信念，像一股隐形的气流把你往好的方向带。到高二的时候由于我了解过美国的大学，所以对大学的好坏有所了解，对大学四年你要从事什么样的事情，你要获得什么，我也有一个大概的目标。但我身边的很多同学都没有这样的认识，比如说他们只知道清华、北大是好的大学。有些同学甚至觉得厦门大学是随随便便就能考上的。

黄碧芬：很多人会有一个空洞的梦想，看来也挺高挺好的，却并不晓得实际上要预备什么才能够得着。他其实只处在被动应对状态，只凭着系统的势能将他拖着走。如不珍惜，不知轻重地得过且过，两下半就下来了，可能还很容易陷入失意的困顿中。这样的人在思想上、情绪上、行动上都容易患得患失。

杨　迪：这样的人还蛮多的。我再讲讲高中成长经历，我的高中算是量变到质变的过程。小学时同学只是玩伴，到了初中同学变成伙伴，到了高中之后就是断乳期，一周五天的时间你要自己管理好自己，要懂得时间管理、自我控制，要懂得如何跟老师沟通。老师在这个时候已经成为家长，而同学之间的关系也变成既竞争又合作的关系。后来认识了一个心理老师,同学、家庭关系也慢慢变好。到高二之后我到了马老师的班级,**我发现很多有同样目标、同样价值观的同学,友情变得更丰富。**

黄碧芬:环境对人的影响是很直接、很具体的。

主动投入探索性的学习活动感觉很好

杨　迪:我也参与了很多学校的活动,像模拟联合国,虽然我很想参加这类活动,但当时学生会组织的考试我却没有入围,就成不了正式成员。当时我的同桌是美国队的代表,但是她对政治、经济方面没有什么概念,**我就作为她的一个特别顾问,给了她很多建议。这个经历让我觉得帮助别人是一件非常强大的事,即使自己并不是正式成员,同样可以为这种有意义的事做出贡献。**正是由于这样的认识,高一的一些学弟学妹来找我,我也一定会帮忙,这些活动真的很不错,所以我也推荐学弟学妹多参与一些这样的活动。

黄碧芬:对自己喜欢的事,对有意义的事,重在参与,重在付出,同样可以感到有价值感、有喜悦之心、有成就之情,这真是很好的心态啊!

杨　迪:我还有参加"全球中学生模拟商业活动竞赛",那个竞赛真的让我收获很大。它是加拿大一所机构主办的,它可能奖励多少东西不是最重要的,**重要的是实实在在投入这个竞赛过程所学到的多方面的收获。**它只给你两个月的时间,八周要召集八个组员一起工作,每个环节都要考虑,一开始需要考虑八个组员每个人的优势在哪里,这个同学适合负责哪个部门,什么市场啊、研发啊。学校里大部分同学对经济方面知识了解得很少,他们来参与是基于一个需要名分的目的来的,特别是高一的学生,如果能拿到这个名分最好,拿不到也行啊,至少也能跟别人讲我参加过这个竞赛啊。第一轮参加的时候出来很大的意外——**我觉得我的人生充满了意外。**

黄碧芬:你的表达真能调吊人胃口啊,我很好奇地想知道究竟了。

杨　迪:**乐趣正是在纠正这种意外、克服这种意外之后获得成长的喜悦,我的挫折教育绝对比一般人多。**加拿大那方面要求我们给这支队伍命名,他们并没给出截止时间,我们最后决定了一个名字交上去。第一轮比赛都准备完了,他们说对不起,命名是有时间限制的,你们已经超过时间了所以成绩被清空。其他国家很多队伍也出现了这些情况,**比分一下子就拉开了。**所以我们第一轮欠债就欠了两千万,没出现问题的组净挣两百万。之后所有组员都来找我,我爸也说我很不负责,当然中间也有吵架的过程,但是吵架还是比较少,组员都比较理智。我觉得第一轮出现这种情况,之后再拿全国前三名的机会已经没有了。我就对组员说,你们愿意留下来一起成长的就继续,如果你们只是为了一个名分就不要再过来了。我对一些想出国的组员说,这是你成长历练、获得知识非常好的一个渠道。之后没有一个组员退出,**每周六我们八个人聚集在一起开始商讨各种可能面临的问题与挑战**。第二轮明显有业绩上的增长,第三轮开始终于盈利了。我们一步一步地做下来,发现进步得非常快。我们从第54名一直往上升到第20名。加拿大主办方亲自给我们发了封电子邮件对我们说,你们第一轮受到了那么大的挫折后还能继续往上爬,他非常尊重我们这种态度,觉得如果未来我们从事商业工作,这种态度会让我们受益无穷。并且颁发给我们卓越进步奖。

黄碧芬:这样的互动和肯定对处在探索学习进程中的孩子们一定是莫大的鼓励。

高中生可以这么有担当

杨　迪:之后我去考了SAT,我只有两个月的准备时间,第一个月学校的课程我一节课都没有落下,包括考试我都有参加。之前我都没有熬过夜,**那时候每天熬夜到两三点**。回家之前我把作业全部写完,回家之后就开始读SAT。早上六点半起床,一边刷牙一边听英语,一边看数学,如果有没写完的作业就在这个时候补——边上厕所边写作业。

黄碧芬:高中生真的可以这么成熟、这么有力量地来处事,为了实现自己的理想全力以赴去担当啊。

杨　迪:之后事实证明我的努力还是有收获的,但由于时间等原因,最终没有去成。美国大学申请不仅只看你的成绩。你的分数多高跟你的大学好坏不是成正比的。有些同学考了很高的分数,但他们中意的学校却没有录取他们。我认识一个家长,生的是女儿惯着养,从小到大都在环游世界,小学还没毕业就送到新加坡去,一直读到初二,送到菲律宾学习觉得不适应,就送到香港去学习,初三毕业后到英国去深造,之后又去法国的贵族学院,最后到瑞士读酒店管理。按理说去过这么多国家跟外国人交流应该没问题了,但是她平时都跟中国学生在一起,不跟外国人沟通,最后父母又把她送回中国。我就觉得她过日子也不知道什么是好的,也不懂追求什么意义。有些家长为自己的孩子找了出国中介,花了几十万的中介费让孩子包装好出国。

黄碧芬:有些家庭把孩子送上看似前程似锦的求学路,事实上因父母包办过多,孩子本人如果没有很好地面对自己学习生活中面临的实际问题,遇到困难就转移、就绕道,他/她的心态和能力就得不到应有的历练,白白浪费了宝贵的时间、精力和财力,浪费了丰富的教育资源,这是很可惜的。你能够看懂这些很重要。

杨　迪:每个人都要承担自己的责任。况且,我们其实已经得到父母、老师的很多帮助了。

黄碧芬:很感谢你,与我们分享了这些宝贵的成长经验,包括你现在正在戴尔的学习经验都非常好,态度真的胜于一切。这个世界有太多东西是我们不知道的,只要我们愿意去了解,愿意去面对、去学习,我们都可以积累更丰富的见识和接人待物的能力,有机会还希望与你继续交流分享哦。

杨　迪:我很乐意,谢谢老师!

精彩聚焦

　　杨迪同学的真诚一如他的谈吐:周到、生动、不断进行自我剖析、不断追求有意义的目标并极富行动力。如他所言,他的人生充满意外,难能可贵的是,他总能痛定思痛,找到扳回"意外"的转机,直至通过有效率的付出,重建伟业。他父亲对他的方向引领,他母亲对他的关爱浓情和适时的点拨,促使他心无旁骛地追求优秀。他从小遭遇的挫折和打击也使他更能感同身受他人的遭遇,更具备天然的同情弱者的心境。这孩子自动化的反思习惯和几乎将思维外化的表达习惯其实是一把双刃剑,在格格不入的环境,他容易遭遇围攻打击,在良善而进取的环境,他会如鱼得水,自在畅游。很幸运地,他最终到了一个很好的班级,用他的话来说就是"我发现很多有同样目标、同样价值观的同学,友情变得更丰富"。他在这么小的年龄就已经打造出来的良好生活态度和工作态度真是让人佩服!与他一样,我也特别感谢那些给他真实历练和嘉奖的有识之士,他们给予的鼓励和肯定很及时、很中肯地温暖着这些努力进取的少年的心。其中的许多方法真值得迁移到学校,让更多的孩子受益。

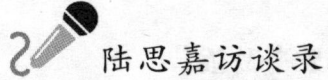陆思嘉访谈录

成长来自强烈的内心渴望

访谈嘉宾:陆思嘉
　　2011年保送进入北京大学,就读朝鲜语专业
访谈主持:黄碧芬
原始记录:龚斯恬(保送进入外交学院)
整体梳理:黄碧芬

"跆拳道"和"韩剧"给小小的自己一种特别的力量

黄碧芬:很高兴有这样一个机缘与你深入访谈。记得我曾问过你,为什么选读朝鲜语?

陆思嘉:(笑)初一的时候身体不大好,妈妈让我去报跆拳道学习班。练习跆拳道的时候有感受到朝鲜民族的忍耐与坚韧。

黄碧芬:看来跆拳道老师不只教你们招式。

陆思嘉:是的,老师会教我们许多东西。比如,列队开始时要对国旗行礼,以对国家尊重的心意开始练习;如果迟到了,要向国旗鞠躬致歉,还要做俯卧撑;打招式之前要呐喊,把气势放出来。

黄碧芬:这种精、气、神并用的练习法真好。后来呢?有进一步地了解吗?

陆思嘉:后来又看了一些韩剧,觉得有表现出家庭的温馨、对长辈的尊重、还有礼仪的传承等。这让我另眼相看。感觉与国内一些谈家庭情感的电视蛮不同的。

黄碧芬:你的这些感受是自己放在内心独品呢还是会和他人分享?

陆思嘉:会和父母一起看,看完一起讨论。我还会去上网查影评,看看网民的看法。

黄碧芬:你真的很幸福,可以和父母一起看。

舒畅的亲子沟通及时清除心理"淤泥"

黄碧芬：你觉得你对家庭交流氛围满意吗？

陆思嘉：很满意。每天放学以后妈妈都会很主动地迎上来问学校发生的一些新鲜事。有些话不想说他们也会引导我说。

黄碧芬：妈妈做得很好。小小的你因有这样安全的分享和表达，就有机会清除心理的"淤泥"，种上明辨是非的种子。

陆思嘉：特别是初中刚开始的时候不大适应，跟他们交流以后慢慢适应了成长的变化。

黄碧芬：你初中就上了我们学校吧？你觉得初中和小学有什么不一样呢？

陆思嘉：小学上学只要走路五分钟就到了，初中家里住得很远，需要坐将近一个小时的公交车。每天都很疲倦，精力不足，晚上不想写作业。另外，在小学是风云人物，初中就没有了，心里会有落差。

黄碧芬：优秀生"堆"在一起就"被埋没"了，那时候很失落吧？

陆思嘉：对。那时候成绩也不是很好。

发挥优势智能步入自我成长的良性循环

黄碧芬：你后来是怎么调整过来的？

陆思嘉：后来慢慢找到一些可以发挥自己特长的地方。比如说宣传委员，做出很好的海报得到同学的认可；后来又竞选学生会的宣传部长，可以出很多大海报，贴在学校里。

黄碧芬：非常好。找到能够展示自己才华的优势项目。那时做海报对你有困难吗？

陆思嘉：我从小练画画，画起来还蛮轻松的。因为那时候成绩还没有很突出，就想在这方面突出一些。

黄碧芬：刚步入青春期的孩子很需要被肯定。从小学的本领能用上真好，服务于工作又激励到自己。

陆思嘉：而且多做了很多事情后，时间的利用效率也提高了，慢慢地成绩也提高了。进入了良性循环。

黄碧芬：你用"良性循环"描述自己多方向的进步和协调，真是太贴切了！

感觉事情做得好有成就感就更不容易累。你会发现有些以前不想做的事情,现在似乎也都能自动化地积极主动去做了,是不是?你是否记得大约初中什么时候开始进入良性循环的?

陆思嘉:差不多上了初二。初一上学期觉得每天都很累,之后就慢慢充实了。初二还多加了一门新课——物理,我物理也学得很好。

黄碧芬:上高中后能继续保持这种势头吗?

陆思嘉:高一年级一下子九门课都很重要,觉得时间特别不够。初中的时候是理科比较好,高中开始也花许多时间读理科,但发现达不到自己想要的那种状态。所以那段时间很迷茫。当时也来找过您。我们谈到的既有文理分科这个东西就好好把握的想法很帮到我的。

黄碧芬:那时候觉得学文科更擅长一些,跟你内心深层次的需求也吻合一些,是吧?

陆思嘉:对。我的思考会偏感性一些,也喜欢文学类的一些东西。那时候就觉得选文科挺好的。

黄碧芬:那时候知道要往语言方向走吗?

陆思嘉:还没有,只是觉得学语言也挺好的。那时还想过学法律、学文科都是合适的。

喜欢有挑战的工作方式

黄碧芬:学生会的工作在高中还有介入吗?

陆思嘉:初三的时候选上学生会副主席,一上高中就参与到学生会的工作中了。长大一些了,老师也让我们放手去干。可以做一些创新的东西。

黄碧芬:刚接手新工作,就能想到创新,不容易呢。有了解是否有什么可以继承的吗?

陆思嘉:学生会已经很成熟了,可以好好发扬外语节、艺术节的好传统。就一直在想可以做一些和上届不一样的东西。比如全市的中学生国学竞赛,我们打电话给十所中学,最后有五所来参加。

黄碧芬:对外跨校联络、协商工作不容易呢,你们是如何策划的?

陆思嘉:我们学生会的团队蛮有战斗力,蛮让人感动的。我们各个部门会互帮互助,可以一起把活动做得很成功。

黄碧芬:怎么互帮互助呢?

陆思嘉：我们有个人力资源部，底下还有个外联部，他们有全市中学生学生会部长的联络电话，我们就给各位学生会部长打电话。向他们说明活动项目和组织要求，邀请他们来参加。一中组织得最好，来有60多位同学来，他们学校派了辆车载这些同学来回。其他学校人比较少，我们就向自己学校申请派车去接他们。

黄碧芬：真了不起。正常上课之余再做这样的事会辛苦吗？

陆思嘉：确实。那段时间根本不能出差错，不然会影响到学校的声誉。比赛前我们先把各个学校学生会负责人集中起来开了个会，让他们签了协议保证会来，还把比赛流程给他们看了。

黄碧芬：结果呢？

陆思嘉：还是挺成功的，也有一个插曲。我们安排了初赛、复赛和决赛。初赛、复赛都在我们学校举行，考虑到海沧比较远，决赛就想安排在一中举办，他们也很乐意。我们在校内有先选拔，有请语文老师、历史老师来做评委。很多人觉得国学只是有论语那些很艰深的，其实唐诗宋词汉赋也都是其中的。我们的题目也出得比较新颖，还有让选手表演的内容。我们还请到集美大学的一位教授来做评委。当时举办完觉得收获很多。第一，打电话的时候学会了怎么样在很短的时间内和人在电话里沟通，怎样让自己的意思表达得清晰明了，并且能获得认可。第二，在处理应急问题时怎么控制情绪而理智面对。比如双十本来承诺要来参加复赛的，后来觉得海沧太远临时不来了。后来看到决赛挪到一中办他们又要来参加。开始我们蛮气愤的，进一步沟通才知道这中间也有些误会的地方，他们的确有自己的难处，就相互理解了。

黄碧芬：越复杂的事情越需要真诚沟通。双十同学对自己有机会直接进入决赛有什么表示吗？

陆思嘉：双十的负责人看到我们学校和其他学校没有计较他们，并且欣然接受他们直接进来决赛，感动得哭了。其实大家都是抱着把事情做好的态度的。学生会结构很大，难免会出现一些矛盾。

黄碧芬：我们的孩子真大气，东道主也做得好。你们能够这样调动多方面的支持，主办这种跨校区的大型活动，真是不简单。

欲向高目标冲刺知难也要走

黄碧芬：你自己是什么时候才决定保送的？

陆思嘉：高二下学期。那时候对保送政策比较了解了。这是一个很好的上好大学的途径。

黄碧芬：目标定在哪里？

陆思嘉：五四运动里北大学生的精神感染了我，我选择北大，如果没考上就去高考。

黄碧芬：热爱具有很大的力量。

陆思嘉：北大虽然专业少，但是平台好。加上个人感情就坚定不移了。

黄碧芬：保送的准备过程你觉得顺利吗？

陆思嘉：当时觉得很忐忑，去年六个去考北大只上了一个。压力很大，决定上不了就去高考。

黄碧芬：学校给你们搭建了一个很好的平台。哪些方面你觉得特别受益呢？

陆思嘉：英语培训都很好，语文方面有保送经验的老师会比较好。考前压力真的很大，幸好能方便来做心理辅导。

黄碧芬：越是追求高目标压力越大，这也在常理中。重要的是能安下心来做有意义的事。

主动交往懂得选择适当话题

黄碧芬：平时你跟同学的交往顺利吗？会如何定位呢？

陆思嘉：想和所有同学都处得好一些。

黄碧芬：这不容易，是吗？尤其你是学生会主席，经常需要站在前台和同学交往。你通常会比较主动吧？

陆思嘉：一般比较主动。在班级会主动和同学聊一聊。

黄碧芬：一般聊什么？

陆思嘉：爱好比较多，课余做些什么之类。

黄碧芬：如果聊到"垃圾"话题怎么办？

陆思嘉：这种话题深入下去没什么意思，浅尝辄止。聊聊也是放松，多聊了没意思。

黄碧芬：正是这样。跟老师的交往呢？

陆思嘉：因为学生会做的事情比较多，聊的都是工作的话题，轻松的话题比较少。都是带着工作去交往。

黄碧芬：与父母交流通畅吗？

陆思嘉：因为家长都是大学老师，比较注重我的教育，交流也多。学生会有一些拉赞助的事情也会请教他们。父亲是教机械工程的，母亲是教工商管理的。

黄碧芬：与谁交流更多些？

陆思嘉：妈妈。她的专业涉及人力资源管理，许多内容对我平常的工作很有帮助，她经常上完课回来跟我讲讲，看我对课上分析的案例有什么看法，和大学生有什么不同。

黄碧芬：太难得了，爸爸呢？

陆思嘉：我爸爸比较直，但内心保留童真。他经常做一些有乐趣的事情，我有压力的时候和他交流很放松。

黄碧芬：真幸福啊。一个有引领的高度，一个比较放松，又都能相互了解和需要。像爱情、婚姻之类的话题在家里会探讨吗？

陆思嘉：这话题我家探讨得比较早。我接受的是西式教育，父母会买一些书来给我看。我爸还会和我探讨找什么样的丈夫更合适。

黄碧芬：在家庭探讨这样的话题是最自然的途径。与父母有共识吗？

陆思嘉：父母会比较务实，倾向找个合适的人为婚姻谈恋爱。表哥则建议我大学不用考虑太多，直接去实践就好。我觉得恋爱不要为了谈而谈。如果志趣相投可以适当谈一下，但毕竟以未来目标为主，两个人得有相同的目标。

黄碧芬：有思想的共鸣，可以分享，能相互促进。这意味着自己的人生观、价值观已基本形成。看来你在同龄人中是比较成熟的？

陆思嘉：可能参与的事情比较多，还有学生会的文件写多了，说话都有些官腔，会让人误解，要调整一下。

珍惜自由的学习机会，及早坚定自己的目标

黄碧芬：你已意识到，就会有所调整。尤其你长得这么柔美，语音语调都很好听。我相信你进到北大这个历史悠久的校园里，一定能吸取更多营养，也继续发挥你的优势。在要迈向心仪的大学校园之前，请你说说对母校最欣赏的部分会是什么呢？

陆思嘉：让我很感动的是外国语学校的学风自由，我们能进行很多活动，

这可能是与双十和一中等许多学校很不一样的地方。**我们的学习生活阶段目标很重要,只要目标明确的话,再多的问题,我觉得都是能克服的。**

黄碧芬:方向明确才知道要往哪里走。但很多人有目标却又容易放弃,你觉得是怎么回事?

陆思嘉:我觉得目标定得要通过努力自己可以达到的,遥不可及就是妄想,还有就是内心要有强烈的渴望。初一的时候非常想当学生会主席,当时却连班长都选不上,后来当了宣传部长觉得离梦想近了一些。

黄碧芬:你觉得高一、高二、高三的学习和课余生活有哪些不同?

陆思嘉:高一我觉得主要是调整初、高中的过渡,明确分科,可以多参加一些学生会的活动;高二需要专注于某些学科,要把基础打得扎实一点,还可以参加一些活动;高三就需要心无杂念去冲刺。

更多了解和运用知识让自己学有动力

黄碧芬:你觉得什么样的机制能让学生主动学习?

陆思嘉:兴趣是最好的老师,要让学生把知识和实际生活联系起来,不要让同学觉得是为了课程和考试而学。以前我很讨厌地理,后来家长经常带我出门,看到一些地形地势就会觉得地理知识真的有实际运用价值。

黄碧芬:平常会阅读一些什么书?

陆思嘉:对我的思想影响比较大的是国外的名著。最早接触的名著是《飘》。中学以后读近现代散文名家的书。中学生课外阅读书目有点像是为了考试而读的,会挑着看。

黄碧芬:会和人交流读后感吗?

陆思嘉:会和家长交流。

黄碧芬:更愿意向学弟、学妹们推荐读什么书?

陆思嘉:像《培根论人生》,这些偏哲学类的书,我觉得很好。

精彩聚焦

思嘉从里到外都透着一种追求优秀的气息。她自愿在有挑战的职务担当中表达和锻炼自己的才华,由此,她乐于准备,乐于承担。小小的她,就能从课外的"跆拳道"训练中感受到尊敬的力量和气势;也善于从父母

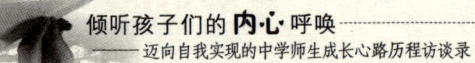

风格不同而各有内涵的爱之关怀中吸取成长的养料。她的目标感和成就欲求都比较高,可喜的是,她也能让自己去承受其中的压力,坚定勇敢地走自己心仪的路。这样的孩子常能更多拥有成长锻炼的机会,也更能彰显优势充分发挥自己的聪明才智。

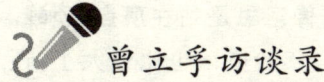

曾立孚访谈录

真心付出的稳健学习法让她自然走进北大

访谈嘉宾：曾立孚
　　2011年保送进入北京大学，就读俄语专业
访谈主持：黄碧芬
原始记录：刘芳芳（集美大学应用心理专业实习生）
整体梳理：黄碧芬

对语言感兴趣促成她早早做了选择

黄碧芬：感谢你接受我的访谈邀请，我们还是从保送说起吧，你是什么时候开始确定要走保送这条路的？

曾立孚：很早就想好了，初三就确定要读文科，高一被分到文科实验班时，就决定要保送。

黄碧芬：这么明确的认定又是基于什么考虑呢？

曾立孚：因为我就是对语言比较感兴趣，其他像政治、金融都不太感兴趣，就算参加高考，选专业还是会选择语言，所以决定选择保送，这样自己可以多投入到自己喜欢的科目，做自己喜欢的事情，也没有这么大压力。

黄碧芬：对于喜欢语言的同学来说，保送这条路真是得天独厚，而且还可以选择这么好的大学。你选了什么专业？

曾立孚：俄语系，因为现在学德语、法语、西班牙语的人比较多，竞争比较激烈。而且我自己看《参考消息》，觉得中国与俄罗斯的交往发展也日益密切，俄语专业未来发展的前景我挺看好的。另外，我自己与俄语也挺有渊源，我的名字就是俄语音译过来的，所以选择俄语这个专业应该也不失为一个好的决定。

黄碧芬：很多决定真的都有其内在的感情基础。我看到你的名字时，就觉得很特别，曾立孚，一开始也想请你解释分享一下这个名字。

曾立孚：这个名字是我奶奶的妹妹给我取的，好像意思是站在顶点、顶峰。

黄碧芬：寄托着长辈对你的祝福。奶奶的妹妹，年龄应该也比较大了，还能用俄语发音，你和她还有联系吗？

曾立孚：她曾经公派到俄罗斯留学，现在居住在新西兰。

黄碧芬：与生俱来的亲缘关系是一种很特别的缘分。我很喜欢这种真挚的情感，因为这东西可以让我们什么时候想起来都很温暖。

适应新环境需要好心态

黄碧芬：你已经在这里学习六年了，主要的收获是什么？你当年是如何进入咱们学校的？

曾立孚：小学毕业那年是全市统考。刚进来也不是很适应，因为我小学的成绩还不错，但是来了这里以后，竞争激烈，初一的时候成绩也没有很理想，落差挺大的，挺不开心。但是后来通过与老师沟通，家长支持，自己慢慢调整，就慢慢适应了新的学习环境。

黄碧芬：回想在调整的过程中让你印象比较深刻的是什么？

曾立孚：初一数学有一次考试，是我生平第一次挂科，非常伤心。之后数学老师来找我，对我说："其实你数学基础挺好，只是你要调整好心态……"我当时听到后，有些逆反，心想这种话谁都会说。之后自己反思，想想自己确实心态不好，考试中非常紧张，怕考不好。后来想想结果其实不是最重要的，我就经常与数学老师交流。

黄碧芬：看来对待事情，你还是能客观面对的，这么小就已经懂得反思，真不简单。你说要心态好，怎么才是心态好呢？你觉得当时那种心态自己是怎么扭转过来的？

曾立孚：就是考试准备阶段把握每一分每一秒，全身心地投入，有一定压力。考前及考中就要让自己放适当轻松，不要给自己很大压力，把自己的状态发挥到最好。

黄碧芬：考试中认真审题，认真做题，心无旁骛，不去考虑考试结果。考前争分夺秒去复习，对自己需要学习的内容是清楚的。看到那些自己还有欠缺的知识会不会着急？

曾立孚：会，特别是大考之前，有些最基本的东西会忘记，就会非常着急，有段时间甚至还会大乱阵脚，但是后来自己可以慢慢调整过来。

黄碧芬：真了不起，是怎么调整过来的呢？要消化的知识点很多，你有什么办法能让自己不那么容易忘记呢？

曾立孚：我自己是这么想的，会忘记的大多是一些公式，真正灵活的东西是不会这么轻易就忘记了。**虽然会焦急，但是必须复习的知识点还是会安排时间复习。**

黄碧芬：切实对可能记不牢的东西要再过一遍，自己会做一些整理，有做一些笔头的帮助吗？

曾立孚：有，这个会。

黄碧芬：会做一些笔记，只有你自己看得懂，别人兴许还看不懂，对不对？

曾立孚：嗯，是这样。

黄碧芬：有些事情就必须自己亲力亲为去整理，这个习惯非常好。那么回顾你整个初中阶段的学习，你觉得顺利吗？

曾立孚：还行。

扬长避短的稳健学习法

黄碧芬：当时在初中，你对自己各门学科的学习是怎么定位的？或者说对各科目的要求都一样吗？

曾立孚：不一样，我当时对英语和语文比较感兴趣，这些学科的学习对自己的要求也比较高。就是要求这两门必须进班级前几名这样。然后数学是比较薄弱一些，只要自己觉得已经发挥到最好水平就好了。化学、物理这些科目，就是会做的题目保证一分不丢，不会做的题目就没有办法了。

黄碧芬：老师发现你做事情特别稳健，又有策略，强项就是要发挥到最好水平，比较薄弱的科目就有一个保底水平，尽己所能，不强求自己，非常好。那么到了高中，还能保持这样的心态吗？

曾立孚：高一的时候还是这样，到高二下的时候就开始准备保送了，会有偏向。

黄碧芬：就是会更多地偏向保送的科目？保送的科目是我们课内预备能完成的，还是需要额外的学习？

曾立孚：英语需要额外补充很多东西，英语单纯课内学习的话，肯定是不够用，肯定还是要课外再学习，再强化。

黄碧芬：那么你自己就能完成这些任务，还是需要另外请老师指导？

曾立孚：都有吧！老师会给我们上课，然后列一个总的大纲，帮助我们复习得更加有条理。如果单纯依靠自己的话，东一块，西一块，比较混乱。老师起了一个组织引导的作用。

黄碧芬：在老师引导的这个框架下，你自己很投入，每一样都要落实，对不对？

曾立孚：嗯，是的。

黄碧芬：这样就比较可靠嘛。做事情有可靠的投入和落实才能出结果啊！

自愿参与活动历练多

黄碧芬：在高中生活阶段，除了学业上的耕耘之外，还有参加什么社团活动吗？

曾立孚：有，参加模联活动。**高二的时候也有参加外交模联，去了北京外交学院**，还有学校的很多活动，比如歌手赛什么的都有参加。因为整天读书会很烦的，所以要找点活动调整一下。

黄碧芬：对，要调整一下。这些活动都是你自愿参加的，也知道要做些什么样的事吗？

曾立孚：是，知道。

黄碧芬：参加这个模联活动你觉得都有些什么样的收获？

曾立孚：很有收获。因为比如这次北大面试有考到时政问题，就需要自己平时对政治动态有敏感度，当时去模联就需要学会写文件啊，准备衣服什么的。都需要查那些国家的方针政策，最新的热点问题，当时在这些方面做得比较多，所以后来在准备的时候就可以稍微多点时间顾及其他的。而且当时模联的任务完成也锻炼了我的心态，因为我要对着很多人翻译，而且当时是在上学时间，所以时间分配要把握得好，这个能力后来对我就帮了很大的忙。

黄碧芬：真是很全面、很扎实的历练，**我觉得这就是综合素质的长进**，你对这些时事政治要有所了解，还要根据需要整合，还要顾及时间的安排，现场反应等等。

曾立孚：对对。

黄碧芬：太了不起了。

曾立孚：（笑）……

黄碧芬：咱们高中的平台真是很了不得。只要你愿意，你愿意真正去参与、去感受、去担当,你就一定会有比预期更多的收获。那参加歌手赛对你来说是什么样的感受?

曾立孚:就是放松的感受。

黄碧芬:只要能参与就好了,没有太高的自我要求。

曾立孚:对,对!

黄碧芬:有没有享受别人的风采?

曾立孚:有,那肯定有。就是在台下看的时候,因为作为观众和作为参赛选手在台上表演是完全不一样的感觉。

黄碧芬:两种角色都体验了吗?

曾立孚:都体验过了,因为有的时候根本是连复赛都没有进啊。(笑)

黄碧芬:那也没关系,可以安心享受。在这六年里,还有其他兴趣爱好吗?

曾立孚:会去游泳,比较爱游泳。游泳可以锻炼身体,劳逸结合。

黄碧芬:对呀,大概频率是怎么安排的?

曾立孚:在初中的时候,每天上完学就去游泳馆游一两个小时,然后再回去做作业。到了高中就没那个条件了,但是高二的时候每星期都会有游泳课,就那时候游。

黄碧芬:那周末呢,周末回家都干吗?

曾立孚:周末?就完成学校的作业,累的时候就弹点钢琴。

黄碧芬:从小就练过?

曾立孚:对,然后剩下时间就去遛遛狗之类的。

黄碧芬:哈哈,生活得蛮小资喔(笑)。爸爸妈妈也是给你创造了很好的条件。

曾立孚:对,所以很感谢他们。

更多与父母商讨问题内心踏实

黄碧芬:你跟他们交流得怎么样,顺畅吗?

曾立孚:很顺畅。

黄碧芬:从小到大就一直这样吗?

曾立孚:对,有话就会跟他们讲,有的小孩只想自己去解决问题,不喜欢跟父母说,比较独立。我是属于那种有话憋不住,一定要跟父母讲,不然会感觉好像在骗他们。

黄碧芬：与父母商讨，心里更踏实。你觉得自己有受益吗？除了你自己会从中得到安全感，还有别的受益吗？

曾立孚：有，有，因为毕竟父母比我早接触社会二三十年，经历肯定会比我们更多，所以对待人际交往等一些事上会有比我们更成熟的一些意见和建议。

黄碧芬：他们的建议、意见能给你参考，甚至拓展视野，是不是？有没有遇到意见不一致的时候？

曾立孚：经常，经常会因为一些事情意见不合，会争吵，后来觉得好像都是因为我的想法太过幼稚，涉世不深，所以有点冲突。

黄碧芬：我理解你们的争吵并不是盲目地争个你对我错，而是会展开作具体分析。

曾立孚：对对，有时候还挺激烈的。

黄碧芬：很好的家风啊。你们家也就你一个孩子吗？

曾立孚：对，就我一个。

黄碧芬：爸爸妈妈能够与你平等交流，会先倾听你的意见，也会给你他们的想法供你参考，你已感受到他们比你更成熟，但又不会压制你，这样非常好。

曾立孚：对，除非一些原则性的问题，会有点强制。

黄碧芬：这也能让你不易出偏。是不是？嗯，那跟老师、同学交往顺利吗？

曾立孚：还好。

导师级的班主任让自己受益良多

黄碧芬：跟老师交往你更多把握什么？你会更在乎什么？

曾立孚：这个怎么讲呢……因为老师来班级上课，很多比如像政治、地理、历史老师他们上的班级很多，所以跟他们的交流可能仅仅局限于上课的那四十分钟，还有比如晚自习，他们过来看的时候去问些问题，所以，**我觉得和这些老师的最好的交流就是认真完成他们布置的任务就好了**。像班主任，因为他不仅仅是一个老师，在你平常遇到困难的时候，还会帮你提点一下，比较像导师嘛。**高中住校，平时跟父母讲话时间也比较少，跟老师沟通相对比较多，所以更多的时候把老师当成一个向导、一个朋友，而不是单纯的凌驾于学生之上的一个老师。**

黄碧芬：你这样的师生关系定位让你自己都感觉舒服吧。导师级的朋友，阅历比你丰富些，也年长一点，跟他探讨一些问题往往能受一些启发帮助。那通常探讨后给你的反馈能够帮助到你吗？

曾立孚：可以啊，比如我后来保送的时候，心态会比较乱，然后莫名其妙经常觉得很紧张，后面马爸就跟我说了，说有一定压力才是好事，如果完全没有压力就说明你根本不在乎这件事情，但压力过多也不是一件很好的事情，你得去掉这过多的压力源。我觉得他说得挺有道理的，就根据他的方法来进行调整就好些了。

黄碧芬：你在班级有担任过班干部吗？

曾立孚：科代表，英语科代表。

黄碧芬：在科代表的位置上，你觉得主要要做些什么事？

曾立孚：其实科代表的工作就是帮老师分担一些任务，比如说收收作业啊发发作业，布置一下，然后向老师反馈一下学生的状况。

黄碧芬：还会向老师反馈状况呀？通常是一些什么状况需要反馈呢？

曾立孚：比如说最近大家晚自习的时候读英语的时间会不会够啊，会不会因为其他课程导致英语的复习会落下一段之类的这种情况要跟老师反馈，然后她再作商议。

黄碧芬：这是总体时间把握上面的。内容上呢？有没有做一些反馈，比如说班上同学的学习状态，哪些内容消化得好，哪些需要更注意的？

曾立孚：这个其实有时候学生会自己调整，个别的也会去找老师说，主要的反映是时间上的安排。

黄碧芬：嗯，能这样做已经很好了。我了解很多科代表只会收作业发作业，而对同学在学科学习中遇到的问题并没有足够重视和反馈，我觉得这就浪费了他们的职能，这个职位实际上可以更多地做好教学沟通的。我听说马爸治班有方啊，你们班有蛮多独特之处，或者说你们班很有凝聚力，你特别喜欢班级生活中的哪些方面？

曾立孚：很多都很喜欢，都成为习惯了。（笑）

黄碧芬：哈哈，习惯成自然了，很多都很喜欢，这就给了我们很好的感觉。你觉得有没有一些东西你们班有别的班没有的？

曾立孚：哦，比如说运动会的时候，我们班每个人就做一个小小的字符贴在身上，上面都写了一个"马"字，然后我们班运动员都是"马家军"，当时大家都觉得很起劲。大家对马爸都非常尊敬，整个班因为马爸都凝聚在一起，然后大家做操的时候都挥动起来，整个场面非常感动。

黄碧芬：那马爸肯定也是幸福得不得了，弟子们这么喜欢他。

曾立孚:他确实挺好的。

黄碧芬:你们班同学交往中有没有大家公认的一些公约守则这一类的东西?

曾立孚:守则?

黄碧芬:或者说大家有默契的东西,触犯它定会被鄙视的?大家有默契的比较受欢迎的一些要求。

曾立孚:好像很多东西都是大家潜移默化地达成共识。

黄碧芬:比如说?

曾立孚:比如说……我也想不出什么东西来。

黄碧芬:(笑)不要紧,我的问题可能要再具体点,因为像这类价值感的东西我觉得很有意思,一个班级要有很好的凝聚力,首先要有一个好的领军人物,他治班的思想理念和方法也会深入人心。通常大家通过一段时间的磨合,会认同一些价值,或者就说你自己特别认同的、特别在乎的是什么?谁破坏它你甚至还会生气?

曾立孚:我可以现场求助一下吗?

黄碧芬:可以。

曾立孚:(问另一名同学,以下称学生甲)我们班有吗?

学生甲:我觉得要看具体是什么,比如说马爸要求我们课余时间一定要去体锻,那这就会比别的班有更具体的去要求。

黄碧芬:马爸很重视体锻。

学生甲:对,然后他也会在体锻的时候一起参与进来,会跟我们一起踢毽子啊之类的,我就觉得挺好的。

黄碧芬:还会踢毽子啊?真难得。好像你们还有对时事啊、文学等文化层面上的要求,包括看经典的电视节目啊,看名著等一些要求,是吗?

统一指导加上点滴积累达成拓宽知识面的效应

曾立孚:那是黄特老师。就是比如星期天晚上,他会要求大家看书,看什么书没有具体要求,但就是一定要读,可以看看课外的书,拓展知识面。

黄碧芬:这些课外书有统一指定的书目吗?

曾立孚:比如说有时候考试的时候会指定一些书目让学生自己去看,有些时候就没有硬性要求,就可以自己去选择书目来看。

学生访谈篇

黄碧芬:你们会更喜欢找些书来看后,时间够用吗?

曾立孚:如果单纯利用星期天晚上的几个小时看书的话,是不够用的,平时就会自己再点点滴滴地看吧。

黄碧芬:点点滴滴地看就很好,能将时间花在这上面,就无暇顾及那些可要可不要,或是是非非的东西,是不?

曾立孚:(笑)是的。

趋同的环境更容易建立共识

黄碧芬:那么同学之间的交往方面有哪些你觉得很温暖,感觉比较融洽的?

曾立孚:同学间的交往……因为我们班大部分同学是女生嘛,所以女生交往起来就会更加自然吧,有时候跟男同学交往,有些分寸还是要把握,但跟女生还挺好的。

黄碧芬:还是比较容易的,而且大家都是在朝前走。

曾立孚:对,共同话题也会比较多。

黄碧芬:这就是比较趋同的环境的好处啊。很多人反对提高班与平行班的分班方式,我不晓得怎样分班会对学生进步更有意义?

曾立孚:高考本身就是以分数作为基础的。分提高班和平行班的好处就在于,把一些优秀的同学集中在一起,然后互相进行对比,最后再带动整体上升这样子。如果让成绩差异很大的同学参差不齐地在一个班级里面,可能老师教学起来会更麻烦,要顾及不同学习程度的同学的需求,可能导致整个进度会拖下来。

黄碧芬:可能学得比较顺利的,或者能力比较强的同学会吃不饱,学得比较困难的又吃不下,这个不太好把握,所以到了高中这种分班还是要让同一个班的学生差距小一点,大家可有更多可能的探讨和互相带动,我特别想听听学生自己的感受,你这个感觉很真诚。

高中生要更多参与解决问题的社会实践活动

黄碧芬:在你的感觉里,高中生最要掌握的是什么?你觉得重点是什么?

曾立孚:我觉得还是知识和能力的培养,因为初中时候就是单纯地向老师提取知识,然而高中是连接初中跟大学的一个平台,大学其实就是我们今后要面对的社会的一个缩影,它不单纯是学生跟老师学习知识这种方式,要学会去人际交往、解决问题之类的,觉得这种东西到大学时候再来做的话,就会来不及,高中开始就要培养自己的能力,比如说时间的分配、做事的效率呀等等,都要从高中开始培养。还有一个知识面,就是会担心自己不是学自己需要的,这种情况可能有,无论是理论的东西,还是实践呀,课外的知识,可能都需要再补充,因为高中需要开始做这方面的工作,不然到大学以后,或者步入工作,才知道书到用时方恨少。

黄碧芬: 是的是的,你能了解到大学其实就是社会的一个缩影,不论在跟人的交往方面还是在学业的管理方面,包括选择学习内容等各方面,没有人会手把手去慢慢教你,需要你自己来选择,并具体去应用。你现在就能意识到,真的非常好。高中阶段的学业内容也相当多,但只要你跟老师密切配合,通常不会落到哪里去,可能你一路走过来,也是排在班级前面的那群吧?

曾立孚: 其实也不是很稳定,有时个位,有时十几,二十几。

黄碧芬: 在几百人的群体里,这已是相当不错了。其实本来我也不是特别在意这些排位,只是想了解下,这样的心态的孩子就学习成绩而言,在整体中大概分布在什么地方。我注意到你还自己适当拓展了一些老师并不硬性要求的学习内容,主要是什么呢?

曾立孚: 看报纸。像《参考消息》、《环球时报》呀,里面都讲了很多热点新闻,多了解一些社会动态,还是很有好处的。比如语文写作文呀,或者在跟别人交流的过程中都会自然用得到。

黄碧芬: 一方面是用得到,还有一个方面就是你会发现自己对社会有一分关注、有一分了解,这也会让自己因丰富而踏实。现在很多人在抱怨说高中生搞得都跟社会脱节了。

曾立孚: 啊,对对对。

黄碧芬: 你会这样看吗?

曾立孚: 之前我还是书呆子的时候,别人都这么说我。

黄碧芬: 你之前还有书呆子的时候?

曾立孚: 有啊,有。

黄碧芬: 大概什么时候?

曾立孚: 就是初三跟高一的时候,全身心地投入课程学习。什么报纸啊,新闻呀,都没有。然后就会被别人消遣是书呆子。

黄碧芬:"消遣"你的都是谁?

曾立孚:很多啊,家里的亲戚朋友啊,同学也有。因为高一的时候九科嘛,我又是属于那种比较偏科的,理科读得非常辛苦。分完科之后就好一些了,课余时间也会相对多一些,就会拿来看看报纸什么的。

黄碧芬:很好。我觉得你真是一个非常务实的孩子,主流任务当然要先保证了。学生的重要任务没做好,自己就不安心。一旦有余力,你马上拓展更大的学习空间,你后面能顺利完成北大面试,是不是也得益于你有这样一些预备?

曾立孚:是,有,因为他有问到时政问题嘛,比如说在朝鲜半岛的冲突当中,俄罗斯扮演什么样的角色,它有什么自己的立场,还有问到你对以色列这个国家有什么看法,有的都是需要自己平时去积累的。

黄碧芬:那这些内容,在我们的政治、历史科里会学得到吗?

曾立孚:就是没有吧。

黄碧芬:没有这样直接的问题呈现,但可能会有对这些问题的背景之类的了解吧?

曾立孚:但还真正就是没有,毕竟这些事是最近才发生的。

黄碧芬:你能很自然地看懂这些新闻,我相信还是有相关的史、地、政的知识背景在帮助你去理解的,是不是?

曾立孚:是,对,对。

黄碧芬:这类拓展性学习其实也是一种应用性学习,特别好,这个经验也可以介绍给很多人。

人的潜力真是很大的

黄碧芬:我估计北大的笔试面试下来,还会有一些特别的,或很刺激的感受吧?

曾立孚:很刺激的? **有啊,实在是太刺激了**。就是我开始是准备参加北外的考试的,当时觉得到北大并没有多少胜算。就是纯粹当作一次练兵去试试吧,并没有要求自己一定要考上怎么样的。当我还处在比较自在地慢慢准备时,12月19日,网上突然出消息说25日就要考试,24日就要报到,就等于说我只剩下三四天的时间来复习剩下的政治、历史、数学。政治要背四本书,那段时间我就从学校请假回家自己去读,然后天天就在书房里面背呀,就是那种心力交瘁的感觉,因为就四天的时间要背历史,还有数学,数学还是要考那些奥数的东西。没办法,你还要背书。

黄碧芬:你那时是怎样选材的?

曾立孚:我就先网上拿了一本北大清华自主招生的数学、历史卷来做,然后去找历史老师问一下现在要怎么复习,然后就是问下政治老师,找课本来背。

黄碧芬:我发现你好聪明啊,都找了一线的专家。

曾立孚:因为现在时间不够,再去按那些有规划的大纲去做,是没办法完成复习的。再加上心理上的冲击吧,非常痛苦。

黄碧芬:是啊,挺厉害的,所以说能扛得住,就会走得高。

曾立孚:19日的时候知道25日要考。材料要重新做,因为根本没有复习,很多都已经放了很久,很多都要从头开始。

黄碧芬:即使在这么高的压力下,你也能对付这些内容。这样说来人的潜力真的非常大,其实你的头脑里还是库存了平时积累的许多知识的。

曾立孚:对。

黄碧芬:关键的时候你只能提纲加重点,准备到怎样你都只能认了,就尽可能有重点地全力以赴准备就是了。那时你会害怕吗?

曾立孚:我当时进笔试考场时,讲得难听点就是破罐子破摔了,因为再怎么样也只能考多少是多少了。这么想着,会比以前要好很多。以前考试会紧张,这次心态却能比较放松。想自己能得到这个机会就很好,其他也不必多想。

黄碧芬:这心态好。这是你一贯的风格吧。

曾立孚:大家以前有跟我说,就算你以后去高考,可能大家的知识储备都差不多,考的就是心态。

黄碧芬:这是真理,心态一定是考试的第一位影响因素,体力也很重要,你还要坚持得住,不要晕过去。

曾立孚:对,对!

黄碧芬:运气有没有,有没有运气的成分?

曾立孚:运气?有。

黄碧芬:比如说?

曾立孚:就比如说,我当时考历史,有那种名词解释,大概有8个名词让你解释意思。当时复习的时候,要看一整本,肯定看不完,就挑几个来看,我最后挑的几个好像都有考到。这就是运气。

黄碧芬：真是好运气。我们读得一定比考得多，如果考的正好是我重点读的，就是运气太好了，试想一下，换成考自己不熟悉的知识点，就可能不会做，对不对？所以，我经常与学生探讨，面对应试，如果你做不到全面地准备，也必须尽可能挑你觉得重要的、有经验的老师同学认为重要的内容优先学习强化记忆，这对考试是有意义的。

学习当独立，交往要选择

黄碧芬：你的学习经验是很有效率的那种，跟人交往呢？也是有你自己的取舍吧？

曾立孚：会有更真心交往的，也有一般交往的。

黄碧芬：相互的理解、接纳、定位不同，交往的方式也会不同。

曾立孚：其实挣扎也蛮多的。我觉得好像现在的学生，会通过网络、报纸了解很多资讯，大家都有自己的打算，有时难免会有一些冲突。

黄碧芬：我也觉得现在孩子的心智，与你们的父辈在你们这个年龄的状态相比，真的成长很多，考虑的事情也比较多。那你有什么比较具体的选择或处理经验，导致效果比较好，感觉比较好，有这样的经历吗？

曾立孚：有，不是很有印象，因为这种东西，你面对选择，**肯定会有一些不好的事**，然后就自动过滤掉不去想它。

黄碧芬：你这孩子，真是太厉害了，自动过滤掉！然后让自己又处于一个比较平稳的状态。这样的选择可能对你是最好的，不会太受打扰。现在有时间可以回头反思一下，是否还有什么能够达成平衡的办法？现在还想请你给我们的学弟学妹讲点什么，你更愿意跟她们讲什么？

曾立孚：学弟学妹，高一高二年的啊？

黄碧芬：都可以，在学校生活中，你们已经是成功的榜样了。

曾立孚：很成功没有，我们都觉得……

黄碧芬：你们都是很自然地、克服了许多困难才走到今天这种高度的。

曾立孚：其实，能进我们学校的学生都是很优秀的，所以不用对自己的前途过分担忧。关键是**走好每一步，稳扎稳打，不要太急功近利**。也不要给自己过高的目标。重要的是真心地付出每一滴汗水，这才是最关键的。

黄碧芬：太好了！

曾立孚：因为到最后就算结果不是进入前列，至少可以说自己努力了，问心无愧。

黄碧芬：自己有尽心努力就问心无愧。对，我觉得你的这份经验会帮到很多人，因为稳扎稳打的做法是人人都可以努力的，心甘情愿的付出，不要老是怀疑我到底有没有白做，是不是？

曾立孚：对，对！

黄碧芬：你就好好去做就是了，去收获点滴的理解和体验。这是很质朴的好经验。感谢你！你在这里成长了六年，对咱们学校感觉如何？

曾立孚：刚刚老师也说我们学校还非常年轻啊，跟双十、一中比起来，没有那种百年的沧桑啊，但是**我觉得我们学校是后起之秀啊**。而且它可以给我们提供非常多的平台，那种很多的活动啊，那种外语节啊，艺术节啊等等，我觉得目前还可能是其他学校没法做到的，我们学校都给我们提供了，让我们的能力得到提升啊。如果说还有什么不足吧？我现在想想还是觉得家庭作业太多了。

黄碧芬：很好，不回避。你还是第一次来心理辅导室吧？有什么好奇的吗？

曾立孚：老师有没有碰到过那种印象比较深的案例啊？

黄碧芬：很多，我感觉到人与人之间是很不一样的，个体差异普遍存在，而且每一种存在都有它的道理。我们得深入了解来访者整体生活的系统发展状况，才可能了解他的困扰、他的需求对他而言意味着什么，对他的生命发展是否有价值，以及怎么走法更有意义，这些都得真诚地与来访者共同交谈或协商。别人的很多好经验，对他来说可能就是压迫，他可能做不到。但我发现你走到北大的走法，是很自然、很踏实的一种走法，你的很多经验是可以给人借鉴的。

曾立孚：我不是那种激进的人，一步步量力而行就好了。

黄碧芬：一步步脚踏实地的走法最可靠了！很感谢你与我们分享的宝贵经验！

曾立孚：我也很享受这个过程。谢谢老师！

精彩聚焦

曾立孚同学一路走来真是四平八稳的状态。她务实不冒进，会反思乐表达肯求助，还会尊重和欣赏他人，善于吸收有益的思想和建议，就总能在有特别需要时及时得到帮助。她学有重点、玩有趣味还有纯粹放松的休闲，过着比较舒适的生活。访谈中突显出来的那段预备参加北大考试的极其紧张的四天复习过程真是了不得。她会先找有经验的老师理顺方向性内容，再自己提纲挈领地抓重点复习，硬是将几乎不可能做到的事做下来了！这其实是得益于平时有理解的课内外学习的累积，也是在高度专注的状态下内在知识能力的有效整合。当然，也深深得益于她心态好：考成怎样就是怎样了！而且她还能真诚感激自己能够拥有这样一个来之不易的考试机会。

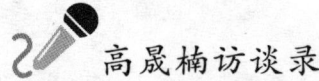

高晟楠访谈录

"参赛学习法"让她收获多方面的成长

> 访谈嘉宾：高晟楠
> 　　　　　2011年保送上海外国语大学，主修新闻专业
> 访谈主持：黄碧芬
> 原始记录：王智亮
> 整体梳理：黄碧芬

很会跳舞的她还有一份对人感兴趣的执着

黄碧芬：听说你一开始就很确定地选报新闻专业，是什么时候开始有这种想法的？

高晟楠：初中吧，就一直很想。觉得做传媒有利于认识社会、接触社会上的各种人。这样就觉得很有意思。

黄碧芬：想多了解社会、多了解人，这种愿望好，会让你的生活内容更为丰富。你个人在学习以外的兴趣爱好主要是？

高晟楠：小学的时候一直在跳舞，然后学了一两年古筝。上初中后就没再系统去学。但初中时自己有编舞带班级同学跳，也有参加学校舞蹈队的活动。高中还是学校舞蹈队成员。

黄碧芬：从小就学得有收获的舞蹈艺术不仅让你自己跳得起来，还能很好地帮助你服务他人。有能力教别人跳舞啊，多美的一件事，既展示了自己的风采，又自然在为他人、为集体做贡献，在这过程中愉快吗？

高晟楠：的确很愉快。

黄碧芬：而且，这也是对日常学习生活的一种调剂。动静相宜，很有益于健康啊！在你的感觉里，初中、高中的学习生活有什么不一样吗？

高晟楠：感觉高中负担比较重，作业比较多，经常感到时间不够用，不得不处于赶任务的状态，就会比较累。后来选了文科，感觉就好多了。

黄碧芬：看来你对文科课程的学习比较有好感。

英语优势来自想多学一点的长期努力

黄碧芬：你自己觉得文科方面的优势明显吗？除了日常课程的学习，你还有多做些什么相关的事吗？

高晟楠：好像也没有特别地投入。可能还是比较适合读文科吧。如果要讲优势，我还是英语好一些。**我从初中开始一直有在参加"希望之星"英语风采大赛。**

黄碧芬：这对你的英语学习和应用有帮助吗？

高晟楠：有。

黄碧芬：能否详细介绍一下这样一种参赛学习的经历？

高晟楠：可以。就是刚上初一的时候我就去报名，先是参加笔试嘛，第一次笔试还没通过呢。从初二开始才进入第一轮口试。都是从一开始就被淘汰然后不断进步，直到进的轮数越来越多。

黄碧芬：真不简单，能够这样一直坚持下来。参赛的动力主要来自什么？

高晟楠：就是想多学一点。到了初三的时候就进入什么华南赛区的那种，而且成绩也还不错。还慢慢知道了怎么样在台上比较好地展现自己的风采，也慢慢知道了要去培养自己哪些方面的技能。

黄碧芬：这都得益于你能坚持在这种集中展示风采的场所里不断观察、模仿和具体学习实践吧，你还是很有勇气、很有韧劲的。**既能不断欣赏他人的精彩，也能学以致用勇敢地表达自己的理解和感悟。**这样的真诚努力必然会让自己不断进步，是吧？

高晟楠：是的。这个过程其实蛮有自我挑战的。做得越来越好也会蛮有成就感的。

追求进步而不是在乎名次

黄碧芬：这一路走来，有哪些具体的经验让你特别受益呢？当你成绩不大好的时候会想打退堂鼓吗？

高晟楠：不会。因为那时候本来比赛前就没有想说我要拿什么样的名次。就是抱着看一下自己有没有进步的目的去参加的。每次都是抱着这样的态度

205

看看自己能不能再进步一点点。并没有想说我一定要多少名这样子。

黄碧芬：以这样的心态去"参赛"，真的会让人更从容。它本是一种正式的比赛活动，这就让你必须去预备、去投入学习准备，而真正参赛时，只需好好表现就可以，并不要求自己拿名次。其实你就是给自己一个锻炼的机会，对不对？

高晟楠：对，其实就是自己跟自己比。所以没有名次我也不会觉得有什么不妥。如果有名次我也只是将它作为一个对自己的肯定，知道还有很大的进步空间。这就对我不会有什么影响。

黄碧芬：真好，为所当为而又不勉强自己，难怪同学们说你四平八稳呢，说你有一种很低调的处事风格呢。

高晟楠：嗯，平时我是比较低调的。

黄碧芬：很难得。其实你有自己内在的进取心，也有具体的追求和行动。

"参赛学习法"让自己收获多方面的成长

黄碧芬：那你觉得在你这种"参赛学习法"里，你更多的是收获了什么？

高晟楠：这种参赛需要写一些演讲稿啊，需要声情并茂地上台表达啊，这些方面都会有一些进步。这样的演讲稿啊都是用比较简单的句子，我们学过的那些太难的比较长的句子还不能写进去。**语言的表达其实还是比较简单的，但是整体的音容笑貌、肢体表达上还是有要求的，这会显示你整个人的特点**，比如说自信啊，这些方面会有进步。

黄碧芬：这对个人成长真的是很有帮助的，**前提是你执着于具体的学习与锻炼，而不是急于"摘果果"**。这样的练习对你这次保送面试有帮助吧？

高晟楠：有帮助。我的面试过程还是比较顺利的。

黄碧芬：我很奇怪的是，你在台下的表达和在台上的表达风格是不是很不一样？

高晟楠：可能是吧？其实我在台上跟在台下可能真的是不一样的。同学也说我很不一样，但是那时我自己还没什么感觉。

黄碧芬：你回忆一下自己在台上时从外到内是一种什么样的状态？

高晟楠：会比较外向一点、奔放一点吧，就是比较没有生活中那么内敛吧。但这本来台上台下就是不同嘛。可能从小练舞的原因，从小跳舞的时候，老师会说我就是笑得非常开心的那种，我就会更加投入。慢慢就成了习惯了吧？

黄碧芬：你在台上的状态我抓到了两个关键词：一个是"喜悦"，一个是"投入"，是不是？喜悦之情溢于言表、溢于体表，就像是在生动地表达着动人的心声，这样一种很投入的状态，眼睛会自然发亮，自然会很有感染性，能让人不喜欢吗？我很想请你演示一段台上风采，好吗？比如最近刚参加的活动片断？

高晟楠：一定得做吗？老师，这不在台上，蛮不习惯呢。

黄碧芬：是蛮特别的要求，主要是想与你深入感受和探讨一个特别观察到的现象。而且，我知道这种表演在你是"小菜一碟"，这里也没外人，很安全的。

高晟楠：那我试试，就表演一下我前几天刚为欢送菲律宾同学主持的晚会片断吧。

……

黄碧芬：太好了！我特别惊讶于你的表情调整速度，台上那种流畅和自信的风采实在可爱。可是，在台下，你在表达自己的思想情感时，甚至在表达自己蛮有收获的事情时，怎么都是这么缓慢而斟酌呢？如果没谈这一段，我会以为你就是个小心翼翼的小女孩。

高晟楠：（笑着）老师，真的有那么大的差别吗？

黄碧芬：你的笑眉笑眼着实很可爱，但在生活中你为什么要把这些藏起来呢？

高晟楠：我也不知道耶，但是就是会比较收。

黄碧芬：如果让你用一个清晰一点的词把自己在台上的状态表达出来。会是什么呢？

高晟楠：比较大气吧。

黄碧芬：对啊，这就是我的不理解嘛。你在台上自然展现出一种与人交流的很真诚、很大气的美好气质，为什么在台下的生活中要把它收起来呢？你现在的微笑也让我非常舒服，也许，是我与你接触还太少，提问太多，或者是你对访谈特别慎重，才变成刚才那种很有些小心翼翼的状态。其实，你的调节能力相当强呢。

高晟楠：（非常可爱的笑脸）……

黄碧芬：平时，在与同学交流中，你对自己的满意度是多少？很好，很得体是10分，很差是0分，你会给自己评几分？

高晟楠：7分吧。

黄碧芬：挺好的，中上水平，但凭你的潜能实力，是不是还有做得更好的自我期待？

高晟楠：也许吧，感觉自己是有一些浮在表面的地方。

黄碧芬：平时的生活自理啊，美食啊，家政啊，都有兴趣吗？

高晟楠：一般般吧，会享受美食，却不会做，也没兴趣投入。

黄碧芬：过去学习活动多，时间不够用，现在清闲点了，让自己在生活中更多体验和实践也很有意思哦。尤其你选择的职业方向是新闻学，也愿意更多了解社会、了解人，那么，主动观察、中肯地表达，与人多向分享，真诚感召他人也是蛮重要的能力哦。愿我们有更多分享的机会。

高晟楠：谢谢老师！

精彩聚焦

很难得高晟楠同学从小就能摆正"自己与自己比"有进步就好的学习进程。她用参赛学习的方式规范自己的学习内容和学习行为，集欣赏、模仿、演练于一体，所得到的自我训练成果还是相当显著的。可能是她很单纯地只关注自己想训练的内容，一旦脱离这种练习的场所，她就自然调频到一种"休息"状态，表现为一种很低调的、有保留的、"不得不"应对式的状态，以至于我有所不解，我们就此展开的讨论也相当有趣，我感觉她还需要更多层面的自我接纳及与人分享的滋润。我的本意是协助她充分了解自己在当下的存在状态，适当拓宽值得关注的基本生活内容，使自己生活得更自在从容。

教师访谈篇

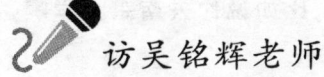

访吴铭辉老师

他喜欢静静地微笑着看学生一眼
—— 访厦外2011届高三(11)班主任吴铭辉老师

访谈主持：黄碧芬
原始记录：陈　莹
整体梳理：黄碧芬

在综合素质方面我们的学生是有张力的

黄碧芬：很高兴有这样一个机缘与你访谈，你是很受学生欢迎的帅哥老师哦！这是你带的第几届高三？

吴铭辉：来我们学校第二届。

黄碧芬：这班学生从高一到高三人员有变动吧？

吴铭辉：有，可能从高一到高三一直在这个班的就十来个左右。大部分都是高二再分班进来的。

黄碧芬：学生高考的发挥水平，在你的预料之中吗？

吴铭辉：今年应该说学生整体是考得很好的。四个实验班都是650多，非常高了。客观地说，今年这种命题，可能对一些数学强的学生来讲比较不利一点。因为命题偏简单，分数往上拉，所以就变成那种平时学习比较勤奋，语文、英语又有特长，各科学习总体比较好的同学占了优势。这刚好又恰恰是我们学校的优势。我们的英语的确强，像我们一个班有将近20个人上140分。英语平均将近137分。

黄碧芬：命题的配伍特点的确会影响学生的发挥水平。

吴铭辉：这次就有平时很优秀的学生没有发挥好。并不是说非要盯着北大清华不可，一个小孩子的成长，高考只是人生的一个十字路口，他以后能够走多远、走多高还是要看他的综合素质。我们学校在这方面，应该说做得非常好，小孩子那种张力是显而易见的。虽然这次各个班都有非常好的同学没考

211

出来,但这些同学实际上都会被很不错的学校录取,比如说你去南京大学啊,浙大啊,上海交大啊,或者去港大啊,都非常好。

黄碧芬:正是这样。今年我们学校考到这类大学的学生不少吧?

吴铭辉:是的,而且应该说,今年福建去这些学校的生源可能还会更好。在平时的教学中,我比较看重的是我们教给他的这些东西,十年以后能不能让**他有所成就**。如果你只是想让他高考能够考好的话,反而风险很大。比如说你预测今年会考得比较简单,那你平时就教得简单,这种是很短视而没有张力的。

黄碧芬:是这样的,这是基础教育的根本性问题。

吴铭辉:有可能你为了这个成绩,你以应试的标准认真做了三年,结果高考又没有往你预测的方向走,那最后小孩子他什么都没有学到。

黄碧芬:这样的风险是不能扛的。

吴铭辉:有的学校就是这么做,小孩子到大学以后明显就不行。我们的学生到大学以后,你看一下,非常优秀。学生回来介绍的情况是,平时正常上课都静悄悄的,但是只要一有活动,在台面上的都是我们外国语学校的同学。我们高一、高二的社团活动多啊,小孩子本身基础又很好,到高三再系统努力一下,他们就一次考得比一次好,越战越猛,基本上高考都是他们最好的一次。当然有些时候哦,最好这种东西是很难讲的。

黄碧芬:学生的心态也很好。

吴铭辉:对,考完以后无论是否拔尖,学生都能接受自己的成绩,**他们也都明白,关键还是在大学怎么做**。很多学生都已经很清楚我是要去读研究生的、我是要出国深造的,现在小孩子都在谈论这些。所以对他们来讲,也不一定要考省状元,要考省前几名。**我觉得小孩子非常阳光,他不会因为这个成绩出来不怎么样而"要死要活"**,他们都能够接受自己的现状。当然,这些学生再考不好也是可以上"985"学校的,差不到哪里去。

"人生十年"就有很多故事可以和学生分享

黄碧芬:陪伴这批学生三年下来,你会更重视什么?

吴铭辉:我会更重视德育方面,人生观,价值观,世界观。我是比较喜欢这种东西的,学生喜欢和我聊天,可能也是因为有这方面的深入。

黄碧芬:这些方面恰恰是高中生心智发展非常重要的内容,你通常会如何切入？

吴铭辉：我平时比较喜欢讲故事，给他们讲一些他们知道的人的故事。比如他们也有读一些历史书啊，但是可能读得不是很深入。这些东西我平时读得比较多，我就会充分去挖掘，然后把一些东西串起来。比如**我经常跟学生讲的"人生十年"**。我会用班会课，就以十年为主题来讲。**一个人要成就一番事业，你要坐得住。** 然后我就从苏秦开始讲起，起初苏秦出访六国未果，落魄回家，身无分文，然后就把门关起来，发奋读书，一读就是十年，然后重新出发，后来当了六国宰相。后面还有韩信啊，越王勾践啊，就这样一条线索讲下来。**然后就联系学生实际，你要有所成就，你一定要坐得下来，中学六年大学四年，这十年刚好是你人生非常重要的时候，鞭策他们好好把握。** 学生他们相对来说还是很聪明的，你一讲他就明白了，他们能够沉得下心。有的时候也讲讲自己的经历啊，讲讲周边老师的一些故事，学生爱听故事。

黄碧芬：就是啊，讲故事比讲大道理要可爱得多，有效得多。

吴铭辉：讲完以后，实际上你连道理都不用跟他讲，学生就明白你要讲些什么了。

黄碧芬：故事里头有人物、有背景、有画面，很形象，学生容易理解也记得更牢。

吴铭辉：历史的东西，很多东西都在重复。每个朝代给他一百年，或者以一百年为周期，你就能举出很多相同的、类似的故事，这一百年是这样子，再过一百年，再过一百年还是这样子，对不对。

黄碧芬：学生的眼界拓宽了，晓得自己会经历什么，晓得社会发展的基本脉络，就会更懂得如何规划自己、如何预备自己。

吴铭辉：对对对。**人的成长需要目标啊，你得让他看到前进的方向。** 我手头上有一个世界名校系列的片子，是中央电视台拍的一个节目。对刚接的高一新生，星期天晚上我们有班会课嘛，只要一有时间，我每个礼拜都给学生看一集。哈佛、耶鲁、普林斯顿，一开始的时候我就要给他们高一点的定位。普林斯顿是什么样子的，普林斯顿的学生都在做什么，普林斯顿的学生出来可以走到哪个层面，等等。当然，还会讨论怎么样才能走进普林斯顿。就这样子，普林斯顿、耶鲁、哈佛，这些世界名校，一集一集给他们看。**学生在看的时候，眼睛都睁得大大的，是很有感触的，日子就不会随便荒废掉。** 我也在后面与学生一起看，看完后还与学生一起总结一下，接下来要怎么做，高一要怎么做，高二怎么做，高三要做什么东西，理顺了，后面你的工作就很好开展了。

黄碧芬:拓展视野,调动需求,很现实具体而有高度的引领。

我喜欢静静地微笑着看学生一眼

吴铭辉:不要每天去纠正学生的这个问题,那个问题。那些都是小事情,如果你思想上的东西没给他建立起来,人生观、世界观、价值观没给他建立起来,天天都要纠正他的小毛病,他烦你也烦。有时候,小孩子偶尔也会犯点错误,你看他一眼,有些时候还给他一个微笑,他就明白了。班上有个同学,他有些时候会发呆一下,或者要跟人家说一下话,这时候我也没走到他面前,而是站在原地一直看他,看一会儿他就会感觉到有人在注意他了,他头抬起来看见我在看他,我也没凶他,我就静静地这样子看他一眼,他就不好意思了,然后我就给他一个微笑,他也笑了一下,马上坐正,该干吗就干吗了。**这种无声的交流很重要,而且很有效。**实际上很多东西我觉得开始那一下会比较辛苦一点,但是把这个东西建立起来,后面就是非常好做的。**老师和学生实际上都在享受这种教育的成果,看着学生一天天在进步,那种感觉是非常棒的。**

黄碧芬:太幸福了! 教育真的是可以这么安静地、耐心地,充满爱地去看孩子。我关注你,但我不急着纠正你,相信你自己会有感觉。你这种工作方式真的可爱又宝贵。

吴铭辉:有时,我们很多老师会相互聊天、交流,我跟他们讲这样一些方法时,他们会说我也这样做过,但都没有用啊。后面我就琢磨,为什么相同的方法,效果却不相同?

黄碧芬:你认为这种安静观察与交流的背后是什么?

吴铭辉:那可能是一个词,真爱。你要发自内心让学生感觉到,你是在爱他,你是在关心他,你是在为他做一些事情。而不是让他以为我是老师,这就是我的工作,这些东西我做完就完了。这不像在公司里面,一个什么具体事件,你把它做完就完了。你不要让他有这种感觉。而要让学生感觉到我就是他的家人,我就是他的亲人。学生并非没感情,刚相处时彼此不了解也许会无所谓,**教过几年**,有了许多用心交流的经历就不同了。重要的是,老师要让学生感觉到你对他的关心是一种真爱,那后面很多东西就不一样了。

黄碧芬:在这个世界上,真挚的情感、真爱,才是最能感动人的。

吴铭辉:前几天7月3日,接到范昕宇的电话,他是我们2008届最优秀的学生之一,上大学后他第一年在清华,第二年在港大,第三年又由学校推荐以交流生的身份到美国加州大学,大学三年已走过三间著名大学。最近又跟着他的导师(美国的一个教授),到清华来开一个国际经济论坛会议。那天晚上他把在北大、清华的同学召集起来聚会。他们以为那天是我生日,其实我是7月6日,他记成7月3日。因为当时还在高中时他们给我过生日,可能是7月3日,刚好是放假前,然后他就一直记着是7月3日。这些学生,一个一个传递着电话,给我说生日快乐。当然他们最关心的还是我的终身大事,他说已经从美国把我结婚的礼物带回来了,过一阵子如果回厦门的时候要给我送过来。

黄碧芬:这么好的师生关系真的让人感动。是有真爱情意的感动他才会这样子的,会去关心和记住很多看起来很私人的事情。这些学生太可爱了。

吴铭辉:当老师还是挺不错的,有用心去做的话,真的是挺好的。

黄碧芬:用心而动心,动心又更用心,良性循环嘛。这就是一种共赢的局面。你教得好,孩子们学得好,又走上很好的发展之路,将来对他们自己,对他们的家庭、对社会都可能多作贡献。多好啊!看到学生发展得好真是老师的幸福,也会给老师一种成就感。而且大家又这么有情有义地相互牵挂、互相关怀。太美好了,有哪个职业能这样真情浓浓呢?

吴铭辉:其实用心去做,可以感触的东西很多。学生他慢慢也知道,能够对他的一生起决定性作用的,不是高考这个东西,所以很多东西他就会豁达起来,就不会因为一时的得失太过悲伤、焦虑。考试起落是很正常的事,总结经验都可以再来。所以这次那些相对来说没有把水平发挥出来的个别同学,照样还是很豁达,还是能和我侃侃而谈。还是会展望未来地跟我说吴老师我去大学以后要怎么做,要先学些什么,我这段时间要看些什么东西之类。

黄碧芬:他们对高考这个所谓关键的结果都能接受?

吴铭辉:接受,实际上都很好了。如果跟其他学校比的话都好得不得了。我是因为了解学生,了解他们平时的学习水平和能力,才会心疼有个别的同学其实还没有发挥应有的水平。总体而言,他们其实都考得很好了。

老师就是"播种机",团体协作力量大

黄碧芬:我们可不可以这样来理解,其实这些小孩他心中的目标并不仅仅是大学而已。

吴铭辉:没错。

黄碧芬:所以这个大学只是他的一个阶段,他未来还有更高远的目标。这

个高远的目标实际上在我们学校,在老师日常的教育当中,老早的就播种下去了。我们老师实际上就是播种机,你播下去什么种子,至关重要。孩子们的内心怀有这颗硕壮种子的养料时,他的耐受力、生长力都会更好,他的路就会走得正,走得远。

吴铭辉:就是这样。

黄碧芬:有一个我们老师们普遍感到比较难的话题哦,这些孩子都那么优秀,个性、智商都比较高,他们个性的显示好像问题不大。但是如果要强调集体凝聚力的话,要照顾集体的统一步调的话,会有难度吗?

吴铭辉:这个肯定是有的。

黄碧芬:在你的工作中呢,怎么平衡?

吴铭辉:这种东西必须兼顾,都是从一点一滴做起来的。一开始肯定要靠班主任,去把这个班级拴在一起,然后你还要有一些想法、一些做法,让学生有所感悟。比如说,团队精神,像刚毕业的这一届,在高一入学军训的时候,我就很重视这个问题。军训一开始我就看到同学走队列时你走你的,他踢他的,显得松散而又各行其是。这团队精神怎么才能弄出来呢?我先默默观察,那天刚好就抓住了一个机会——我在旁边看他们走,每个人走的步伐都不一样,军官也一直教不好。中场有一个休息,我就把学生集中起来。我说你们刚才踢得不好、走得不好,你们知道是什么原因吗?学生就七嘴八舌地说,实际上都没有说到点子上。我说,怎么样才能把这个正步走好呢?**你们走不好的原因,是因为你们是用脚在走。想要把这个正步走好,你要用你的耳朵来走,要用你的心来走。**学生一下子听傻掉了。我就跟他们讲,我们这是一个怎么样的活动呢,是一个团体的活动,你自己走得再好都没用,你要跟别人一致,你要跟别人和谐。那你怎么才能与其他同学一致和谐呢?你要用心去听,当你听不到你的脚步声的时候,你就跟别人和谐了。接下来我就建议他们,等一下你们再走的时候,全部把眼睛闭起来。用耳朵去听,当你听不到自己的声音,并且只听到一种声音的时候就对了。结果一走,奇迹发生了。**那种整齐划一的正步走的声音,很震撼,很激励人,一颤一颤的。我相信学生的心也是一颤一颤的。**操练完成以后,晚上班会课,再给他们总结一下,提升到一个高度。高一的时候,那个11班,确实凝聚力非常强。就是一点一点来做的,从踢正步开始。

黄碧芬:用心的感觉真是无处不在啊!这就是我们老师引领作用的关键所在。我相信这场景能让人记一辈子。

吴铭辉:这样的一次经历,学生就知道,一个好的团队怎样形成以及团队的重要性。接下来发教科书的那个晚上,我又给他们设计了一个游戏,目的也是培养团队精神。以前发书总要发很长的时间,整个班级乱哄哄的,而且还经常丢书。于是我对学生说接下来我们要玩一个游戏,我们能不能创造一个纪录?我先让他们想一想,以前你们是怎么发的?今天我们怎么来高效率地把这些书发下去?然后就鼓励学生一个一个起来讲自己的想法,差不多有十几个同学讲。学生想得仔细,说得清楚,包括几个人出来发、路线怎么走、同学怎么配合等等。**这样议论着、表达着的时候,实际上效果就已经出来了。所有人的注意力全部集中在一起了——怎样发书,整体怎么做,我该怎么做,都有了。**

黄碧芬:太妙了!

吴铭辉:以前发书的时候学生都很自我,我很优秀,你很优秀,我干吗听你的,实际上发书很乱。我就让他们把班级这种集体主义精神培养起来。然后呢?哇,开始哦,叫一个同学拿那个秒表来,一按!哇,大家都非常配合,就很认真,我有没有拿对,大家都很配合。看着学生按顺序抱着书,迅速走动,有序发书,非常快,一下子刷刷刷,就发完了。**后面算完时间,全班鼓掌,绝对是超纪录的水平,大家都非常满意。**而且弄完都不用讲,就赶快有人主动跑起来,收拾残余的纸张、绳子垃圾,班级环境很快就收拾干净。

黄碧芬:好的环境、好的氛围会让人自然要去维护它、建设它。正是境教重于说教啊!

吴铭辉:这样的活动做下来,学生就觉得我们班跟别人不一样。以后的日常管理中,卫生啊,各个方面,你稍微给他暗示一下,或者跟班干部私底下说一下,很多人就会自觉去做。实际上很多东西,可能有的同学不知道,你班主任给他提个醒啊,班干部给他召集起来开个会啊,普通同学就会觉得我们班级不一样,这个效应就出来了。那后面的很多东西实际上就非常好做了。

黄碧芬:所以啊,团队的效益一定是来自于每个成员的目标认同并积极参与行动。每个成员都愿意在这里出力。

吴铭辉:对。然后他要有感受。

黄碧芬:对对对。

吴铭辉:他有一种共鸣感。

黄碧芬:这样子事情做下来感觉非常好。有这样的好感觉垫底,你们班在集体活动方面就……

吴铭辉:对啊,就是很好。跳大绳啊,学校里面的团体活动啊,基本上都是我们班第一第二。

黄碧芬：而且让其他班很羡慕的，跳兔子舞也能跳到主席台上再跳下来。

吴铭辉：是啊是啊！在带2008届的时候，这些方法我在2008那届就在用。像那个集体跳大绳，有人说我是用魔鬼训练。那个集体跳大绳什么的，我就在那边给他们甩绳子。有些女生很怕被绳子打到嘛，因为有全班的精神在那边，她们也都很积极地参与，所以那种成绩纪录是非常好的。他们都知道，我们班在这种项目，只要是集体的项目，我们班一定会第一名的，每个人都会更用心去做，那这种效果就会更不一样。

好消息会告诉有需要的同学

黄碧芬：这些宝贝，只要引导得好，其实都还是很有担当精神，很在乎集体荣誉的。

吴铭辉：对，像现在很多我喜欢的小孩子，都不是因为他成绩特别优秀。比如像肖迪啊，他们都很会去关心别人。像这一次，报港大，肖迪，肖迪你也认识的。他进步非常快，当时是刚好进实验班的，最后高考考到了680多分，差一点进清华、北大。他一开始有先报港大，我们班蔡凌峰开始没有报，肖迪就觉得蔡凌峰很适合去港大，那天他是通过其他途径知道港大还可以再报名。马上通知蔡凌峰。蔡凌峰是个非常优秀的学生，不仅成绩好而且还是我们学校乐团的首席。如果换成是别人的话，你我是竞争对手啊，有这种消息肯定要藏起来，不会告诉你的，希望就他一个人去报考，就他一个人被录取。但是肖迪没有这种想法，他马上就告诉蔡凌峰。结果最后理科只有蔡凌峰一个人被录取，其他人都被刷下来了。所以你看一下，实在是太不容易了这个小孩子。

黄碧芬：真是难能可贵，这孩子会成大器的。这个小孩子的整个家庭教养也都很好。

吴铭辉：平时不管做什么事情他都会先站在别人的角度去思考，他做一件事情都以会不会伤害别人，会不会给别人造成麻烦为出发点的。

黄碧芬：我们育人就是要有这样子的标杆，人的素质能养成这样，社会不和谐都难。

吴铭辉：我们班这种小孩子是很多的。有什么好的东西，都会先告诉班里面的同学。所以说挺感动的，带这样的学生很有成就感。

黄碧芬：我想在你的班级工作中，在这方面的分享也是有下了一些功夫的吧。

吴铭辉：有，就是从点点滴滴开始，平时有些什么好东西我就会让他"发酵"。谁当"雷锋"了，就及时分享。

黄碧芬：这是教育的品位和机智。

赞赏努力，赞赏专注、互助与坚持

吴铭辉：还要有意识地往这方面引导。有的人可能会更多跟学生讲谁又第一，成绩我也会讲，但是**我在讲成绩的时候，我会讲这个人他付出了多大的努力，才取得了这样的成绩。**

黄碧芬：对对对，先有努力，坚持努力的收获才是真实可靠的。

吴铭辉：所以我们班在高二年的时候，就发明了一个词：刷题。刷题跟题海是不一样的两个概念，**刷题是做必须做的题目**，而题海是必须做的题目重复做。像朱纪元，他实际上就是从刷题开始走出来的。他一开始可能基础不是非常好，高一是在普通班，到实验班一开始可能有点吃力，这就要去弥补一些东西。他做题目，各科的参考书一本一本的去做，同时通过制作纠错本不断地进行总结、归纳。效果非常好，成绩一下子就上来了。**我们班在学习互助方面也做得很好，成立了很多的互助小组。**比如说我们班的皮超同学，他就经常利用自主发展时间，把物理比较差的同学召集起来，义务给他们答疑，或黑板上给他们讲一讲。

黄碧芬：就是同学帮同学。这样的做法特别有价值，是共好共赢的保障。

做学问是靠积累的，踏实努力练内功

吴铭辉：是，当时分班的时候，四个实验班我们班排在第四。虽说我们不主张排名，但抓教学落实也好，引领学生正确努力也好，营造班级良好学风也好，我们都还是可以通过班级间的良性竞赛给学生鼓干劲的。**人的精神气、人的干劲往往因能够为所在集体争光而倍增自豪感的。**第一次期中考我们班也还是第四，跟分班的情况一样。我当时就跟学生讲，我们一步一个脚印脚踏实地地做，只要我们方法正确，我们肯定可以取得好成绩的。当时我就跟同学们说，**既然我们现在比别人落后了，那我们就要多付出代价。**我跟你们一起，我们每天晚上六点半，比其他班早半个小时到班级，只读语文和英语这种长线学科。为了让同学们能马上投入到学习中，我要求同学们六点半一到所有同学把课本拿出来,语文老师、英语老师布置要背诵的,先全班齐声朗读一遍,读完以后让各自读自己的。一个月下来,效果就出来了。更重要的是,班级的学风也浓了,同学们的自信心也增强了,班级也更有凝集力了。高二上个学期的期末考第三名,高二下学期的期中考第二名,高二下学期的期末就考第一,就这样四、三、二、一。当我们考第三的时候,我问全班那下次呢?学生们异口同声地说第二。然后全班就是一个目标,朝着第二名努力。当时**那种集体的力量对学生触动是非常大的。**

黄碧芬:集体的目标对个人是很有感召力的。

吴铭辉:对,这种力量可以大到令人惊讶的程度。所以你看我们班就不爱走保送,我们班走保送的只有三个,有一个同学还是我动员的。他确实很需要走保送,他高考绝对没有走保送好。他最后去中山大学,也是非常好,他自己高考要考中山大学估计有难度。我们班大部分同学都留下来,他们有信心参加高考,他们愿意一起参加高考,这里头也有一份集体荣誉感吧。

黄碧芬:有这种自信和共同存在感,是一股强大又温暖的心理力量。这个可能比他们学业上的收获对他们未来人生的影响更大。

吴铭辉:我跟同学讲,通过这件事情我要让你们明白,做学问是要靠积累的,是靠长时间付出努力的,一个东西如果你很轻松读一下就得到了,这个东西绝对不可能成为你成功的可靠因素。我又以《射雕英雄传》里面的郭靖为例。我问郭靖是怎么成为武林盟主的?一开始他们也是七嘴八舌地说。后面我来总结,我说郭靖的第一任师傅是谁啊?江南七怪。江南七怪当时号称武林里面功夫最好的,江南七怪教他的时候,为什么郭靖什么都没学好?因为一开始郭靖一点武功的基础都没有,七个师傅每个人都把想把他最好的武功教给他,结果他没有能力消化,什么都不会。之后我再问郭靖的启蒙恩师是谁,**郭靖的人生的转折点在哪**?就是马钰道长,当时马钰道长,晚上三更半夜经常偷偷把他带到山上。什么招式都没教,**就教他练内功**。几年下来,内功上去了。后面碰到他的恩师,就是洪七公,把全天下最好的一招——降龙十八掌教给他,于是他就一举成名。

黄碧芬:真正练好内功这个深厚的基础,降龙十八掌来了,你才能消化,才能学会,才能应用。

吴铭辉:对啊,即使一开始遇到洪七公也没有用。**所以还是要练内功,人就要脚踏实地地去做事情。**

黄碧芬:哎呀,你这些故事要写下来啊,要收集,成为系列故事,系列故事可以在不同的主题里呈现,给学生创造有针对性的讨论意境。因为很多老师有困扰哇,也非常想引领学生,但是个人的时间精力有限,知识能力的累积也各有侧重,你的这个优势一定会帮到很多人。

雪中送炭暖需求,支持系统巧建构

吴铭辉:有时故事是一个好故事,但不是任何时候对任何人讲都有效。首先要抓机会。就是学生刚好需要这个东西,最好是学生刚好有困惑的时候,刚好遇到什么挫折。然后你这个东西给他,他一下子恍然大悟,像当头棒喝一样,那种触动是最大的。

黄碧芬:对呀,这种时机的把握,就来自你了解学生。你要了解学生的存在状态,而且你还会知道他卡在哪、困在哪,这时候他最需要的是什么,**把温暖送到需要处就是雪中送炭,最迫切、最受用,也最能铭记在心。**

吴铭辉:所以这种东西很多功夫在书外,平时对学生的观察,可能比跟学生的交流还要重要。如果你不了解他的话,再好的故事、再好的方法去教他都没有用。

黄碧芬:那你的观察又是如何来掌握的?

吴铭辉:因为我基本上大部分时间是在学校,通过上课啊,课间活动啊,与家长沟通啊,渠道很多。不过我最喜欢晚自习后到学生宿舍与学生交流。同学之间有时候他们也会谈心里话,像有些小孩子可能家里面比较不幸福,他父母关系很不好啊,这些东西都会跟同学讲。刚好也会有些同学亲子关系是很好的,他回家又会把这些东西跟他妈妈讲,他妈妈出于对这孩子的关心又会及时地向我反馈。

黄碧芬:**一个良性的系统。信息的来路真实又及时哦。**

吴铭辉:有的小孩子的家长,讲完自己的孩子还会讲宿舍里其他小孩怎么样。家长也很聪明啊,他跟我讲完以后,我把他们宿舍的工作做好了,他小孩学习的环境又更好了。

黄碧芬:对啊对啊。

吴铭辉:所以这个东西发酵起来,效果又是完全不一样了。

黄碧芬:你这就构建了一个很好的相互支持系统。这是一个非常宝贵的经验啊。

吴铭辉:对,所以说一开头最重要,然后良性循环了,你取得学生的信任,取得家长的信任,然后很多东西就很好做了。宿舍那一边,家长那一块都是很好的资源。

黄碧芬:你觉得学生宿舍怎么管理,效果会更好些?

吴铭辉:就我个人而言,我觉得晚上去宿舍看一看,效果是非常好的。有的时候学生很喜欢我去宿舍逛逛,因为去的时候不仅仅是看他们卫生怎么样,他们也希望通过这个机会跟你聊聊天啊。因为在宿舍聊天是最轻松的,不像在班级里面这么正规。可以随便聊,师生关系会更加融洽。

黄碧芬:我也觉得这个工作渠道,实际上对班级工作来说是很重要的。

吴铭辉:我调来本校之前,在老家的学校也是住校。我那时也做得很投入啊,经常晚上会有学生跑到我宿舍来,甚至在我宿舍打地铺睡,然后跟我聊。我们老家的宿舍是那种套房,三个老师一人一间。有时候晚自习以后,学生还到我宿舍来煮泡面,我们还有一个厨房。学生到我宿舍来会谈学习啊,谈他的具体困惑啊什么的,有时聊到很迟,之后就有学生干脆把铺盖卷到我这边,打地铺睡,经常聊得睡着了。他们什么都跟我讲,比如他喜欢哪个女孩子。那时候也是师生感情最好的。

黄碧芬:你能这样随和并迁就学生真是不容易,初入职就这样被学生信任也很不容易,虽受些打扰却培育了特别好的师生情感,特别了解学生。

微妙的情感需要理智来平衡

黄碧芬:像异性交往的问题,高中生这个年龄段,神秘、冲动、理性的色彩都有,像你这样子的班级里面,如何面对学生所谓的早恋问题?

吴铭辉:早恋肯定是有,但是基本上我不会说很怎么样,就是跟他谈一谈嘛,摊开来谈。"谈恋爱"是人的一种需求,但却有许多具体问题要面对。你当前的主要需求是什么、主要矛盾是什么? 老师完全可以跟学生交流啊。我们班这种情况相对比较少。如果有这种迹象的话,我跟他谈一谈都还好。他们基本上有个度,不会太过分。就只是说彼此双方有好感啊,这样交流一下,相互激励都还好。我们班没有那种很过分的。

黄碧芬:就是说你会尊重他们的情感,同时也公开地分析利弊,提醒他们把握一种正常交往的度。

吴铭辉:对,就是给他讲清楚现在主要矛盾在哪里,我们当前应该做些什么。人生每个阶段的目标是不一样的,恋爱你想谈,学业你肯定也不放弃,那你把这些东西摆在一起,你觉得哪些东西更应该先做,哪个东西可以先缓一缓,或者投入的力度不要那么大,哪些东西你可以投入的力度大一点等等,学生都很聪明的。

黄碧芬:这些对他们来说也都是很现实的问题。

吴铭辉:对。

黄碧芬:你这样去关怀他们到时候,他们反而会更愿意调整自己的心态。不要把情感当成洪水猛兽。也有些孩子会很夸张地要表达,好像非要显示一点什么而不惜破坏纪律。弄得大家不得不紧张防范。

吴铭辉:这种人肯定是没有地方发泄。他可能在某些方面现在处于弱势,或者他做得很不好,可能是学习上面,或者是同学关系。也可能跟家里面的关系搞得很僵,然后某一个同学又刚好很欣赏他/她,这就很容易夸张起来。

黄碧芬:这样的人很容易把这种好感当作精神寄托,不顾一切要去维护。实际上真挚情感的维护是没有错,问题是要去建设。你们班的班风正、学风浓,这环境本身就有很多事情会吸引大家的注意力,规范大家的行为,也更能缔结友善的人际关系,不见得需要那么刻意证明什么。像你这样当老师很幸福啊,在这么短的时间里我都分享了你好多方面的成就感。

宽广的阅读思考带给自己触类旁通的乐趣

黄碧芬:现在你更多看些什么书?

吴铭辉:刚开始当老师时教育学心理学的书看得比较多啦。现在会看得泛一点。政治、财经、军事等都会看一些、关注一些。毕竟我们的很多学生将来都会成为各行各业的精英,作为他们的老师特别是班主任也得知道一些,给他们一些基本的启迪。每次看书总希望从书中找到对教育学生有用的东西,比如成功与失败的原因,这些内容本身就是给学生讲故事的好素材。

黄碧芬:我觉得你真是太适合当老师了,育人、教书都有能力又有乐趣。

吴铭辉:数学的东西现在倒是看得比较少,因为中学数学毕竟就是那些东西,相对来说变化不大。实际上看一些非数学的书会对你的数学教学也很有帮助,比如孙子兵法、三十六计等。我很喜欢借用兵法中的谋略思想来讲数学。一个题目要怎么解,为什么要这样解,你为什么要这么想,你可以跟学生讲一个来龙去脉,讲最本源的东西。

黄碧芬:这就是思想方法,也是教师的人格魅力,来自他的学识和正确的

价值观。今天咱们随意谈下来,还挖了很多宝。

吴铭辉:非常轻松,很惬意。

黄碧芬:谢谢!我们的校园文化课题曾研究过"营造健康课堂"的要素,我觉得你已经做得非常好。

吴铭辉:那天有人问我说,如果以后你不当老师,学校里面你最喜欢去哪个地方?我想了想,有两个地方我最喜欢去,一是去黄碧芬老师那里当助手,做一个心灵捕手;一是上去图书馆当图书管理员,这样可以天天看书。

黄碧芬:哈哈哈,谢谢!今天跟你聊下来,我受益匪浅。相信我们会有更多机缘来互动、来协作。

吴铭辉:非常乐意。

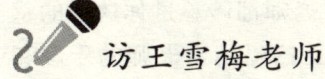
访王雪梅老师

老师有多好才能引领学生走多好
—— 访厦外2011届高三(12)班主任王雪梅老师

访谈主持: 黄碧芬
原始记录: 陈　莹
整体梳理: 黄碧芬

心里总有一些牵挂的班主任工作还是有意思的

黄碧芬: 近来一直在与学生共同分享成功的喜悦吧?

王雪梅: 呵呵,这是自然的状态,学生们都挺努力的。

黄碧芬: 这个班带了几年了?

王雪梅: 我是从高二接手这个班的。开始的时候就做他们的语文老师,到高三才做班主任。

黄碧芬: 你感觉做语文老师和做班主任,有差别吗?

王雪梅: 有啊,当然有差别啦。

黄碧芬: 这个差别主要体现在哪些方面?

王雪梅: 做语文老师就是自己学科教学方面的努力多一些。比如说,我只要花更多的精力去想如何让他们读好语文这一块,在教学安排上会有更多投入。那时候也当备课组长,教学安排啊,计划啊,要做的内容啊,这一块会做得比较多。当了班主任之后会更多在管理啊,德育啊,这方面去倾注一些心血。比如说,语文老师你下了课,该发的材料给到班里,你就可以走了。但是班主任会觉得,如果你不在,这个班可能会是什么样的一个氛围?你会放心不下,会经常到班级,到同学当中去。这样的交往感觉是不一样的。我会不断思考要靠自己做一些什么样的事来试图渗透和改变他们,会去做这样一些事。反正就是班主任你不管走到哪,就不会放心啦,心里面总有个牵挂,觉得还有许多事还没做呢,这样子的。

黄碧芬：班主任老师就是班级的核心人物，许多老师都体验过你这样的感受。有时候我们也常在讲，**承担班主任工作才能真正感受到当老师的乐趣和不易哦**。要考虑班级方方面面的情况，学生整体上的、个别发展上的需求都得面对，可能都在不断探索中。

王雪梅：很累，很辛苦，但是确实也还挺有意思的。没做班主任那一年，有的时候还会觉得……怕做了以后太辛苦，但不做的时候真的还是觉得好像少了一部分内容。可能也是很久一直都在做的一种习惯吧。

黄碧芬：我觉得你这个感觉，**就是一种教师情怀**。实际上，作为教师，传授知识对我们来说并不是太难的事情。**反而是怎么引领学生长大，怎么能够让他们真正长大成人，这个不容易哦**。

王雪梅：对。

黄碧芬：作为高三接手的班主任老师，是不是有点风口浪尖上来担重任的感觉哦？

王雪梅：有那么一点。

推己及人作示范，点滴渗透多分享

黄碧芬：高三接班时，以及后来一整年，在班级建设上，你重点都关注些什么？

王雪梅：接这个班级，就像你说的，有点临危受命的感觉。而且这个班级一开始有它的一些特殊情况，那个时候我就有跟孙校说，这个班的问题在哪里，难度在哪里。班级整体的气氛非常地静，学生比较内敛，还时不时地会显得稍微有一点冷淡和散漫，好像还没形成一种很强的凝聚力。这表现在**老师说的很多东西，渗透不进去，他们会自动地给你屏蔽掉**。

黄碧芬：沟通表达还不够开放明朗。

王雪梅：有这种感觉。其实在高二作为科任教师的时候，我就感觉到有些不太适合的情况，我就会跟他们讲，但是效果不明显。到高三接班后我更清晰感受到，仅仅给他们提些要求是不够的，他们还会是那个样子。**我会沉淀一下自己，试着从行为习惯方面，从人生的思考啊、心理、情感各方面去多做一些引导工作**。主要还是渗透吧，因为你说大道理的时候，有的时候他们接受不了的，就是完全屏蔽了。所以就经常性地走到班级，走到学生中间去。比如说，你要想告诉他们怎么样善意地对待别人，自己就先要去给他们表现怎么善意地对待别人。然后如果你要让他们懂得怎么去尊敬师长,那你要拿出**你像个师长的东西,让他觉得你值得他尊敬**。就是会做一些这样的事。但是我觉得可能是高三接手,其实时间还是短了。因为可以花在管理或者德育方面的时间太少,学生都在读书,你也不能分出大块的时间来做这些事。如果说整个从高一到高三,能有一个系列的渗透的过程,会比较好一点。到了高三,只能尽量挤出一些时间来做这些事吧。**往往就是出现一些问题,就在探讨解决这些问题时趁机给他们一些教育,告诉他们要怎么做才更合适**。反正就是在高三的时候主要是做这些。

黄碧芬:我觉得能这样做已经很了不起了。你对学生已有整体了解,又能经常到学生中间去,在自然的交往中去观察和捕捉需要关注的问题,还充分尊重他们的学习生活现实,用一些渗透的方法去伺机引领。**这里头需要经验,又需要耐性,还得有爱心有包容**,真的很不容易。

王雪梅:我觉得做得还不是很好。

班级整体面貌会影响学生的心情

黄碧芬:你们班好像还把整个班级氛围建设得非常温暖。在这方面你是怎么想、怎么做的?

王雪梅:班级氛围这块,我其实在最初当班主任的时候就发现,**班级的文化建设是非常非常重要的**。就是你走进一个班级整体面貌是什么样的,会影响到整个学生的心情。比如说,我把班级卫生环境做得非常好,我就会发现学生进去以后特别容易静得下来。你每天晚自习的时候,黑板擦得特别干净,学生的状态就会不一样,会有这方面的影响。所以在班级的整个环境建设、文化布置这些方面,都会影响一个整体的状态。你比如说,后面那个成长树,放在那里,学生不一定天天都会去关注它,但是它放在那里,**就会让大家觉得是在一起的,觉得自己的成长在这个班级是有一个位置的**。

黄碧芬:是有一个位置,是会受到关注的,太好了。这会给人一种好的安全感和归属感。

王雪梅:可能我觉得目前做的这些事里,更多都是灵感式的吧。很多都是随时随地想出来的,然后随时随地就渗透下去了。可能缺的是一种系统化的,比如到什么时候就应该做什么事,我觉得自己这方面还是比较缺乏的。有时候觉得给他们的还是少了一点。

黄碧芬：这种感觉也很宝贵，给学生一碗水自己得有一桶水。育人是一个系统工程，高考发榜前我曾访谈过管勇武段长，他也很中肯地谈到这个问题。我们的学生在学校生活六年，咱们得有一个什么样的系统育人设计，并使它能伴随孩子们的升级自然而有序的地展开实践和探讨，这是很有意义的一个大话题。

王雪梅：对对对，我一直就在想得有一个系列化的过程。比如说，在高一的时候，我打造他们什么东西，然后到高二的时候打造什么东西，高三的时候，比如意志品质的培养啊，比如正确面对人生中的挫折啊失败啊，像这样的在高三的时候就要充分地给他。怎么样去为自己赢得成功，但是又不要让自己承受太大压力，等等，这些课题。

黄碧芬：比如用你们的班会课，一个主题一个主题地展开。非常好，我们以后可以有更多的协作。

王雪梅：而且像您这案例也非常多啊，其实有时候跟学生分享一些案例也是非常有效的。

黄碧芬：是的。围绕着你想要做的主题，挑选一些有相关探讨点的案例来分享讨论是很有针对性的。

学生的成长故事就是很好的教育资源

王雪梅：对对对。比如说，我真的再去高三做班主任的话，我可能就会把我们这次的状元拿出来分享。**她给我们最大的感受真的是一切皆有可能。**这个小孩子，原来谁都没有想过，她会到这个位置上，她也从来没对自己有这个要求。**就是自己踏踏实实地做好每天该做的事情，最后她就脱颖而出了。**很多很多这种案例，其实分享出去对学生的效果，可能要比你给他讲很多很多的大道理要有效的多。

黄碧芬：就是啊！在这点上我们一线的老师真的是得天独厚的。因为一个班级这么多学生，每一个人都有自己的学习风格、学习优势，从中很容易看到他们各方面的品质，可以看到一些很有个性、很有特点的东西。就像我们这样做访谈，如果有可能，你们在班级里对学生做一些这样的访谈，不追求多完整，是真切感受，是真实情感，是具体方法策略就很方便学习借鉴。

有益教师专业发展的"精彩瞬间"

王雪梅：我就是经常性的会有一些非常经典的教育尝试，说它经典，是因为这样的思想或做法真的能起到非常好的作用。其实在日常工作中，我觉得我们很多老师都是说过了、做过了就过去了，就流失了，这是一种资源的浪费。有的时候，想起当年教育的学生某个细节，自己都非常的感动，但是更完整具体的，当时做了什么，都记不得了。

黄碧芬：是的是的，我与来访者的会谈也是这样，当场都觉得互相的触动很震撼很受启发，回头没有及时做一些追记的话，再过一段时间就没啦，怎么都想不起来了。

王雪梅：其实每个老师都有很多的"精彩瞬间"，但是又让它们随着时间流逝了。如果自己有这个意识的话，可以稍微择要地记一两个案例，也不错。

黄碧芬：对对，就当常规来做，一学期一两个、三五个都可以。像你现在这样刚刚带完一个班，记忆犹新。而且这些人一路成长过来，你陪伴他们两年，我想不管是语文学科教学，还是基于育人的班级建设、师生交往，肯定都有许多值得记载的"精彩瞬间"。我倒是很想强烈建议你在假期，哪怕是和学生从QQ上聊，然后做一些整理都是非常好的。

立"标杆"，在班级营造务实学风

黄碧芬：在你看来，对高三学生的班级管理，你自己内心的定位，你给自己是怎么样的要求？

王雪梅：我自己可能，更多的，到了高三，我更多地会强调一种务实的精神。有的时候我跟他们说，你脚踏实地，比仰望星空重要得多。如果你光仰望星空，你光看那个目标有多高，有多远大，但是你没有实际去努力达到它的话，那那些东西就是虚的东西，反而会带来一些负面的东西。所以我更强调的是行为习惯的培养。比如说，在班级树立一些标杆性的人物。像我们班本来就有一些"标杆"，比如这个同学，她特别地淡定，什么变化都影响不了她，她就是坐在那里读书。非常执着，她要认准了一个东西，她不把它做出来绝不罢手的。像这样一些标杆性的人物就把她树立起来，告诉其他同学这样做才是对的。有些同学始终很努力而不断进步，有些同学可能始终很努力却难以进步，如何看待这种努力与成绩的关系？是成功与还是失败？其实就高考而言，不到最后一秒你都有成功的可能，都不能放弃。但我觉得平时在班级管理中，我更多地可能还是在强调班级的习惯，整个团体的习惯。对于这样一些品质，我们最重要的品质是什么？我也很重视，比如努力、勤奋努力、坚持不懈，看淡得失，这样一些品质其实特别重要。学生拥有这些品质，哪怕到了高考前的最后一天，都会有秩序地紧张和放松，不会乱了方寸。**我觉得对学生品质及整体行为习惯的培养的价值，重于学生最后考了多少分，考到什么学校。**

黄碧芬：正是这样的，有好的心态和过程才能保障有好的结果。我觉得你的价值取向相当正确和稳健。你刚刚讲的标杆性人物，给我们介绍一两个？

王雪梅：比如说，就是我们一直推的那个徐旻菲，就是一个标杆，**她就是淡定的标杆**。我记得给她写清华大学自主招生推荐信的时候，我真的非常看好这个小孩。包括这次，虽然她没有拿到状元，但我仍然非常看好她。**她具有其他孩子所不具备的特质**。比如说淡定，她能做到不管你外界的环境是怎么样的，完全不为所动，不管我考得好还是考得不好，不为所动。**在她的世界里，我学习就是因为我热爱学习**。很少见的，我没见到过第二个这样的学生。她在我们班就有一个灵魂人物的作用，其他人都向她看齐。你问起来，**所有遇到她的人，跟她接触的人，最后每个人都会欣赏她**。她能够让人欣赏，但绝不是那种很高调，就是说让大家望而生畏的那种。**她非常谦和，每个人都欣赏，做起事来非常细致严谨**。觉得将来她就该是去做学术的，你会感觉她有一个很明确的方向，她只要朝着这个方向去发展，假以时日，她一定能做出成就来。所以我就说，好久没有这种大师级风范的人。

黄碧芬：我觉得你是慧眼识金啊，我单听你的介绍和肯定都会很喜欢这孩子。特别要与你分享的是我也很荣幸地访谈过她。我觉得你的观察、你的感受很实在，我的感觉与你的感觉是完全一样的。做咨询这么多年，我就没有遇到过第二个像她这样所有课程内容在她看来都很有趣、很有学习的价值，她都能发现它们独特的美感。我常在与学生、老师探讨与学习效果密切相关的十大心理行为，我发现，她在这十个方面简直都是自动化地好，而且都是自然而然的，由内而外散发出来的好，这也让我非常敬佩。而且她面对他人所自然展示出来的表达和神态都是那么谦逊又严谨，每个话题都是经过自己的确认才真诚表达自己的感受和见解，不会随便回应你或敷衍你。这孩子真是不简单！

王雪梅：还有像我们班的班长，赵承和，女孩子，非常非常坚韧。比如说我要提到坚毅这个方面，一定要提到她。她做的就是其他人都做不到，这是他们自主招生考试的时候,还是暑期夏令营的时候,他们一大批孩子去北京玩,回来以后其他同学跟我说了令他们佩服故事——她就能做到,其他孩子都在必胜客还是KFC里面玩啊,闹啊,她就能躲到一个角落去写作业,能做到这一点。而且她在学业方面的成长,其实并不那么顺利,经常会遭遇到一些挫折。包括她在语文方面,我觉得她作文方面突破不了,你会知道她很用心地在跟你学,她甚至会觉得你讲的就是真理,她会把它完全落实下去。最后出来的效果,就跟你说的不一样。让你有时候会心疼她却又不知道如何帮她。就觉得是一种天赋的东西,思维性的东西,没办法扭转的。**但是她从来都不会因为这些困难,说我是不是放手了这样,感觉她始终在努力。**然后经常有时候还真的会有一些回报,比如说她有时候会考得很好,不好的时候也基本上在年段前二十还是比较稳的。好的时候可以进到年段前三这样子的。

黄碧芬:真是不容易。

王雪梅:但是呢,她的字,女孩子的字,写那么草的就比较少见。我就说过她几回,女孩子的字要写得比较娟秀一些,不能这样子,总觉得缺了点什么的感觉。然后她又写得比较大,卷面就非常乱,这个在语文上影响还是蛮大的。比如作文,明明可以打到五十几分的作文,因为这个打到四十几分,这都是有可能的。所以就一直跟她说,其他老师也说过。有一个寒假我就让她去练字,你把卷面扭转一下。寒假前我跟所有学生都强调了,尤其是那些字比较不好的,我说利用这个寒假,把你的字好好地写一下,不一定要练得有什么体,但一定要整洁、娟秀。回来以后有两个人的字完全改变了模样。一个是她,另一个是个男孩子。**就是说她真的决心要做一件事情的时候,她就能克服困难做到别人难以做到的**,你知道字成型以后要改,其实很难的。但是她真的想去做的时候,她就能靠自己的意志力,把它完全给实现了。这点上,很多小孩做不到。

黄碧芬:真不简单!

教学相长,教师更要努力建设自己

王雪梅:你在直升班教学,你就会发现很多这样的小孩,真的很厉害很厉害。有很多特别的优点,比如说有些学生,从高二的时候就对自己的人生有非常成熟的思考,有的学生在社团活动这块有非常多的灵感,**这些小孩的优秀不但让我们欣赏,甚至会觉得自己在某些方面是不如他们的。**

黄碧芬:当有这种感觉的时候,会不会有点压力?

王雪梅：会，肯定会，会有压力，有时候会不大自信，觉得自己是不是有足够的才华去掌控这个局面。

黄碧芬：后来如何化解的呢？

王雪梅：后来我觉得，**人各有所长吧，就这么去想**。一方面他们都是非常聪明的小孩，他们有他们非常独特的东西，但是另一方面，不可否认的是他们还缺少一些东西。而作为比他们多成长了十几年经历的老师来说，还是有很多可以和他们分享的东西。如果说，在才能上不能对他们做更多的引领的话，在心理上，在情感上去做更多的引领，也是可以的，而且蛮重要的。

黄碧芬：我很认同你的理解。从某种意义上来说，**这实际上是我们教师专业素养的底色**，包括人生观价值观方面的，包括人生态度、情感和对社会认知与交往方面的，其实我觉得把它们当作教师专业素养的一部分并不过分，你觉得呢？

王雪梅：我认为可以这么说。

黄碧芬：**从育人出发，这块可能还更重要**。孩子们因缺乏足够的经历，如何与自然、社会、他人、自己及学业系统处好关系方面，还显得稚嫩不成熟，甚至还有一些认识偏颇的方面。

对高中生得有更深刻的成人教育内涵

王雪梅：到高三之后，我觉得只从学习上，或者是规范管理上太多着力意义不大了。比如说，**你让他头发啊、着装啊，要怎样怎样，我觉得这些事情相对就停在浅层的**。因为本来你带直升班的话，这方面的需求也不是很多，学生都很乖，做得很规范，也不需要你在这方面再多做什么。所以**更多的可能是我们刚说的那几个方面，那几个方面是大有可做的**。我刚刚说过，这些孩子智商普遍很高，但是我一直有一点遗憾的是情商显得不足。很多事情的处理，我们作为老师，我们是可以理解和接受的，或者说原谅的，因为我们知道他没长大。但是将来到了社会上，是没有人愿意这样去帮助你的。所以你的每一步成长可能都是需要付出代价的。而在这些方面，越是聪明优秀的小孩，越是做得不是很好。

黄碧芬：你实实在在观察到这样的现象，可不可以举一两个例子？

王雪梅：因为他们各有主见，每一次做什么活动的时候，意见很多，这个是一个想法，那个是另一个想法。然后呢，班级里面，可能班干部这个核心群体的驾驭能力又不是很充分,所以班级有时就会相对分散,会有各种意见。**做活动的时候容易出现没有集体意识,各自为政。我自己想怎么玩就怎么玩,也不管你的班级是在什么样的种状态下。这样给人的感觉就不是很好,尽管他们自己玩得很开心。**

王雪梅:有两次大型活动,出现很可以对比说明的状况。有一次是做得非常好的,是刚进高三的一场运动会。那时候学生就真的是那种进了高三就有一个新面貌的感觉。大家非常好地凝聚在一起,自发地去做一些事情,要让自己班级的精神面貌和其他班级不一样。在那个运动会里面,整个班级表现非常棒,在各方面,包括会场的布置啊,宣传啊,策划啊,非常有序地在进行,各有各的负责人。这就说明这些孩子是能做到的。但是呢,你就会发现,下一次活动,他就没这个热情了,就开始各自玩各自的了。

黄碧芬:他们有自己的判断标准?

王雪梅:在平时各做各的无伤大雅我通常也只放在心里不说。但有些时候太不像话就不能原谅了。比如**在跳兔子舞的时候,是要让大家放松同时还要增进班集体的士气。**有些同学,尤其是一些男同学表现比较不好,我就把男生单独留下来开班会。就在跳完兔子舞的操场边,我给他们讲了大概有40分钟。就集体意识,就怎么样的行为是一个成熟的男子汉应该做的事情,说了一些感言。我们学生会非常羡慕14班大家一起跳,会跳到主席台上再跳回来。我说,羡慕人家的时候,就要知道反思检讨自己的行为。如果每个人都是我不想跳我就不跳了,或者我就在后面跟着,我就随便跟着。你让别人看一看,这是一个什么样的集体,没士气嘛。人家不说你谁谁谁怎么样,人家会说12班是怎样的。你在别人面前随意的一个表现,展示的却是一个班级的风貌。

黄碧芬:这是个人与团体关系的话题。**个人背靠集体,从理智和情感两方面都不难理解应当去建设集体。**

王雪梅:我还有意地恶化一些12班口碑上的事情,让他们了解这些问题不是一次两次存在的事。几个男生看上去像是班级的核心,却不能以核心人物应有的风范要求自己。**核心人物应该搞清楚在什么时候、什么场合,要做什么事。**不能说我今天想做班级核心我就跳出来,明天我这个热情又淡掉了,不干了。**持续的热情是作为一个核心人物很重要的一个品质。**我还有提到在未来的社会,人们考察你行不行,甚至会在你完全不注意时就在运作了。比如说,就像今天这一场兔子舞,假如说我是你们的领导,我可能就依据你在兔子舞中的表现判断出你们的素养了,然后你们的人生就将因此而失去很多机会。

作为老师，其实我有很多很多的想法，但是我从来都没有直面地去批评你们，我只是埋在心里。这不代表我对你们没有一个判断。将来到社会上，没有人会给你时间让你去成长好了再说，而更多的时候是成长得不好就淘汰，那时候所要面对的比我们现在所面对的要激烈得多。虽然我们现在还是学生，但是**高中阶段恰恰是孩子和成人之间的一个交界处。要学会像成人一样去思考。**保持童心我不反对，但是要懂得分清场合。

黄碧芬：你不失严厉而又充分为他们的良好发展、良好的社会适应着想，这种爱护他们的做法能被学生接受吗？

王雪梅：当时给他们讲的时候，我觉得有一种激情在激励自己，讲得会更精彩一点，讲了很多。但是我觉得吧，部分孩子听得懂，听得进去，有些小孩还是不懂。所以我觉得高中生在成熟度上，还是有差别的。我还觉得我们真的从小到大一直就把他们当小孩一样的对待，从高一到高三，学习上的要求是明确的，但**在做人上，怎么成熟地去思考这方面还是差很多。**

黄碧芬：我完全能够体会你说的状况，这也是我这么多年做咨询，我非常感慨的一个问题。**高一入学就应该定位成人教育，高三要跟社会接轨了，得有比较成熟的自我管理能力。**

王雪梅：对，高一高二就应该开始有一些成人教育了。比如理想啊，规划啊，就要有一些这些方面的东西渗透进去。

黄碧芬：非常好，是应当有这方面的引领和要求。甚至更早些都好。

王雪梅：就是我刚上高三的时候，当班主任的时候，有一个学生给我写了一封信。他说，他真的不觉得班主任的角色就是告诉我们头发要留多长，衣服要怎么穿。他觉得在他的印象里，班主任就是做这个的。那就说明，我们日常抓这个抓多了，其他方面抓少了，所以学生会有这个感觉。他觉得他的人生很迷茫，他未来的定位啊，他现在面临的学习状况，他觉得不晓得如何面对，也没人帮他去解决。比如说，他想跟你交流，有时候又会觉得你的时间会比较少嘛。如果每个学生都找你来交流的话，你可能会很烦。他就希望说，比如可以利用班会课，团体地来探讨一下这些话题。

黄碧芬：这个要求一点都不过分啊，实际上我们就该迎上去做好这些重要的事。如果我们的班级建设能够更多深入这方面内容，学生会更受益。这个我们实在是太有共鸣了。你刚刚谈及渗透地做一点是一点，能有这样的意识并捕捉时机主动去做，就能让学生有所受益。具体到刚才说的那位学生，他自己也被动了些，他只想别人"喂"他，却没有主动求助探索，在咱们学校，至少我这儿是很方便学生前来预约求助的。事实上已有很多学生透过主动求助或跟随旁听,自然满足了自己的需求。当然,你们在一线,更方便学生的求助协商。而且集体的探讨让同学们可以有很多互相借鉴的参考,这孩子提的是特别有价值的建议啊。

王雪梅:其实每一年带班下来,我非常庆幸和欣慰的是,会有一些很铁的学生。他就会觉得他的整个成长,他的人生中你对他起了至关重要的作用。甚至有时候你会觉得,如果没有你的引导的话,他走的会是完全不同的一条路。像这样的一些学生,就是起到作用的了。我自己觉得遗憾的是,还是有那么一部分是起不到作用的。可能从始至终你都在很努力地想影响他、改变他,你花了很多的心血,你做了很多的事情,但是最后他依然很执着地按照他自己的路去走,最后可能他稍微地会改变一点,觉得你为他操了很多心吧,但是没有效果,也会有这样一部分的人。

黄碧芬:班级里各色各样的人都有,其实都是人的本性在起作用,老师的作用更多也是因与学生的本性相契合才能起作用。就像你刚刚讲的,如果我们的时间再长一点,我们从高一开始带班,可能有更充分地观察了解学生的机会,如果再配以阶段性的心路历程主题探讨,将能帮助更多学生通过拓展自己的见识、改善不良的心态而达成自我要求的变化,他们成长的面貌就会有所不同。仅仅高三这一年时间还是短了一点,不过你刚刚讲的那些感觉我已经觉得很妙了。作为老师能给学生一些引领、促进和支持的作用,就很好了。我觉得这样子讲起来,你当老师是很有成就感的啊!

王雪梅:其实是有的啦。

教师情怀蛮浓的一个人

黄碧芬:你在读大学的时候或更早的时候就定位当老师吗?

王雪梅:没有,好像每年都有人问我这个问题,说你当年有想当老师吗?从来没有。而且我曾经想过逃避当老师。因为我本科毕业的时候就是做教师,当时是在家乡一个县城做老师,觉得自己的人生就这么困在这里了,就不想做,然后就努力考研考出来了,当时就是为了逃避做老师,最后循环一圈又回来了。

黄碧芬:时过境迁,你有没有觉得再回来当老师,心态啊……什么的都有些不一样?

王雪梅：我觉得是这样子吧，从开始做老师我就不排斥，我觉得这个职业多多少少能让我感受一些自己的价值所在，但是真还不是自己的理想。我的理想可能是要耍笔头子、耍耍嘴皮子这样子的，没有想过要去教育什么人啊。但是在做的过程中，我会觉得，就包括现在，我都不确定我未来是否一辈子当老师？如果有机会我可能还是希望去改变。

黄碧芬：你喜欢有更多的体验？

王雪梅：对。但是呢，**我就跟学生说，只要我在这个岗位上一天，我就要尽力去做，用心做好，这个不论是对我还是对他们，都是一样的。只要你在这个位置上一天，你就要尽力去做。**

黄碧芬：在商言商，在教言教。既然做了老师，我就要像个老师，我就要按老师的标准来做。你这样的自我要求很好，你来到我们学校时间也不长，但是你对教师职业的理解、对学生成长的关注，还是达到相当水平的。

王雪梅：这还真是你说的教师情怀吧，我是这种情怀蛮浓的一个人。我有时候觉得，可能小的时候经历比较多吧，我自己在很多事情上都看得很开了。但是唯一的就是在工作中付出的情感，我还没办法把它看得很开，所以有时候很在乎。在乎自己的付出是不是得到了相应的回报啊，在乎自己是不是有足够的能力去驾驭这个岗位啊等等，有时候这种在乎达到一种非常敏感的程度。你比如说学生，小孩子的一句话，可能真的就会让我很伤心。

黄碧芬：真是一个很理性又很感性的老师。

王雪梅：其实我感性比较多。我就是那种，有的人说教书就是一碗饭，就是一个工作，就是一个职业，不要把它当作事业。但是**我是真的把它当成事业来做的一个人**。然后我就会觉得，**我很努力地想通过自己，去改变他们，乃至通过他们，去改变整个的环境**。我记得第一年当班主任的时候，我就曾经说过，我可能力量很小，但是我就是想很努力地通过我自己，来告诉你们什么是对的，然后你再去告诉别人，告诉你们的子子孙孙。这句话说完的时候，有个学生印象非常深刻，就把这句话，和吴铭辉那句"拒绝平庸"，作为他人生的座右铭。

黄碧芬：真是非常可爱，我觉得教师实际上就要有这样一种情怀。你刚刚讲到把教师当事业，我觉得你已经有些把它当使命的意味了。**实际上教育工作在自我要求上，在回报和追求上，都不仅仅是物化或眼前的现实"标准"可以衡量的**，更多可能来自于自己在具体工作中的点滴感受和认可。教育对象的成长得有个十年甚至更长时间才能有所反馈。我们还真没办法急功近利，你看到的很多现象,都不是我们马上就能改变的,但是我们会关注,会施加良好的导向引领,还可以人性而友善地陪伴。这样的工作状态还是可以有很多协商的空间,可以有创造的。

王雪梅:就是对自己定位比较高吧,然后就会很努力地想要达到那个境界。在做的过程中,有时候会有一种无力感。何必呢,把自己弄得这么辛苦?这样的自嘲也还是想想而已,遇到了事情该怎么做的还是会去做并且追求做得更好的。

黄碧芬:这就是教师行走在自我实现道路上的自然风景吧!我们也需要学会调整自己。伴随着高定位,确确实实就容易欲求不达。教师工作不容易的地方就在于它需要通过教育对象来实现我们的教育抱负。工作性质是很阳光的,工作内容却可能非常细微甚至琐碎,很需要教师的良知和耐心。

尊师重道从真诚维护师生情感开始

黄碧芬:作为班主任,你在与科任老师的协调上,或者在班级管理的一致性方面,会有一些你自己的追求和做法吗?

王雪梅:这个我觉得我以前做得不好。我会担心有些科任可能在某些方面达不到我或者学生的期望值。但我很快就发现我的担心和不作为结果是不好的。学生会去随意去质评老师,会有随性的学科倾向,他喜欢哪个老师就读哪科,他不喜欢哪个老师就不读哪科。而且说实话,这样你也让学生感觉,你班主任胸襟不够开阔,你的这种为人处世,就会影响到他们对事物的认识。可能现在越做越成熟了,我会努力地去培养他们跟科任老师的感情。我从一开始走进12班,我就跟他们讲,尊师重道,任何一个老师,哪怕他讲的内容非常平庸无奇,但是他有他多年的经验和感受,给我们的都是最宝贵的经验。所以你只要按着他的步调去走,哪怕你有自己的一些规划和想法,你的一只耳朵都还要听他在讲什么。你只有尊重他,喜爱他,然后你才会对这个学科里面的东西有感觉,然后他才会感受到你,感受到你才会真正地关注到你。

黄碧芬:这的确是人性的互动,教师也是人,得投入尊重才能有真实的感觉。

王雪梅:比如说,有同学会觉得我和某些同学的感情特别好。我为什么和他感情好?不是因为我就是喜欢他,而是他对我的关注,他经常走近我身边,他会对我的学科表现出超乎寻常的兴趣。那我自然要以相同的热情回应他,

237

不给他我都会有愧疚感。每个老师都有这样的一种情怀,所以你要做的就是让老师喜欢你。你充分地尊重他所拥有的知识,尊重他在课堂上付出的劳动,让他感觉愉悦的情况下,主动乐意地教给你。而且作为班主任有的时候,你要甘心做一个协调者,你充当的是学生自己人的角色,真正被你推到台前的是科任老师。所以班主任和学生感情挺好,但是常常是被学生忽略的。他可能对某个科任老师有好感就会表达得非常清楚,但对班主任他甚至什么都不说,他会觉得你是应当这样做的。

黄碧芬:这样的班主任真像个大家长、好领导,给别人搭台或穿针引线而又不自夸。这真的需要成熟又宽阔的胸怀。

王雪梅:我们的科任老师,像郑英升啊,他儿子出生的时候,学生画了一个日记本,每个学生都专门给他设计一个留言,然后整一本交给他,郑英升老师非常感动。这就是学生表现出的一种细节上的温暖。然后像小崔的孩子出生的时候,那时候都快要高考了,学生也有给他准备一些礼物。这都是他们自己做的事,我都没有去教。包括老彭,是前任班主任,我是继任班主任。老彭对这个班级很好,非常关心,其实走的时候也有一点舍不得吧。他后来还是会经常到班级去转一转,和同学交流一下。作为继任的班主任,其实有时候心里会有一点点不大对头的东西,但我很快就调整自己:有这么一个人愿意帮助你去做好这个班级的事,他还能保持这样的热情去对待他的学生,比如他如果看到谁最近状态不好,他会去找这个学生聊天,学生能够从中获益的话,那何乐而不为。对这种前后关系,是很需要用心面对的,在更多的场合,我会把老彭推到比我更重要的位置。那天状元出来了以后,我就跟老彭他们一起去吃饭,我就说没有他就没有我,真的是这样一种感觉。

黄碧芬:教育实际上是一个连续体,我们越肯定别人,实际上我们越得到更多的支持。就像你刚才讲的,我们最重要的是要让学生受益,我觉得这也是一个大家长的风度。

老师有多好才能引领学生走多好

王雪梅:其实以前比较年轻吧,很多事情就不够成熟,比较意气用事,可能还是要工作一段时间,有一些感触和体验之后慢慢地调整,就会有一些变化了。

黄碧芬:我们的老师就是在这样现实的教育教学互动中,实实在在地成熟起来了，**职业实践的历练本就是个人成长的必由之路。你有没有发现我们老师的视野有多宽、心胸有多广，我们能给予学生的东西就有多好**。有些时候，我们难免会有所疏忽或不甚了解的时候，自己都会有不适、局促甚至混乱的体验，这种时候传递出去的信息也常是不到位的。

王雪梅：**所谓的班风，就是你班主任和班级这个团队整体的作风**，尤其是班干部团队的作风，班主任是什么样的，这个班级就是什么样的。

黄碧芬：就是说班主任的自我建设十分重要，你的一言一行每天都在直接影响你的学生。班主任想要班级是怎么样的，自己先得做出这样的状态，这样才有感召力。

王雪梅：所以有的时候我会以一种很阳光的品质去要求他们，然后自己也会努力地在他们面前表现这样的一种形象。

黄碧芬：这就是一种与学生共同成长的状态。这样说来我们都会更有理由热爱这个职业哦。一种职业对自己生命的丰富性，对自己和他人的生命成长有一些促进作用，就很好了。如果能让你选择，在教育的道路上，你更想要去建设的内容会是什么呢？

王雪梅：可能还是从学生的德育这一块来说吧，品德方面的，比如说，就像刚说过的尊师重道啊，感恩啊，集体荣誉啊这些，现在的孩子这些方面有所欠缺。我觉得知识的教育，高中是有止境的，**德行的培养是没有止境的**，随时随地都还是有一些内容会自己蹦出来的。

黄碧芬：品行养成是一项需要长期投入的工作。教育的难点之一是如何提高实效性？这方面你怎么看？

王雪梅：其实就像我们做的这些事情，任何一件事要付诸行动的话，都不是很容易的。比如说学生从高一高二生命成长的系列化教育。就是你什么时候做什么样的事情，怎么利用他们的特点去做，这些都是要经过很多很多人的心血把它打磨出来的。你比如说，真的要说，通过我们去改变学生改变环境，那家校这一块的，有些家长本身就是需要教育的，或者是说，我们也可以从家长那里学到一些东西，然后就能有一些交流。

黄碧芬：家校交流你觉得充分吗？

王雪梅：如果仅仅从学业管理方面来说的话还可以，但是**如果要说怎么样去关注孩子整个身心的成长，是很不够的**。因为很多家长的问题，他可能有反馈给班主任，他心里面的一些焦虑，有反馈一部分，但是大部分还是没有的。你不知道他们是怎么去教育自己的孩子的。你有时候会觉得，**有些孩子从小**

长大到现在,他已经长歪了。你要把他正过来,靠你自己的力量是没有用的。而且你要系列化,我们甚至从初中就要开始系列化,初中甚至更小时候的家校联系,孩子小的时候是非常关键的,而且初中有更多的时间去做这个事情,去做行为习惯的培养啊,去做德育的教化啊。你比如说,我自己会有这样的感觉,我们这一届的有些孩子,的确很优秀,但是就像我讲的,情商明显不足,太宠了,宠得自我感觉非常地好。像这种,可能从初中的时候,很多的教育就没有落实到位。真的我们要做这种东西的话,太多要做的,很多都不是一个人两个人就能做出来的。整个学校重视的是什么,学生也会在这些方面有更多投入。

黄碧芬:社会和学校对学生成长的评价导向的确会影响学生。

立足现实,从我做起,从现在做起

王雪梅:比如说我们重的是学生的整体形象,我们学生的形象的确不错。假如我们从初中开始重的就是学生尊师感恩这方面的心理感受,那他现在可能就不是这样子一个面貌了,对不对?其实仅仅停留在见到老师问声好,走过去理都不理你,其实是没有用的。所以很多事情,真的我们说起来,随便提一个课题很容易的,但是做起来都很难的。但是跟学生我也经常说,我们班级也好,学校也好,社会也好,可能存在着很多问题,但是这些问题,你想发表反对意见的话,如果是你要怎么去改变,假如你做不到的话,就不要轻易去质疑或要求别人。我们更多的是落实到行动上去,**我们能做的是什么,先把它做起来**。

黄碧芬:对,是这样,从我做起,从小事做起,从现在做起,我也很欣赏这种**立足现实、从我做起的境界**。我们这样子讨论下来,你对班级建设的思想定位,与学生互动的关键点,都有很多经验可以传播,或者说可以让更多人来了解和探讨教育的真谛。育人需要正确的方向,要树立可以借鉴、模仿、学习的标杆,只拉车而不看路都不见得能够树人。

王雪梅:还需要继续努力。

教师访谈篇

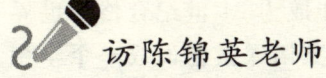访陈锦英老师

让课堂成为学生自由表达思想的语言学习沙龙
——访厦外高中英语教研组长陈锦英老师

黄碧芬：很高兴能够与你做这个访谈，1999年我刚调入厦外做初一班主任时，你还是我班学生年轻的英语教师呢。

陈锦英：时间真是过得很快啊！我1998年从厦大外文学院英语专业毕业，一晃已在厦外工作14年了。

黄碧芬：你当时是怎么想起要当老师的？

陈锦英：我当时学的并不是教育专业。当时走进教育最大的缘由是我想要拥有更多自己能够支配的时间，我以为当老师时间的自由度比较大。后来，当我走进教室的教学岗位后，我发现除了这个原因，我越来越热爱那三尺讲台，我喜欢与可爱的学生们交流，我会为他们的成长激动。

黄碧芬：你真是很适合当教师，能真切感受与学生交往的美好，这对师生都是有福的！

做教师意味着一辈子要读书

黄碧芬：多年工作之后，你现在如何看待学校的教育教学工作？

陈锦英：我一直认为，**教师一辈子都要读书，要以研究的态度来思考教学**。教学是一座没有顶点的山，只有不断攀登。在任教14年后，我除了比较有教学经验外，其他的基本没变。基本上我遵从这样的路线：读书，思考，调整，再读书。在这过程中，我乐于与同行交流，也从他们那里学习。

黄碧芬：很认同你"一辈子都要读书，要以研究的态度来思考教学"的定位，能开放学习又能具体地学以致用，其实是很美好的工作形态。英语是咱们学校的特色科目，你如何理解本学科教学的价值意义？在日常工作中，你会更重视什么？

陈锦英：我一直跟学生强调，英语作为语言，是要用来交流的，一定要扎实

241

打好语言的基本功,并且培养良好的语言习惯,才能成为21世纪合格的世界公民。在日常工作中,**我很重视并且努力把自己的英语课堂创设成一个学生学习语言基础、能够自由表达观点的"沙龙"**。

黄碧芬:都说咱们学校毕业的学生英语表达特别好,与你们这种课堂会话环境的打造有关吧。可否给我们说说教学中你比较擅长而又深受学生喜爱的教法?

陈锦英:比如,对写作的指导。在写作前,我就写作话题让学生讨论,表达观点,然后介绍相关的词句,给他们提供语言支持。在批改学生的"作品"之后,我总是会写反馈,并就他们的共同问题作出点评,纠正他们不地道的表达,再给他们推荐优秀作文。现在,**这样的过程写作法已经是外语组的一个教学常规**。

黄碧芬:"过程写作法",真好!有话题想法,有语言支持,在学生的写作练习实践之后,再反馈优势和不足,再学习范文,学得扎实又开阔。作为英语教研组长,你如何理解这一角色职能?如何把握教研组的组织建设重点?

以身示范,重发掘,促发展

陈锦英:作为外语组的教研组长,我是这么理解的:首先,**自我要求要高**。业务上要强,专业要精,要不断学习,不断进步。其次,**教研组长应该是挖金能手**。每位老师都是一座金矿,充分了解与发挥每一位老师的特点与专长,充分尊重每个人,注重分享与团结。这样,教研组才有凝聚力和生命力,这是教研组建设的基石。再者,作为教研组长,要**注重教研组的梯队建设,促进教师专业发展**。作为外国语学校的外语教师,除了不断完善课堂教学,还应该有责任为学生创设丰富的第二课堂,努力营造学习英语氛围,帮助他们走上成长、成才的道路。在课堂教学方面,我们齐心协力构建夯实的课堂,推出具有我们自己特色的课堂教学模式,还编写符合学生生情的校本作业。在创设第二课堂方面,我们举办"外语节",创办"模拟联合国社团"等。

黄碧芬:知人善用并高度关注教研组整体的凝聚力和生命力建设,很有领军人物的风范啊!在日常教育教学工作中,是否有什么具体存在的现象会让你担心?你是如何协调面对的?您认为改善的出路何在?

陈锦英:我最担心的是现行的教育体制与高考的压力,使很多学生习惯于听讲而不擅长表达,自我展示能力与自信都比较欠缺,知识面相对狭窄。针对这个问题,我尽量鼓励学生,告诉他们努力和改进的方向,上课多给他们发言的机会,特别是到讲台前演讲。另一个让我很关注的问题是如何转化后进生,怎样做才能让每个孩子在成才受教育的路上不掉队。对于这一类孩子,我会多找他谈话,及时了解他们的"症结"所在,在课堂上多给予他们关注,点燃他们学习的兴趣与动机。

黄碧芬:这种强化自主表达和帮扶薄弱人群的教学关注很好,有方向引领、有具体支持而能惠及更多学生。你平时如何自我充电呢?

陈锦英:看书,与同行交流都是我的法宝。我看的书比较杂,不限定哪一类。我喜欢看参考杂志、BBC新闻、全球通史等。**这些书或者杂志让我有一个比较大的视角去理解发生的人或事,让我的触觉更敏锐。**

黄碧芬:"大视野"与"敏锐的触觉"必将整合出更多有创意的思想,教师很需要这样的充电法。

清晰明朗的生活态度与价值取向

黄碧芬:你在驾驭生活方面,在平衡工作与生活方面,一定也有许多自己的见解吧?

陈锦英:我认为对待生活应该具备一个乐观、平和的心态,珍惜与身边人的相处,快乐享受每一天。我一直认为,家庭是社会的最基本单位。我不提倡由于过分工作牺牲与家人相处的时间,由于过度工作累垮身体而让家人担忧,过于强调工作而忽视对子女的教育。我希望各类学校以及教育部门,尽量不要在周末时间安排工作。但我也不提倡借用快乐生活的理由,而在工作时间内懈怠工作。

黄碧芬:你的生活态度真是清晰又明朗。我也很赞同工作就努力工作,生活得全面真诚地面对,有健康的休闲贮备才能更焕发工作的热情和创意。过平衡的生活其实是心理健康的重要保障。不久前你才赴加归来,这是个什么项目的出访?有很多具体感受吧?

陈锦英:2012年2月,我有幸参加了厦门教育局组织的为期两个月中小学教师赴加拿大温哥华的培训项目。我写了一篇《加拿大温哥华中小学教育体系与教师管理综述》。这里我只能简单说说。**他们的课堂更注重学生自主发展与能力的培养,课堂评估注重形成性评价,注重学生综合能力培养。**比如,他们很少有统一的考试,只有在10、11、12年级有几门科目要省考。在学生的成绩报告单里,10和11年级最后成绩为课堂作业与测试占80%,省考成绩占20%;12年级的最后成绩为英文的课堂作业与测试占60%,省考成绩占40%。可见,考试减少了,评估多样了,学生的实际运用能力培养就能落实到平时的课堂教学中。

黄碧芬:将学生的实际运用能力培养落实到平时的课堂教学中的做法真好!在教师管理方面呢?

陈锦英:关于教师评估与管理,与国内特别不一样的是,加拿大教师不分级别,他们的工资是与工龄相关。他们教师不要求通过写论文、做课题、支教来评估。对教师的评估与考核主要是通过本校的校长考查。教师工作的第一年里,接受两次考核。当成为有经验的教师后,每五年接受一次评估。他们的评估主要是教师自己写的报告结合校长平时的考查。我们一行21人对于这种评估方式感到很好奇。在访问两所学校 St. John International School 和 Medowridge School 时,我们又再次提起这个话题,询问两所学校的校长:"是否有审查教师教案?是否举行教师技能比赛?为什么就能凭借教师自身的报告来评估老师?"两位校长的回答大致是这样:"**为什么要评估老师?我们充分信任老师。作为校长,我们经常推门听课,如果发现老师有什么不对的地方,就及时跟老师交谈,帮助他们改进。每一个人都希望别人给予鼓励,希望别人给予肯定。作为校长,我们主要是要帮助老师进步,激发他们内心的工作热情和智慧。**"当然,如果某位教师的工作不尽如人意,校长可以随时对他的工作进行考核,帮助他成为合格的教师。新录用的教师试用期1~2年,试用期满后即可获得终身职位直至退休。在制度安排上,因违法或渎职可以解聘教师,但真正进入解聘程序的情况极少。教师的评估只有合格和不合格两个等级,这点不同于国内,没有国内众多的激励机制,**全靠教师的职业道德和工作的积极追求**。对于青年教师和比较薄弱老师的培养,温哥华教育局也鼓励各校采用导师制(teacher mentorship),这一点也类似我们国内进行的"传—帮—带"的方式。

黄碧芬:相互可信任的关系是最大的生产力。你提到的通过"鼓励"、"肯定"、"帮助"而激发教师内心的工作热情和智慧真是合乎人性的良策,讲职业道德而有制度保障的环境也更能让人安心投入实务和有创意的工作,而不是在高压下"扭曲"应对。**教育很独特的地方还在于教师所受的待遇,这方面的体验也是最能影响学生的因素**。教育管理的深远影响力其实与家庭教育中父母的示范作用是一样的。育心要从暖心、安心开始。

有自主选择空间的"少而精学习法"更利于持续发展

黄碧芬:关于师生关系,你如何解读?

陈锦英:师生之间应该互相尊重,互相喜欢。老师应当能够帮助学生更好地融入学习生活当中。

黄碧芬:有尊重、喜欢的情感,还有帮助的责任,相信学生会很喜欢你。有让学生反馈对你的感觉吗?

陈锦英:有啊。很高兴我与他们真是相互喜欢,他们的评价比如"有思想""负责任""有爱心""有创意""有亲和力"真是让我十分受益。

黄碧芬:都是很好的教师特质啊!你如何看待学生的成长需求?

陈锦英:我觉得**学生的成长应该是可持续发展**。换句话说,就是要学生快乐学习,快乐成长。我们基础教育确实很扎实,但是学生的应试负担太重了,应该减少学习量,不要一味追求多、快以及应试成绩。**应该多增加孩子自主的学习空间,不要让作业填满学生的课余时间。作业也应该多样化,多增加培养学生思维、观察、交际能力的作业。**

黄碧芬:我也常这么给学生减压。我常让学习困难的孩子自主减去一半内容而将留下的内容真正学好。我也常鼓励学生用主动思考与观察而取代被动应付的麻木困境。这方面你能给我们多介绍点出访捕获的见识吗?

陈锦英:这方面加拿大也有些做法可以借鉴。加拿大 BC 省原来有一个考试叫 FSA(Foundation Skills Assessment),相当于我们厦门市各年级期末的全区统考。但它只在 4、7、10 年级举行,主要考查学生的基本技能。但由于一开始推行就出现学校之间的攀比,很快就改为选考,各个学校可以自由选择考或者不考。实际上,很多学校选择不考。他们必须要考的是省考,但省考只是针对 10—12 年级的学生。省考还分必修科目和选修科目。10 年级的必考科目为英语、数学、科学,11 年级为社会学,12 年级为英语。其他科目为选考。在 10—12 年级课程设置方面,10 年级有英文、数学、社会、自然科学、体育等 5 门必修学科和 planning 必选课,另外根据个性发展选修两门。11 年级有英文、数学、科学(理、化、生、农、牧等必选 1 门)等 3 门必修课,另根据个性发展有法律等 5 门选修课。12 年级只有英文 1 门必修课,其他 7 门均为选修课,学生根据自己的发展方向确定。

黄碧芬:给学生的选择空间大,学生能与自己的发展需求相结合,就能更加自主学习。

陈锦英：Planning 10 与英语、数学一样是 4 学分，为一门主课，要完整学习一年，内容包括四个方面：(1)制订自己未来的就业规划；(2)制订自己未来的教育规划；(3)制订自己未来的健康规划；(4)制订自己未来的财务规划。从必修课规定当中可以发现，加拿大 BC 省很注重英语母语的教育。他们强调，**母语教育是一切的根本**。另外，从课程管理中，我们不难发现 10—12 年级必修课逐步减少，选修课逐步增多，关注学生兴趣和志向的发展，注重学生社会实践能力。学校内都设有各类工作坊，如木工、机械、烹饪、手工、制陶等工作坊。

黄碧芬：真是很合理的安排。在家校协作方面你会更关注什么？我还想再淘你出访的宝，在这方面还有些什么好做法可让我们借鉴？

陈锦英：我认为**每一位孩子的教育需要学校与家庭的合力**。它们的关系就好像是一个人的两条腿，缺了哪一条都不健全，它们应该是协作关系。在家校协作方面我会更关注双方对培养理念的认同。我想如果能够每个年级都有家长委员会，让家长多参与学校建设，包括精神建设和物质建设才好。学校和各年级举行活动的时候，家长能来参加，应该会更有认同感。我去温哥华学校参观的时候就发现他们也成立家长委员会。在剧组学生进行戏剧表演的时候，他们通过把票卖给同学(比如，$5)，家长(比如，$10)，这样进行筹集资金，去付制作成本。这种自筹自演的方式，大大鼓励学生的创作热情，也让家长见证孩子的成长，真的很好。我们现在比较为难或无力面对的情况是，有的家长太忙了，无暇教育孩子，孩子的教育完全依赖学校。另外，谈及资金问题太敏感了，灵活度和自主空间就小了。

黄碧芬：家校的合力、通过参与活动而增进认同感、课外活动项目的平衡建设办法都是很可借鉴的经验。有时不是没钱，而是如何合理组织与使用资源的问题。

教师的生活与专业成长互为一体

黄碧芬：你觉得十几年的教育教学工作经历是否促进或丰富着你的个人成长？

陈锦英：这是肯定的。十几年的教育教学让我接触了个性不一的孩子，让我接触了背景不同的同行。每一次倾听他们的对话或与他们的交流都触动着我，丰富着我，让我更加脚踏实地，让我更认识到作为教师的责任。

黄碧芬：你的家庭生活经历是否影响你对教育教学的思考？

陈锦英：是的。特别是我女儿的学习生活让我对教育教学有了更深的思考。我认为特别是小学阶段的学习应该主要培养学习兴趣与学习习惯，应该多给学生自主发展时间，减少考试与评优等机制，让孩子有平等、快乐的学习环境，过有个性发展空间的童年生活。**学习强度与年龄应该成正比**，到了大学阶段的学习应该是最辛苦、最有挑战的时候。社会上现在描述我们的教育现象是很"搞笑"的：小学苦，初中累，高中拼，大学混。其实，如我上述所言，学习的强度应该与年龄成正比，我希望我们的教育状态：小学乐，初中勤，高中苦，大学拼。大学时期的学生无论是身体还是想法都比较成熟，知道自己的兴趣和对自己未来的责任，可以接受更大的挑战了。

黄碧芬：教育是个系统工程，品行倒置的社会现象的确不容乐观。

陈锦英：还有，我希望我们的社会真能达到那么一种状态：**工作不分贵贱，拓宽成才渠道**。这样让每个孩子都能结合自己的特点，去寻找合适的成才道路。我记得在温哥华的时候，给我们上课的一位老师这么说："我有几个学生文化科目学不好，但是他们机械制作能力很好。有一次我车坏了，就是他们替我修的。我为他们感到骄傲。"在温哥华还有这样的现象，有些UBC大学毕业生找不到工作，然后再去一些学院，选修某些技能专业，再去找工作。另外，我希望有一天，我们的义务阶段的教育能够延续到高中，我们的大学能够互相承认学分，这样我们的孩子受教育机会更多，我们社会的人口素质就能真正意义上提高。

黄碧芬：很好的见解，很期待这样的教育景象早日到来啊！你的教育经历与思考已相当丰富，还想问你的是，你还有什么梦想吗？

陈锦英：我就只有一个很朴实的想法。我的梦想就是希望我的学生因为我而爱上英语学习，享受英语学习，了解英语文化。我还希望能多与国内外的中小学教师交流，互相交流成功的经验，互相促进。特别希望能多引进国外专家或同行来厦门与他们探讨教育教学。

黄碧芬：好喜欢你这种质朴的想法。**在业敬业乐业是人生之大幸**，你都享用到了，还滋润到很多人，滋润到我，谢谢啊！

陈锦英：我也很感谢您！您的"挖宝"的说法很激励我啊！没想到有这么多说的。

黄碧芬：有机会还要找你挖宝。希望这样的访谈能给我们的学生、我们的同行和所有关心教育的人一些有益的参考呢。

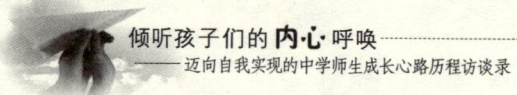

倾听孩子们的**内心**呼唤
——迈向自我实现的中学师生成长心路历程访谈录

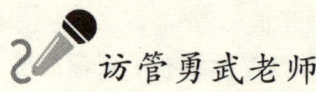

访管勇武老师

稳健的工作秩序来自明确的目标共识
——访厦外2011届高三年段长管勇武老师

访谈主持：黄碧芬
原始记录：许友芳
整体梳理：黄碧芬

育人是一种难度很大的工作

黄碧芬：近来访谈了高三保送和出国求学的十几位学生，感慨很多啊。邀请到你我特别高兴，在一线做教育教学的组织管理工作，相信你有许多具体的感受与思考。现在高考结束了，有没有轻松的感觉啊？

管勇武：在结果没有出来前都不敢轻松啊，呵呵。

黄碧芬：心里总惦着这些孩子到底发挥得怎么样？

管勇武：是这样。学校也还有许多工作要做。

黄碧芬：学校现在有三条渠道输送人才，教学的组织管理多了许多内容吧？

管勇武：单从教学方面来说，还是比较顺利的，我们有一批有经验、能力强的老师，每个阶段该做什么、重点抓什么，大家心中有数，老师们也都比较敬业。

黄碧芬：我印象你已承担了两轮的段领导工作了？

管勇武：对，2008届的副段长和2011届的年段长。

黄碧芬：那么两届带下来，您感觉在学生的总体素质方面是否有所不同？

管勇武：两届的学生相比起来，虽然就这么几年，我还是明显感觉到后面（2011届）这届学生更自我。

黄碧芬："更自我"是更以自我为中心的意思吗？

管勇武：从好的方面来说，可以说他们更自信；从不好的方面看，会觉得相对更我行我素些，或者就是人们常说的现在的孩子感恩之心比较缺乏，认为别人都该以他为中心。

黄碧芬：这方面的调教就比较不容易了。

管勇武：是啊，如果仅仅追求一个学习成绩那影响不大。**但如果从育人这个角度来说，确实还有很多工作要去探讨。**

黄碧芬：你一下就提到了教育的关键问题。高三的学生，相对比较成熟了，这自我中心主要会表现在哪些方面？

管勇武：比如对集体规范要求比较冷漠。集体生活、集体学习秩序的维护，自然得有公德心。我们会有一些在集体场合对学生的行为要求。可就是有一些学生不理你的规定或要求，不会去反思自己的不良言行对班级造成什么影响，而只有我想怎么做、我喜欢这样做，我才不管班级会怎样的姿态。

黄碧芬：这确实会造成对他人或集体秩序的干扰。班级、宿舍就是学生在学校具体学习生活的环境，明理的人都不能做背靠着集体、需要集体成全而又不把这个集体当回事的事情。

管勇武：对。像我们前面几届，如果强调这是我们年段和其他年段在比，比如开会的安静程度，说我们要表现出我们应有的文明素养，我们这届学生是特别优秀的，他们就会在意了，会注意自己的形象和集体的形象。

黄碧芬：你希望学生会自觉追求这种集体荣誉感？

管勇武：对。这一届学生这样的集体荣誉感就比较淡薄。**在严肃的集体场合随便说句话啊、打个电话啊之类的事，在他们看来是很小的事情。**

黄碧芬：可这类所谓的小事一放进比较规范、严肃的集体环境里，就显得很唐突。大型集体活动特别需要严明的纪律。

管勇武：对。**集体的严明纪律就是一种战斗力。**我感觉这是一个比较难做的事情，但是做下去是比较有意义的。

黄碧芬：在我们的班集体建设中，其实是很期待同学们主动关心、主动维护集体秩序的，在这方面会有些什么样的具体要求？像学业方面的要求相对已经比较明确具体了，其他方面的要求呢，引领起来会有些什么内容？

管勇武：我意识到这个问题其实都已经晚了。因为一开始接手，我还把他们当做2008届的那种学生，到后面高二、高三的时候才越来越明显地观察到这样的一些情况。你知道学校整体的教育教学活动安排有自己相对严密的秩序，年段在大面积地施加影响力上其实难有可靠的作为，尤其是自己本身也还处在观察探索阶段。所以，更多的是与班主任老师协商面对，更多的是依靠班

249

主任老师的教育智慧小范围地干预和促进。但总感到还是有些浮在面上,就是治标难治本的感觉。

黄碧芬:您的坦诚让我觉得特别实在,这本是个教育难题啊!在咨询工作中,也常遇到学生反馈学习的孤独感,除了当事人自己个性上固有的习惯影响外,也和有些班集体中一种互相支持、互相欣赏或激励的氛围还未能自动化地表现出来有关系。甚至于学习很努力、成绩又还不怎样的同学特别担心被人笑话。当然,这在我们学校应当不是普遍情况吧?许许多多学生成长的事实证明了我们整体的文化氛围还是相当温暖而又能激励人心的。我这次访谈了这批同学更充分感受到这一点。但学生具体生活的小群体水平差异还是蛮大的。

要警惕"以孩子为中心"的教养后果

管勇武:这个肯定有差距。首先,他们的家庭生活环境就是以他为中心,甚至他就是家里的"老大",他从小就是在这种环境中成长的,他可以要什么、想什么,就说什么,父母如何感受、别人如何感受,像是不关他的事。一句话,他不会或不习惯换位思考。那么要在学校培养这种意识,难度就比以往要大很多。

黄碧芬:现在有些小孩,你从正面看好像自尊心强点,胆量大些,敢追求自己的权益。另一方面却又让你感觉他像无根的浮萍,生活得很浅。他不觉得自己依靠了什么,获益于什么,所以不感恩,也没有什么是他愿意或需要特别去投入和维护的,他面对周围人事物的标准只有一个,那就是要看他喜不喜欢。

管勇武:现在的家长也很重视孩子的身心健康,很想让孩子轻松快乐,但这快乐的追求似乎和应有的学习态度、学习行为相矛盾,也和父母对孩子本来就应有的严格管教相矛盾。

黄碧芬:这里头隐含着对"身心健康"、"快乐生活"的极大误解。身心健康包括身体健康、心理健康。早在1946年,世界卫生组织在第三届国际心理卫生大会就提出的心理健康标准:(1)身体、智力、情绪十分协调;(2)适应环境,人际关系中能彼此谦让;(3)有幸福感;(4)在职业工作中,能充分发挥自己的能力,过着有效率的生活。这个"标准"在今天看来都堪称全面又简约,合乎人性。

管勇武:这标准的表述的确简捷,其实已经是一种很高的标准。现在的成人社会,经常达到这样水平的人也并不是很多。

黄碧芬:你的理解很到位呢!人是活的,环境也是在不断变化的,人们的心理体验和存在状态当然会有变化。健康标准并不意味着要求人们时时处于这种状态,而是提出了心理健康的内涵要素,帮助人们沿着这个方向去感受、去追求。心理健康的人其实就是能够不断达成自我实现的人,是能够充分肯定自我生活意义并积极维护和处理好自己与自己,自己与他人、与社会、与学习任务或职业要求乃至与自然、宇宙相互关系的人。

管勇武:这里的"不断达成自我实现"的说法很好,有人的内在标准而不只是外部要求。这就给人的发展留出了很大的自我调整空间。

黄碧芬:正是这样。人都不是完人,不可能上来就会,一做就对。学习、工作都可以模仿,但更需要自己的实践探究和反复练习才能形成自己的独特经验。即便是良好的榜样行为要模仿到位都不是那么容易,更何况我们给孩子们传递的思维信息或行为示范的内容本就良莠不齐。片面的、扭曲的信息或"榜样"其实还是蛮常见的。

管勇武:育人最重要的是育心,而人在自己的生活经历中积淀下来的心理感受和应对经验却是千差万别、难以统一的。我们的教育措施很可能适应或符合张三的需要,对李四可能就不合适。

要正确处理"个性"与"共性"的关系

黄碧芬:所以,教育需要探讨的重点之一是个性与共性的关系问题。如何更好地促进学生良好的个性发展而又不失对社会群体生活应有的文明秩序的理解、建构和服务能力?"人人为我,我为人人",这两方面,缺一不可。

管勇武:尤其是你与他人在一起的时候,你作为集体一分子而现实存在的时候。在人的独处时间里,你可以选择做你自己想做、喜欢做的事,只要不违法。而当你与他人共处时,你的言行势必对他人造成某种影响,这时就特别需要强调文明规范的执行,以确保团体绝大多数人的利益得到保护。现在我们一再强调并努力维护的只是这个层面的内容,这些内容甚至很"小儿科",遗憾的是,要真正做到都很不容易。

黄碧芬:这里面就需要有"大道至简"的追求。我们首先得研究每一条"规范"内容的必要性与合理性。如果一项规定本身给人带来很多不便就难以执行,会有许多人犯规,再用抵抗或说谎来"挑战权威",炮制出许多事情来消耗教育者的时间精力。**如果规定本身仅仅是表面达成某种统一的效果,实际并不能开发学生的智力、能力或培育学生有效率的工作精神,通常也容易引起学生的反弹。**教师和家长都很容易陷入的困境是,一方面苦苦维护学生/孩子的既得利益,另一方面却不得不忍受他们不领情的言行。

管勇武:可能也正因为这样,他们也就不太有什么感恩之心。

黄碧芬:感恩是一种很真挚的情感,**来自个体能体察自己的获益,特别是能体察别人是如何付出劳动、克服困难而成全自己获益的时候,**也来自能体察自己其实并没有特别付出却自然或额外获得利益的时候。**这种情感一定来自有所担当、有亲身实践体验而知晓其中不易或自己有所不能的谦逊认知,**通常是建立在当事人有需求、有受到支持帮助、深知其不易的内在感受之后。

管勇武:反思不会感恩的孩子们的存在状况:他没有学习或遵守纪律的需求,体验的就是被你管的不自由;他不知道这事做来不易,衣来伸手、饭来张口,体验的就只是好看与否、好吃与否,顺我着昌,逆我着推,什么经济成本、劳动付出、内含情感都没有感觉。**在这样的心境下,你去跟他讲感恩?他还看你莫明其妙!?**

黄碧芬:你瞧,回到人的本分、人的基本情感上来了。**育人,就得育人的本分,就得培育人的基本情感。**否则——

管勇武:就是搬起石头砸自己的脚嘛。

黄碧芬:何止砸脚,根本就是砸心嘛!很多家长在怨叹和反思家庭教育中基于做人本分的教育缺失所带来的可怕后果。我认为**这已经是育人、立人的当务之急。**

品行的养成教育同样需有系统目标

管勇武:我完全同意这个观点。我在想,初一、高一,刚一开始就要以班级为单位,开展有这种育心立人意味的主题活动,人的社会性发展要求我们推己及人。团队意识的培养、合作精神的培养,都要以更多的方式渗透进去。要通过学校整体的层面来做这个事情。高一、高二、高三这三年整个德育要有个规划。甚至我们这种学校可以从初一就开始,六年有个德育系统培养的目标。

黄碧芬:就是说,中小学的德育教育重点就在品行的养成教育,也应当有一个不断递进和不断强化的内容建设。

管勇武：嗯，就是要有一个明确的工作计划和育人内容目标。还应当有一个可以考察的评价标准。看来这是一个很需要花大力气专门研讨的课题。

黄碧芬：咱们学校育人目标的高定位本身就强调着，我们培养的学生将来走到社会上，不仅仅要能独立作战，很重要的是还要在生活的各个阶段都能成为一个对他人、对社会有积极促进作用和建设能力的人。

管勇武：对啊。至少他能在一个团队里，在和大家一起做事情的时候，能够工作、生活得比较愉快。

稳健的工作秩序来自明确的目标共识

黄碧芬：这是一种非常实在的爱护学生的目标。作为段长，在教师队伍的管理工作中，你会更关注什么？重视什么？

管勇武：前面说过，我们有一大帮老师很勤奋、很敬业，班主任老师对班级的管理也都有自己的风格，我所能做的主要还是上情下达，组织实施各阶段的重要工作，协调好各种需求。

黄碧芬：比如说，咱们学校目前有三条渠道输送人才，保送、出国、高考，需要预备的内容及具体推进的时间安排都会有所不同。**如何维护团体学习秩序，又有针对性地指导、组织学生做出自己心仪的选择，并按时完成各项预期的任务？**

管勇武：之前有带过高三，在这方面多少有些经验，所以在开始就比较有意识地做了一些分流，比如说出国的、保送的、高考的等。当然也包括请以往的学生做经验分享。从分流结果来看效果还是比较好的。这工作也必须从高一开始做。

黄碧芬：具体地说？

管勇武：得弄清楚我们需要达到一个什么样的效果，要让不保送的学生更早就安下心来针对高考做更多的准备工作。那么那些要保送的人也一定要比较早就明确下来。所以工作运行到高考保送名额下来时，我们让学生报名，就不会出现盲报的现象。只有170多个学生报名，给的名额是155个，不会超过太多。这样就不会引起太多的动荡。

黄碧芬：这里头有一些政策杠杠来规范，也很需要老师们具体情况具体分析地做好个别指导工作吧？

管勇武：正是这样。一开始就不打算保送的就不会去报名，就一心准备高考了。那些专心保送的同学也是早有准备,只有很少数同学想脚踩两只船,这样他也必须让自己有兼顾地付出努力。所以今年保送的录取率高也和这个有关系。今年保送名额是155个,去考的基本都走了,只有2个同学因为只认准一所学校,其他学校都不去,没被录取,他甘愿回来准备参加高考。所以到最后确认的是153位同学保送成功。这两个没保送的都是直升班的,回头参加高考也是没问题的。正因为对自己有信心,参加保送只是想冲一个更高的学校。保送没如愿,就回来参加高考。

黄碧芬:其实就是多了一次选择机会。对于那些预备出国的学生,通常是什么时候做出选择,又是如何准备的?

管勇武:我们这届出国生有五六十人,有一批是高一甚至更早就作出选择的同学,大多数是高一下之后陆续明朗起来的意向。毕竟,出国留学要准备的内容与高考是有许多不同的,而且家庭还需要提供足够强的经济支持。曾想为他们组班管理,但时机还不够成熟。以后人再多一些,这个问题同样是需要系统化指导促进的。目前,学校能做的是,提供相关考试和资料预备的咨询,请学长、学姐回来做成长报告,对已决定走出国路线的学生,我们会给予他们学习时间安排上的自由,学校给他们一间单独的教室自习,他们也可以选择在家自学备考。所有的考试和与心仪学校的联络工作都由学生自己来做。**我们的学生真不简单,许多人都没有依靠中介,所有考试、联络资料、相关手续全是自己来办。**

黄碧芬:相当了不起,在这个过程中,学生对相关知识体系的把握多能形成自己独到的心得,对社会实践的深入、与人沟通的效果和现实利益的平衡都有了很好的探究性学习。我访谈了几位同学都坦承自己的责任心、公益思想、沟通能力、学习策略均有质的提高,人生态度和家庭情感也得到良好的感召和促进。

管勇武:对,应该是这样。我们学校的中美班应该会有更多规模化工作方法的探究,我们这届还没有,下一届就有。

黄碧芬:很好的三条途径。你这样两届学生带下来,有没有学生没考上的?

管勇武:没有吧,除非他自己不读,最差的也就是本三了,但都很少,可能也就个位数吧。

黄碧芬:所以学生在我们学校这个环境,只要肯读书都可以有很好的发展渠道。

"两个重点"保障学生的可持续发展

黄碧芬:在大面积的学生管理中,教学以外,你们年段会更关注什么?落实什么?

管勇武:呵呵。我们高一的时候其实就是两个重点:一个是学习习惯的养成,还有一个就是体锻。根据我以往的经验,尤其是2008届的经验,回过头来觉得这两方面都是保证可持续发展的重要支柱。高一就要抓好,形成好习惯。我们有很多老师有此共识,做得很好。有些老师年龄大了,还是和学生一起运动。

黄碧芬:好的学习习惯才会有好的学习效率;适当的体育锻炼可以促进身体健康,又能保障日常学习的可持续发展。抓得很到位啊。

管勇武:还好。学习这块是有形的,有成绩水平可以考察,家长也特别重视这一方面。而德育这块是比较无形的,但我们都知道学生的基本品质其实直接支配影响着学生的学习状态和为人处世的水平。很需要各方面重视却又很难深入。

黄碧芬:你可能更希望家长也能经常关注孩子在品行方面的存在状态。毕竟家庭的个体化观察和教育都可以有更贴近个性的针对性,能更及时跟进孩子的实际需要。但这绝对需要家长有这方面的良知和是非判断力。在这方面,家长本身的示范作用和与孩子沟通的实际存在状态其实对孩子的影响特别大。

管勇武:这也是德育工作困难的原因之一。社会上家长教育这一块也是相当薄弱的。家长其实都想让孩子发展得更好,但你的教养方式如果就在炮制问题,你的某些要求如果就在错误引导孩子,这后果就很难办。学校要做好自己的事,也要赢得更充分、更正确的家庭教育支持。

黄碧芬:这领域的工作影响真是具体又深厚。而且学生的年龄特点、思维和感受方式我们都不能回避,我们设计的主题活动必须要与他们能接纳、能体验,愿意分享的东西结合起来,回到咱们德育实效性的课题上来了。

管勇武:对,这个要很用心去做。

黄碧芬:学生工作最忌讳的是流于表面形式。虽然我们会看到学生这样那样的不懂事,其实在内心深层,每个生命个体都追求成长,只要是切合他需要的、他能理解驾驭的学习内容,其实孩子们是普遍欢迎的。把他看不懂、听不懂的东西硬塞给他,或不肯定他的真诚付出——常常是他的付出有时与现实要求标准不相一致而被忽视或受干预,他就感觉不爽,心理就不平衡,情感就闹别扭,能学的都故意不学或变成不能学了。

管勇武:所以,好的教育内容也一定要用尽可能贴近学生感受的方法来组织实施。而学生又是如此张扬个性,要兼顾团体秩序和每个人个性的统一,这真是非常有难度的事。

黄碧芬:今天早上在校车上欣赏刘春老师对咱们学校教师合唱的高效训练法,几位老师很自然聊起,如果在高一新生入学的军训期间增加一个项目——即以班级为单位,合唱PK。选歌的时候当然要选那些健康昂扬、有良好思想内涵、可唱出班级士气的歌,给班级一些练习训练时间,军训效果考察时增加这个"合唱PK"项目,**着重考察的是全班同学的精神面貌**。要列出可观察、可操作的几个评价指标,提前告诉学生,使他们能够定向练习。这还真是个符合学生年龄特点、会给他们带来好感觉的项目。

管勇武:对,对。而且操作起来也并不太难。其实我们的老师、学生里能人很多,看来我们得集思广益,征集好点子,再来整合。

黄碧芬:这是好办法。从群众中来,再到群众中去。看来我的访谈时间安排太早了,高考未发榜可能让你特别谨慎,其实我知道你们高三的工作环环相扣,步步为营,有很多好经验值得分享。

管勇武:都是大家共同努力的结果。我的很多想法、思考也还显得不够成熟,还很需要锤炼呢。

黄碧芬:你的性格、你的职业良知和关注的问题都很有意义,实在是需要组织力量深入探究并协作促进的事。感谢你坦诚地分享!

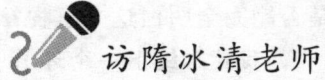

如何实现积极的教学互动
——访厦外生物教研组长隋冰清老师

黄碧芬:厦门外国语学校心理教师
隋冰清:厦门外国语学校生物教研组长
对话场景:某日,相邻乘坐校车上班的路上

学生不回应通常是因为有一些具体的担心

黄碧芬:学生来询谈及班级教学气氛沉闷对自己影响很大,甚至有逃离的冲动。今天遇到你很开心,可以与你聊聊关于"课堂气氛"的感觉吗?

隋冰清:可以啊!我最近跨年级教学。高一年级的A、B两个班虽是临时接手的代课班级,我依然希望自己与学生能有更多一点的互动交流,我想更多了解学生,也希望他们快乐学习。

黄碧芬:这愿望真好!可否谈谈在这两个班上课的具体感受?

隋冰清:A班很安静,学生很认真,但只是听和记,一般不反馈,所以,我有时不知道自己的教学处理和表达到底适不适合他们的需要,我常满怀期待地问一些问题,似乎很难得到呼应。这种情况有时会让你有一种被悬在半空中的感觉,这样说吧,就是让你很兴奋地去上课,而有些灰溜溜地退出来的味道,是不太舒服的感觉。相反地,B班很活泼,我用心设置的一些问题点总能得到多向呼应,学生愿意思考并即时表达——是一种围绕正在探讨问题的参与性表达,不太在乎对与错,就是自己的理解或疑问。这就让我有一种深入讨论而比较完善的感觉,这种感觉让我上课很投入,也很受激发,走出教室,还有一种特别的幸福感。

黄碧芬:这就是**教学相长**啊!师生互动水平不同,给人的感觉和影响真的会很不一样。所谓课堂气氛很大程度上就是师生的教学互动水平决定的嘛。那么,对于A班的情况,你有什么改善的办法吗?

隋冰清:我想,学生不回应通常是有些具体的担心。比如,有一次我讲完

257

一个重要的知识原理,照例问学生:"我这样讲各位是否能完全明白这个过程?有没有不同的看法或疑问?请示意我。"结果无人回应。我就继续下一个环节的教学。当天中午,这个班的一位男生来到办公室找我,恰恰就问了这个问题。我好奇地问他:"课上我就这个问题请大家反馈时你为什么不问呢?"他莞尔一笑,还有些惴惴不安地说:"别人都没问,我就担心自己的问题会不会占了别人的时间?"

黄碧芬:这是学生中很常见的心态。你如何回应这样的问题呢?

隋冰清:我会回避学生可能担心的过于幼稚的"面子"问题,而这样告诉学生:如果大家都这样思考和担心,课堂讨论就难以展开啦。其实,你若能勇敢提问,一是满足了自己的需要;二是给有同样需要的同学做了贡献,使他们有机会再深入一步进行学习;三是给了老师很大的帮助,让老师及时明白了你的具体需要。**学生听了话后,看来心情轻松了很多。**

黄碧芬:这样的回应已能打消学生的顾虑,挺好的。而且我注意到你还特别尊重学生,保护了他的"面子"。许多学生会担心自己的疑问太过简单而宁可压下秘而不宣,糟糕的是,这样的学生常常也并没有及时给自己一个有自我提醒意义的问题记号,以致过后就忘了,仿佛没有过这个疑问,结果就错过了相关疑点的深入探究而不能形成对相关知识的有意义理解。

隋冰清:这样的学生还真不少。所以有些问题常讲还是会常出错,搞得老师好郁闷。课堂上的确也有些提问会让老师一时无语,抛开其他学生的感受不说,老师刚刚讲完,甚至自己还觉得讲得比较流畅、比较清晰,结果学生的提问内容就好像你刚才根本没讲过似的,这种时候,**老师也会有一种受挫感。**

对学生的积极回应自然包含了"让他有好的学习心情"

黄碧芬:欲进而被梗的感觉的确不舒服。而大班教学,这种情况确实难以避免。**这时就特别需要良好的教育理念支撑了。**教师如果真的承认人的差异性,承认每个学生的学习基础、认知方式和学习程度可以不同;教师如果真的尊重每个学生,尊重他的真实感受;教师如果真的了解课堂教学更重要的是学生学的真实状况,而不仅仅是老师讲得多精彩,教师的受挫感就会小一些。甚至教师还能通过自我调侃等方式活跃课堂气氛,或及时给疑问一个温暖恰当的定位及相关学习方法的指导。

隋冰清:这真的需要教师具备良好的教育理论修养和教学心态,也需要更充分的实践经验历练。问题是有些老师容易将这类提问解读为"你刚才干啥去了,为什么不好好听着?"可能有些学生刚才是不在状态,有些只是一恍神开小差了,也有些学生真的就是还不明白。

黄碧芬:学生每天要上那么多课,要时时保持好状态其实是不容易的。所以,无论学生是什么状态,他及时提出疑问就是一种切入学习的行为,值得肯定,也很需要保护和激励。这时候,**教师积极面对疑问并基于问题的内涵妥善回应,就能保持课堂教学的连续性,不至于破坏课堂讨论的良好氛围**。

隋冰清:如果老师一时"扛"不住,转到对学生"开小差"现象的批评上,**弄不好就演变成师生都很不舒服的对立局面**。

黄碧芬:正是这样。有些学生的学习积极性就是被这类貌似正义的公开批评挫伤了,如此这般多经历几次,学生就因此不喜欢这类老师了,有些学生还连带不喜欢他所教的学科了。

隋冰清:**这并不是老师想要的结果**。老师的本意其实并不是要伤学生,只是想督促学生认真点、盯紧点而已。

黄碧芬:所以,我们常说的尊重人、尊重学生不是一件简单的事。**教育教学中这类事与愿违的例子还真不少**。这方面的能力提升很需要在日常生活中多多历练。对于这样的问题,除了要善于观察外,还有对表达方式的度的把握。对学生的积极回应,自然包含了"让他有好的学习心情"。

隋冰清:从事教师职业,对人性的感受和表达真的都要求更高。

并不是所有的问题都需要充分展开

黄碧芬:这也应当归属教师的专业能力吧?还有一个层面的问题你看是不是也需要再挖掘一下,就是说,学生才是自己学习的主人,即懂不懂、会不会,理解到什么程度,只有当事人自己最清楚。**在具体的教学情境中,教师应当引导和鼓励学生真实反馈自己的理解和疑问,而不是避开问题本身去在乎别人的感受**。这个问题的微妙之处在于:一方面我们的文化过多强调要考虑他人的看法,使大多数人已习惯于压抑自己的感受,甚至于不能清晰觉察自己的需要;另一方面,**学生作为自己的主人,完全担起自己的学习责任,坦率面对自己学习过程中存在问题的意识和勇气似乎都不够明朗**。

隋冰清:这的确是个比较深刻而复杂的问题。话说回来,学生的顾虑也是难免的,更为棘手的问题是,一个班级有这么多学生,我们是需要更多关注大

多数学生的需要的。

黄碧芬：课堂的问题讨论当然要考虑大多数学生的需要。但怎样调动和组织课堂讨论还是值得斟酌的。有时个别同学的提问就很有讨论的价值。**学生所提的问题是否有利于澄清可能存在的认知混淆，是否能帮助辨析问题的关键？是否有益于课堂讨论的良性发展？**这些方面的判断特别需要老师的教学经验支撑。

隋冰清：的确是这样。教师必须充分备课，即要熟悉自己的教学内容，对教学的重点所在、难点突破有明确的把握。同时，也要熟悉和了解学生，了解他们经常在哪些问题上有疑问。教学经验不足的年轻老师常遇到的情况就是不太清楚学生为什么会有这样的疑问。

黄碧芬：在老师看来顺理成章的东西，在学生那里可能出现这样那样的混淆或误解，这在教学上是再正常不过的事情。所以要允许并鼓励学生提出各种疑问。课堂教学组织真是很精细的工作，既要尽量满足一定的教学目标、保障教学进度的达成，又要洞察学生可能存在的种种疑问，适时组织相关的讨论，还要关注学生的各种情绪和感受。

隋冰清：能经常洞察疑问、择要回应已不容易，还要照顾情绪，学生这么多，个性不同、认识水平不同，有些孩子需要刺激，有些孩子需要细心的呵护，**这分寸的拿捏和转换，真是需要修炼哪！**

黄碧芬：是的，有道是越用心做老师，越知道不足，越懂得利害。无论如何，**教师充分使用学生的提问和感受来组织教学会更贴近学生的需要**。并不是每个问题都展开解释，有时是对学生问题的真诚接纳，有时予以简要回应，有时提供适当的学习方法指导，**这些都能帮助学生进一步投入学习**。是否需要充分展开，一看课堂教学进展的需要，二看问题是否能给学生良好的思维刺激。教师如能关注所有学生的需要，善于调节他们的学习情绪，激发他们的学习兴趣，又能够提取适当的问题组织讨论，使教学逐步推进、深化，这肯定是很高的教学境界了。

（原载于《教师月刊》2011年第5期）

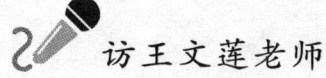 访王文莲老师

用生命影响生命的探索者
——访厦外语文高级教师、生命教育课题组副组长王文莲老师

喜欢给自己不一样体验和历练的人

黄碧芬：多次听校领导谈及你对学校生命教育的可喜探究，好期待与你近距离聊聊。

王文莲：很感谢领导厚爱，也很感谢您的邀请。

黄碧芬：你是语文老师，还是工作调动从北方来到本校的，很好奇你当时是如何走进教育的？又是什么动力促使你愿意离开家乡到南方来工作呢？

王文莲：当初选择教育是因为我的爸爸和哥哥都从事教育，加上自己喜欢文科，父母认为我是女孩子，性格文静，适合做老师。我已从教18年了。2006年才从黑龙江调动来到厦门外国语学校工作。在原学校我已上了高级职称，**有心给自己不一样的体验和历练机会**，正好也有很要好的同学在这座城市，就与丈夫一起寻求"新生活"来了。

黄碧芬：真看不出你有这么长的教龄了。在适应本校教育教学工作方面，你觉得自己还是否经历过什么不同的阶段？

王文莲：大体经历过三个阶段：首先是初来学校时略显迷茫，南方和北方教育体制和教学方式有些不同，北方教育优点是可遵循的东西很多，各项要求比较规范而严格，但有时会显得死板和繁复；南方教育有很大的开放度，但缺少细节规范和指导，有时让人无所适从。还有就是学生情况的不同，这些需要一定时间的适应和调整。教过一轮后就增强了自信，对本校的教育特点和学生的教育方式有了自己的摸索和收获，驾驭课堂教学和对学生德育工作都有了一定的方法和经验。目前有了新的追求和探索方向，在校领导的肯定和支持下，开始生命教育课题研究，更加关注德育、心理、学科教学、校园文化建设、教师专业发展等资源的整合和利用。

黄碧芬：好稳健的前行状态。

语文教学当有深厚的人文情怀和审美情趣

黄碧芬：作为语文学科教师，您如何理解语文教学的价值意义？

王文莲：作为一名语文教师，我很喜欢我的这个身份，它常常让我有幸福感。我的教学个性是人文，人性，追求美，信守真。我的教学理念是"让学生美丽着语文的美丽，快乐着语文的快乐"。我认为语文教学的价值就是让学生在体验知识的乐趣的同时丰富生活经验，增加文学素养，学会表达，懂得审美。

黄碧芬：这样的教学理念和价值追求一定能让你享受上课的幸福。在日常工作中，你会更重视什么？你自认为比较有效率又受学生喜爱的举措是什么？

王文莲：我的语文实践有以下特点：一是让学生沐浴人文关怀的阳光，使学生"亲其师，信其道"；二是帮学生夯实语文学习功底，让学生懂得严谨，学会认真；三是为学生开拓广阔语文天地，营造轻松自由的学习氛围，"**情趣浓浓，书声琅琅，议论纷纷**"是我力求达到的语文课堂教学境界；四是替学生搭建体验成功的快乐平台，让成功的喜悦、收获的快乐、信心的增长充满学习生活的各个角落。在教学过程中，**我比较重视培养学生的生活情趣和审美情趣**，还有学习资源的共享和分享。我自认为比较有效果并受学生喜爱的举措：

——**把课前3分钟演讲改为原创PPT课件展示**。展示的内容不限，重在表达您最想表达的内容，分享您最得意的研究或收获。效果很好，精美的画面、动听的音乐和用心表达的文字很好地结合在一起，**每节课前都给学生以视觉的盛宴**。

——**将诗文诵读课延伸到校外**，在阳光明媚的午后，去湖边举办朗诵会。同学们或是围坐在草地上，一起朗诵喜爱的诗文，或是站在湖边面对湖水大声朗诵。

——**将每周的周记作业由老师改作业的方式转变为以班级博客的形式大家互评**。电子稿周记网上提交的方法大大缩短了作文批改的周期，学生既可以看到其他同学的更多文章，也能第一时间得到自己作文的反馈情况，师生在同一个交流平台上共同分享，共同点评，甚至家长也可以参与进来，分享自己孩子的作文。这种方式也有利于优秀作文的搜集和保存。

——**多给学生展示个性和特色的机会**，在每一次的语文活动中，都从不同角度布置要求,让学生有选择性,比如,制作手抄报擅长电脑的可以电子稿,书写漂亮的可以手抄稿,绘画好的可以以画为主,会手工的可以剪贴为主,多才多艺的可以独立完成,不同特长的可以合作完成。比如,课本剧展演可以台前表演,也可以幕后工作。在活动中,让不同个性、不同特长的孩子都有所展示。

黄碧芬:都是很有求真审美创意又温暖体贴个性的"招数",在实务的效率讲究中师生共同分享精彩、陶冶情操,实在是教学的高境界。

班主任老师要灵活扮好四种角色

黄碧芬:作为班主任老师,你如何理解其角色职能?

王文莲:班主任的角色职能与学生有关,你走在学生前面是引领者,走在学生旁边是陪伴者,走在学生中间是支持者,走在学生后面是监督者。我认为好的班主任要同时扮好这四种角色。

黄碧芬:就是说**班主任老师要善于观察学生所处状态,灵活机动地因人因时因境而异地调适与学生具体互动的视角与方法**,这是很到位也很需要经验铺垫的专业理解。那么,在日常工作中你如何把握班级的组织建设重点?你觉得自己有哪些能与学生共同喜欢而又有效率的举措?也请举例展开说说相应的做法。

王文莲:让学生喜欢的举措是有一些,学生自己决定自己的座位;做一件错事,就要用做一件好事来弥补;坚决杜绝班级分派系,鼓励同学相亲相爱;坚决杜绝造谣、暗讽、歧视同学现象,关注班级弱势学生;班主任以身示范好榜样,鼓励学生彼此关爱、彼此帮助;对于班级的好现象好风气好人好事总是大肆表扬;每周一次看电影,深受欢迎;班级取得荣誉奖励一节体锻课,大受欢迎;每年六一节搞庆祝活动,非常感动学生……

黄碧芬:都是能扬善抑恶、能增强班级良好风气,也是能促进学生的自主管理、能贴近学生健康成长需求的做法,是很好的教育导向。有个问题我想请你再具体展开谈谈,就是"让学生自己决定自己的座位"?如何操作才能满足大家的需求呢?

王文莲:我们班每学期的第一个星期就是自己调座位的,我们已形成一些基本规范,规范一是有"互补原则"作指导,即性格互补、成绩互补、男女互补。规范二是两个注意事项要遵守:一是建议好朋友不要同桌,以免互相影响;二是班级团体中不能孤立或伤害别人。可能大家调来调去最后发现有某个同学孤零零地落在最后了,通常就会有几个同学出于善意自愿举手要去跟他坐,他们明白老师的苦心。我曾写过论文介绍这个调座位的民主办法。**我还规定让学生自己选的座位必须坐一个学期,你就是感觉不好也得坐一个学期。**中间我一般不允许随便再调,但如有特殊情况我也会协调操作。你这样尊重学生之后,偶尔有一两次"不尊重"他们,他们也认了。比如前几天就有两个男生不守课堂纪律,我直接说你们到前面来,他们乐呵呵地就到前面来了,因为他们觉得老师已经很顺他们的意了,是他们自己不珍惜造成的。还有个男孩子自己跟我要求调到后面坐,说是到后面坐才能安静下来投入学习。第二天我就让他搬过去了,结果他违纪了,我就说那你马上回来,他就乖乖回来了,没有怨言。他觉得是自己没有珍惜的,只是沮丧地说:"我好不容易才坐了一天都不到。"

黄碧芬:"民主选择"加上"权力制约",是很好的教育方法。还有个蛮普遍存在的现象是,很多不喜欢语文学习的孩子会说"要背的太多"、"怕写作文",你如何看待这种情况?你将"周记作业"改用"班级博客的形式大家互评"又是如何操作的?有什么具体指导?

王文莲:我觉得孩子喜不喜欢语文,跟语文老师很有关系,如果老师很有语文老师的气质,可能课就会上得比较顺一些,再有就是老师自己要会写,跟学生交流一些阅读、写作感受,就会更好。我觉得**语文最重要的还是欣赏与分享,是师生间、同学间的互相影响**。重点不是我教给你什么东西,而是我们大家一起来欣赏这篇课文。我之所以敢于让班级学生都将作文发到班级博客平台上,就是要让每个人都能看到其他同学的作文,互相分享。当然这个平台是可靠的资源,我们使用了现成的学校—社会资源。我对学生说:**总让老师一个人改五十多篇作文,老师心中是什么东西都有了,但学生对自己和其他同学的作文都很茫然,并不是好办法。**通过网络,我们很方便让大家相互学习,也让好的作文多一些展示嘛。我讲例文从来不讲那些别人的满分作文,都是讲我班同学的作文,就让他们感觉好作文就在身边,平时这些同学写什么就会比较受关注,甚至会关注他的博客啊,QQ啊,甚至会发现自己与某同学的文风挺像的,没准就因为文学他们就成了好朋友。我们班有两个女同学就是都非常爱写诗嘛,我就帮她们投稿,被发表了,然后她们俩就彼此欣赏,结果就成了非常要好的朋友。

黄碧芬:你这真是一举多得的好办法。我发现你统筹使用资源的意识、引导示范的能力都很到位。**孩子们通过这样的途径,既能够积极展示自我,又很**

方便向他人学习,还能发现和分享志趣相投的情谊,教育教学本就该与学生共同创造更多好的自主学习与分享的平台,而不是总由老师包办评价。**其实后者更容易制造"被动学习者",我们的确要积极解放思想,追求师生的共同进步。**

"生命教育"是改善德行滑坡的最好出路

黄碧芬:我还很好奇在日常教育教学工作中,是否有什么现象会让你忧虑? 或深感棘手? 你是如何面对和协调的?

王文莲:最忧虑的就是孩子们的日常话题言论。感觉他们的道德标准在下降,社会不良风气影响越来越严重,学校教育越来越无力。我所能做的更多还是不断渗透正向理念,用自己的德行以身示范,影响学生。让我比较开心的是,我越来越有深入体验和认知的生命教育,真的就是改善德行滑坡的最好出路。

黄碧芬:你谈及"用自己的德行以身示范,影响学生"真是为师的根本之道。能否谈谈你所理解的生命教育有哪些具体的内涵?

王文莲:很感谢学校领导给我贴近"生命教育"的机会。**生命教育的好真是超乎我的想象**。刚走进来的时候就还有点迷惑,不知道方向。一开始接触的都是国内的资讯,理论性很强,但在做的过程中我有机会了解与整合了我们厦外所有的相关资料,包括心理的、德育处的、学科渗透的资料我全都有。我自己本身就是班主任,一直都在一线,觉得班级建设就可以通过生命教育的主线去整合。**最有成就感的是,我的确在面向生命教育的学习与探究中获得有高度的成长**,感觉自己现在居然还能影响一些人。我平时也不太爱说话,做得最多的就是写,我的博客文章大家都很爱看。每次外出培训回来,我都会主动要求开个讲座传递一些好的资讯,我就喜欢集中地讲,这是普及性工作。但我还是比较稚嫩啦,前不久学校请来了堪称台湾彩虹生命教育大师级人物的陈老师给我们学校的老师和妈妈互助团的家长讲课,效果非常好,让大家对生命教育有了很好的印象。

黄碧芬:那天我去听了,的确感觉很好。**许多事我们有重视也都在努力做,却还没能系统化推进**。我也特别佩服陈进隆老师这样深入浅出地将涉及生命教育的因素作了如此简约地结构化处理。他们所建构的生命教育资源平台真是可以持续建设与拓展的学习与工作平台,很贴近生命成长的本质。"用生命影响生命"的思想及其课程推进原则也很中肯,孩子的生命发展品质首先受家长素质的影响。

家校协作需要沟通和引领

黄碧芬:在家校协作方面,在与家长的交往方面,你会更重视什么?更多做什么?

王文莲:我觉得家长的确需要教育引导。我希望我们教育孩子的用心家长能够了解并给予协作支持。所以开家长会的时候我不是讲琐事,我会认真做专题讲座预备,做成PPT向家长展示这个阶段的孩子会遇到什么问题,我们班是什么情况,同学关系怎样,等等。因为家长不光要了解孩子的学习情况,还要知道他在什么样的环境以及在学校的生活状态。我会介绍班级,讲班级的故事,好孩子都有什么昵称,同学都有什么特长,有什么样的性格。**我要让家长知道他们可以在这样的环境下怎么去教育孩子。**孩子也会跟我反映家长对他们做的一些事,我也会跟家长探讨哪些做法对哪些做法不对。因为有网上家校嘛,我会通过短信发给家长,比如说开学初,要建议孩子多看看书,或者说允许上网,因为他们要查查资料,或者我的语文作文要网上提交。有的时候周末了,我会说,给孩子点钱让孩子到书店去买书,就是这么点滴的提醒。然后考试前一个月我还会提醒说,进入复习状态!然后要做到以下几点。要保证孩子在出校以后回家,也有人关注他。但是我一般不会去找家长的,因为孩子特别反感找家长。

黄碧芬:家校沟通,既有方向引领,也有具体事务提醒,真是要很用心。也会遇到孩子或家长对学校老师有意见的时候,你怎么办?

王文莲:在这方面我可能有点武断,**我会跟家长说:就算老师教得不好,你也要协助孩子支持科任老师。你可以反映给我,但在孩子面前要树立科任老师的威信。**当然,我们老师自己要主动面对问题,我认为孩子在学校出的问题还是要在学校解决,我们不能把自己的教育责任转嫁给家长让他们心烦。家长如果主动跟我交流的时候,我会跟他们把这些情况具体分析帮助他们更好地了解和把握教育契机。我也跟家长说,孩子在家里出现问题一定要告诉我。有的学生可能考得不好回家就放声大哭,如果我不知道还再把他批评一顿,那就会伤孩子的自尊心。如果家长反馈孩子最近成绩都不好,但是看起来好像还无所谓,那回学校我就会"整顿整顿"他了。有时家长不便说的话我们老师来说效果就很好,比如有的孩子需要调整学法,家长讲他不听啊,第二天我就跟他说,我觉得你很有发展潜力,我建议你多做点……要不我给你找点题做?孩子就使劲点头,我说做的不多哦,就这几题,孩子很高兴像领了圣旨一样,肯定按时交上来。

黄碧芬:与孩子沟通的内容和提要求的方法都有讲究,真正了解孩子的实际情况才能有最佳的协作支持。

王文莲:上一届我有个学生的家长就是很不配合的那种。家长觉得自己很有能力,对学校的教育是一种质疑的态度,你们英语怎么总是抄写呢,你们班级怎么那么差等等,我就觉得这个孩子也是对老师很不信任。虽然那个孩子现阶段的学习不用我操心,但我很担心他将来的发展,我无法预知他将来的发展。在他和妈妈的口中,他妈妈就是专家,别人都不行。

黄碧芬:这个问题很有探讨的价值。**团体环境很难满足所有个体的需要,这就要有共同建设的视野与胸怀。**要积极肯定好的,提出不足的,**提出不足也是重在改善方法的可行性尝试与分享上,而不仅仅是抱怨或排斥。**教师和家长,如果能更充分地向孩子示范独立担当、精诚协作、欣赏他人、乐于助人等美德,孩子受到的熏陶和练习会更正向些,未来的社会发展才会更美好。这涉及成年人自身的修养问题。

相聚是缘,师生关系要珍惜

黄碧芬:如果请您用五个词语说明你自己,您会选用哪些词?为什么?

王文莲:大事清楚,小事糊涂。这是我父亲的训诫。要用五个词描述自己?那就是悲悯、温和、宽容、低调、善良。

黄碧芬:有一种正直而又仁慈的底蕴。你如何看待师生关系?如果请你的学生给你"画像",你觉得他们可能会安在你身上的前五项会是什么?

王文莲:师生是"冤家",不是冤家不聚头,相聚就是一种缘分,而缘分需要珍惜。学生可能会安在我身上的词有慈悲、古代人、文静、负责、潇洒。(笑)其实这是各届学生给我的评语。

黄碧芬:与你的自我认知很搭调啊。你日常比较喜欢阅读的书报杂志?或你比较多地从哪些渠道吸取"养料"?

王文莲:我很喜欢的杂志有《看天下》、《人物周刊》;书籍比较多,比如心灵小品,名人回忆录,杂文,国外和我国台湾的教育类书籍。我多数从当当网买书，我喜欢在书上圈画标注。

黄碧芬：我完全能感受这份快乐，我也是当当网的钻石客户呢。你是否关注教师的语言风格？在这方面有何印象深刻的语言应用案例？

王文莲：我非常注意教师的语言风格。我比较多用的句子如"嗯，你说的真好！""你们怎么这么懂事呢，哈哈！""我犯错时，你们要提醒我哦！""那你们说怎么办呢？""你没错，我特别理解您！""孩子们……"

黄碧芬：都是基于赞赏、激励的视角，又很有理解、平等、共同感的意味，**青春期的孩子真是很需要这样的情感滋润**。你对初中生特别了解，你认为他们有些什么样的成长需求？咱们的教育教学管理最好能探讨压缩什么，增加什么，以适应学生成长与发展的需要？

王文莲：初中生多数还处在青春期初级阶段，蒙昧与觉醒并存，这个时期心理问题多多，非常需要小心对待。我觉得**我们的教育需压缩的是"要求"，需增加的是"尊重"**。

黄碧芬：可否具体说说需压缩的"要求"是指什么？需"尊重"的又是什么？

王文莲：压缩"要求"，就是少说"禁止""一定要""必须做到""这是为你好"之类的话。我一直信奉这样的理念：用生命去影响生命，用生命去温暖生命。教师的身先示范作用很重要，让德育教育从"被动"走向"主动"，从"自觉"走向"自然"，潜移默化，润物无声；"尊重"就是你留了长发，你不喜欢穿制服，你把校服改装得很时尚，而老师对你说："你追求个性和独特，这很好，老师很理解你这个年龄的孩子的需要和诉求，但你要知道，**你的精神可以是自由的，但你的行为要规范**，在校园里，你要遵守校规校纪，这是对所有学生的负责和尊重，所以，你要把头发剪掉，你要穿好校服和制服。"我觉得这种建立在理解和尊重基础上的沟通和要求，比较容易被学生接受，比单纯的命令和处罚要有效。

黄碧芬：这是很好的理念和实例。与初中生交往，要摆平"思想自由"和"行为规范"这个辩证统一的关系还真不容易。你提到的德育需要从"被动"走向"主动"，从"自觉"走向"自然"有很多值得品味的内涵。比如，如何理解学生尊重校规是一种"自然的天职"？这里面还有许多功课得做。你是先表达了自己对学生需求和行为的尊重，再提醒学生学会从行为上建立起对所在环境的尊重，这是"以心换心"的人性化要求，这样公平合理的感召通常可以得到学生良好的呼应，正是对细节或难题的处理彰显着教师生命的影响力。

用热爱生活的态度体验自己的职业快乐

黄碧芬：我还要深入一点提问：你的教育教学工作经历是否促进或丰富着你这个人的成长？

王文莲：是的。**用热爱生活的态度体验自己的职业快乐，用认真工作的态度提升自己的生活质量。**

黄碧芬：很好，其实工作品质与生活品质有共通之处，是相辅相成的一体，我也常感受其内在一致的自我滋养。那么你从小的生活经历也会很自然地化为你的职业思考资源吧？

王文莲：正是这样。我从小生活在知识分子家庭，父母忙于工作，疏于我的心灵成长，所以我的成长期格外漫长，二十岁了还没有志于学，三十也没有"立"的感觉。然而，缓慢的成长也使我积淀了更多的生活经验和精神财富。自己的成长经历启示我**教育是"慢"的艺术**，善于等待，善于积累，始终保持对自己的信心。其实，在求学经历中我是个成绩平平的学生，备受老师"忽视"，我曾经非常渴望受到关注，或者得到帮助。这些都提示我要多关注班级里那**些默默无闻的孩子，多了解他们的内心需求，使他们更快乐成长。**

黄碧芬：这种体验和理解很到位，我很同意教育是一种"慢"艺术，说到底是对人的尊重并给人成长以必要的探究空间。以你目前对育人的理解与实践认识，你希望自己的专业发展可以具有什么样的色彩？你会更想通过链接或构建什么平台、需要什么支持而满足自己的专业成长需求？

王文莲：我希望自己的专业发展有更多些人文色彩，少些功利色彩。我非常爱看书，但读书其实很杂，甚至有一段时间不太读专业类的书籍，呵呵！因为我发现，如果你只是想把这节语文课教好，只是想把这个学生教育好，你的教育视野其实是窄化的、局限的；如果你只是为了评职称而写论文，为了评优秀而准备公开课，你的教育理想其实是功利的、庸俗的。在教育教学生活中，**我非常关注学生的心灵成长，但同时也更关注自己的心灵成长**，这就像养花，要每日浇水、施肥、剪枝、晒太阳。我理想中的专业成长过程应是这样的：丰富而广博的读书生活，优雅而人性的写作生活，忙碌而有序的教学生活，勤奋而自觉的学习生活，深思而觉悟的教研生活。构建自己的精神生活，架设自己的专业大厦，一步一个脚印，"慢慢地"成长，踏实前进。在此基础上，你再去思考教育、德育的问题，你再去读专业类的书籍，你再站在课堂上，你再拿起语文书本时，你会发现不一样了，你的思维广度、高度、深度一下子就都有了，而**那瞬间的改变和提升，你知道那是厚积薄发而成。**

黄碧芬：教师的心灵成长的的确确是教师专业成长最重要的内涵。离开心灵陶冶而只求技能和成果收获的教师本质上是就像只要成绩而不喜欢学习内容的学生，越面对重要的事压力感就越大，就越会想着尽快逃离所面对的事。这是一种很可怕的"自欺欺人"的生活景象。自己都觉得很假的事还因"输不起"或"莫名的恐惧"而认真去做的人多了，系统整体会变得软弱无力，其中的个人也会感到压抑。

王文莲：这的确是一个深刻的话题。这几年，有一些外出学习的机会，一是去北京参加市级骨干班主任培训，二是到各地参加全国青少年生命教育论坛。我个人的感觉是，不同阶段的培训，就像一针强心剂，为你补充营养和能量，扩宽你的视野和见识，也激发了你的变革现实的动力，受益匪浅。所以这里还要感谢赵校长和谭书记对我的鼓励支持。**我的自我丰富方法很简单：缺什么，补什么；喜欢什么，强化什么。前者是充实自己，后者是发展自己。**比如以前的我感性有余，理性不足，所以我选择读哲学书、学术论著来提高自己的理性分析能力。比如我古文根基不够深厚，我就以各种方式熟知经典、研读经典。还比如我擅长美学，喜欢音乐、绘画和摄影，在教学中我会发挥这些长处，使之成为叩开学生心灵，或是解读文本教学的一把钥匙。**自我发展的途径也很简单：热爱生活，兴趣广泛，永远保持好奇心和探究心。**

黄碧芬：感觉你的生命已步入自由的自我发展阶段，而且与社会现实达成了一种积极而有力的联结状态。非常喜欢你这样的生活状态，很享受与你的访谈交流。谢谢你！

王文莲：（笑）我也很享受黄老师的用心提问与交流啊！

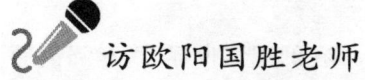

访欧阳国胜老师

引领学生走进丰富的精神世界
——访厦外初中语文组长欧阳国胜老师

黄碧芬：很高兴您接受我的访谈。在《教师月刊》读到您的几篇访谈文章，我就发现您对教育有许多自己的独特思考。很好奇您是如何走进教育领域的？

欧阳国胜：谢谢黄老师的看重。我其实是不敢接受您的约谈的，因为学校藏龙卧虎，我实在是一位很普通、很平凡的"三低"教师：学历低，只有福建师大学士学位；职称低，只有中级职称；荣誉低，来厦门后从未获过市优称号。但基于您和学校"寻找平凡的声音"的出发点，我才斗胆应约。我择业的时候倒没有特意思考缘由。一晃居然也有16年的教龄了，**随着教龄的增加，我越来越喜欢上了这个行业。**

黄碧芬：您调入本校工作今年是第7个年头了，感觉在您的专业成长已形成了自己的独特风采。可否谈谈进入本校以来的具体成长感受？

低姿入业，扎实前行

欧阳国胜：要说成长感受倒有一些，可简单归纳为"低姿入业，扎实前行"吧。我是以较低姿态进入本校的，虽然据说我面试上课时得了教师评分与学生评分两个第一名，但因我职称不高及在原单位并不出名之因，学校没有明确答复。当时我只到过两所学校面试，正当我准备去深圳外国语学校分校的前三天接到了本校的录用通知，就这样来到了咱们学校，内心对学校领导的赏识和任用非常感激。进校后我经历了普通平行班、新疆班课任教师、新疆班副班主任、实验班教师、正式班主任，再到后来的副年段长和教研组长；学科发展上从两次得到学校教学创新大赛一等奖，到厦门市第四届教学创新大赛高中组一等奖及厦门市语文教师论文大赛一等奖。这当中，学校的信任及我自身的努力都是非常重要的。

黄碧芬：真可谓一步一个脚印扎扎实实地向前走啊！作为语文教师，您如

何理解本学科教学的价值意义?

欧阳国胜:我认为不喜欢阅读的人只有一个外在的现实世界,喜欢阅读的人还多拥有了一个内在、丰富、浩瀚的精神世界,所以读书人常常是幸福的人。语文学科教学的重要价值就在于引导学生走进这个丰富的精神世界,引导孩子们审视现实、珍惜生命、感悟生活,力求做一个有品位的幸福人。

黄碧芬:"引领学生走进丰富的精神世界",这真是一个关注学生终身幸福的高定位。那么,在日常工作中,您更重视什么?您自认为比较有效率又受学生喜爱的举措是什么?

教师应追求有智慧地勤奋与付出

欧阳国胜:在日常工作中,我大力推进阅读,重视写作,注重实效。我教过的学生都知道,相比之下,我的作业永远是留得最少的,除作文外,我几乎不批改作业,但不批改作业并不意味着我不管学生作业,而是提升到了更高要求。我常常是利用课前两分钟当面检查作业,当面展示、朗读,甚至给学生的作业拍照,学生反而非常高兴。我认为教师勤奋与付出是教育教学成功最起码的保障,但**必须是有智慧地勤奋与付出**,否则学生不但不会受益,反而还身受其害。我甚至看不惯惰于教学的教师,我曾经跟语文组的年轻教师说过,**专业要想发展,首先要做到两个"舍得吃":舍得吃亏、舍得吃苦**。但我不主张教师一味消耗性地付出,我主张师生合作共赢。即**我们在保证学生成长的同时,教师自身的专业也必须走向成长**,否则,教学相长从何谈起?

黄碧芬:我能理解您谈到的"有智慧"付出的内涵。作业本是给学生思考和自我检查的机会,集体当面批改有益于让学生自己发现和鉴别对错,又可节省教师重复劳动的时间。很多老师不敢放手一是担心学生不自觉完成作业,二是担心自己不能洞察学生可能出现的错误所在。

欧阳国胜:这的确要求教师得主动通过多种途径了解学生的学习状态,也需要与学生建立相互信任和教学相长的良好关系,一味紧跟,不培养自主的学习精神,可能不是长久之计。**我自认为比较有效又深受学生喜爱的举措是坚持与学生同步写作**,常常投影自己的作品与学生分享,调动其写作兴趣,**引导学生通过写作来梳理内心,丰富自己,做一个有情趣有品位的人**。我在指导学生作文竞赛方面有一些自己的独特想法和做法,学生作文获市、省和国家级一等奖者较多,曾经指导一名农村中学学生(洪光淼)参加全国人大环委会、国土资源部、教育部、共青团中央等主办的"保护地球、爱我家园"全国征文比赛,并荣获二等奖,进入人民大会堂领奖,全国一、二等奖获得者总共才15人,多是全国首批国家示范校的,绝少有农村学生入围一、二等奖,所以当时也算是创造了一个奇迹。

黄碧芬:言为心声。您通过与学生"同步写作",就能很方便地向学生示范和分享有情趣、有品位的丰富情感,这是"用生命影响生命"的贴近学生心灵世界的好办法。当然,这对老师自己的精神修养要求也会比较高吧?

欧阳国胜:是的,要引领学生升华心灵,教师必须首先纯洁自己的心灵。学生在学习上如果不通过老师,还是可以自学或通过别的方式接受到知识的,但学生思想、精神上如果出现干涸、困惑时,如果没有老师的及时疏导,就很有可能导致学生求学的失败,甚至是生命的凋零。所以,老师必须追求自己良好的精神修养。尤其是班主任老师,离学生最近,影响也最大。

班主任应该是学生人生成长的精神导师

黄碧芬:您从副班主任到班主任再到年段长,管理的学生越来越多,您如何理解班主任的角色职能?

欧阳国胜:我认为**班主任应该是学生人生成长的精神导师**。班主任自己就该有充沛的阳光雨露,才能及时得当地理解和关怀学生的精神成长。我有较多学生到大学后还常常给我打电话,以期疏导心理。其中一位学生很坦率地说:"其实,老师教给学生的知识总还是有限的,但老师对学生的精神成长至关重要。"

黄碧芬:能够理解和关怀学生的精神成长,的确是班主任最受学生欢迎的素养,也是班主任专业能力的重要内涵。班主任需要通过班级的组织建设带领全班同学共同进步,在这方面您有哪些自己和学生都喜欢而又有效率的举措?也请举例展开说说相应的做法。

欧阳国胜:我认为,班级的组织建设有很多,诸如"团结凝聚班级"、"文化濡养班级"等,但我最看重的是"和谐铸就班级",而和谐班级最起码的条件是班级每个成员的生命健康与人生成长的安全。所以我每接一届班级,在第一次班会课上,我都会强调**"学生不可触摸的三把刀"**,即不管任何时候都不能恶性打架,这是一把硬刀,它可能直接让生命凋零;中学阶段不早恋,这是一把软刀,它可以直接凋零了你的学业;不管任何时候都不能离家出走,这同样是一把软刀,它除了直接刺向自己外,还痛苦地刺向你最亲近的人。我引导学生相信有事总可以商量沟通,这是我每一届班级第一节班会课和学生必做的三个约定。做到了这一点,学生就像吃了一颗定心丸,班级最起码的和谐就得到了保障。当然,还应该有一些后续的跟进措施,比如,**在班级的某个特殊阶段,我曾经连续两个月推出了致家长的《每周一信》。**

黄碧芬:真好!这就直接预防了大家最不愿意看到的恶性事件的发生。

虽然心痛,但并不意味着消极

黄碧芬:在日常教育教学工作中,您曾对什么现象深感忧虑?您是如何协调面对的?您认为改善的出路何在?

欧阳国胜:佛曰:"因爱故生忧,因爱故生怖。"虽然平凡,但教育倾注了我的爱。**因为爱,所以痛。**我和全国著名特级教师、著名杂文家、《不跪着教书》的作者吴非老师都曾在《南方周末》上撰文直言过教育的弊端。我在写吴非老师的一篇文章里曾说过这样一句话:"我们都是吃教育这碗饭的,是教育养育着我们,教育是我们的衣食父母,我们还不至于糊涂到弄不清自我身份的程度。而我们却都深痛地揭露了教育的弊端。就好比父母养育了我们,而现在我们却去戳穿父母身上的不是。**这种内痛其实没有多少人能真正理解,但我们又必须这样做,这种痛也就自然注定了它的悲壮。**"我写过一些教育评论类文章,有好多次,都是流着泪写的。我没有为自己的事流过泪,甚至还没有为家人的事流过泪,但是,却为教育流过泪。

黄碧芬:因为爱,所以痛。这是一片赤子之心啊。

欧阳国胜:比如,一些地方官员为了评一个什么奖项不顾学生利益强行组建与撤分班级,学术比赛的泛化与行政化、功利化,许多高职称教师的不作为或年轻教师的不上进,学校评优评先的低水准化及评优后监管机制的缺失所带来的巨大负面影响等,这些我都曾忧虑过。最典型的事是高级职称评审,论文写作从来都是我的优势,我曾经多次帮数学老师就高考试卷中的压轴题写论文,发表在当年最权威的几乎只有高考命卷人才能发表的《高考》杂志上。我去年拿自己发表在教育部主管的全国中文核心期刊《中学语文教学》《语文建设》上的文章参加高级教师评审,结果居然没有通过,而一些叫我修改的,只发表在学校校刊上的文章反而通过了。后来有通过评审的人告诉我,他们都是私底下找过人交代过的,说你别太天真了。那段时间,我对教育的心,沮丧到了极点。**虽然心痛,但并不意味着消极。古代不是有不正义的战争吗?要用战胜不正义战争的积极心态来面对教育问题。**所以我在《南方周末》《中国教育报》《教师月刊》《福建教育》等发表过一些教育的言论,虽然人微言轻,但毕竟是一星灯火,至少可以照亮自己,使自己不至于迷茫或走失得太久太远。有时甚至还可以起到一定的促进作用。比如2009年3月5日我在《南方周末》上实名发表了《高考评卷岂能草菅人命》一文,被各大网络转载,在当年"两会"期间位列腾讯新闻周点评率第二名,随后《人民日报》引用了其中220余字进行评论。《每周文摘》等多种报刊、几乎所有的较具规模的网站都相继引用或全文转载,熊丙奇等多位著名教育学者也相继引用,对上海市高考评卷实行"准入制"起到了推动作用,引起社会强烈关注。我想,**这就是一种改善。**所以吴启建副校长曾评价我是一个教育观察者和思考者,因为我认为教育的确需要争鸣。

黄碧芬:这是深爱教育的良知善行,真不简单。您日常比较喜欢阅读的书报杂志是什么?或您比较多地从哪些渠道吸取"养料"?

欧阳国胜:说实在话,领导和有级别的省市国家级学科带头人有较多的外出培训机会外,几乎所有的学校,像我们这样没有任何级别的中级教师是没有什么外出学习或培训的机会的,但**这并不意味着我们可以平庸。我是一位平民教师,但这丝毫不影响我对教育的思考,也没有人能阻止我的进步,因为我觉得,思考与进步是我们自己的事,**所以,**教师的专业成长,尤其是对于没有任何级别的教师来说,更要主动出击。**

教师的专业成长,需要主动出击

黄碧芬:好个"主动出击",请谈谈具体做法?

欧阳国胜:主动出击的方式当然很多。我几乎自费订阅了所有的有关我专业的全国中文核心期刊,它们成了我专业发展的重要推手。除大量阅读教育教学及各种书报外,我与绝大多数老师不同的是,**我主动出击,走近了一个又一个成功人士,从成功人士身上直接吸取养料及前进的动力,是我与众不同的专业成长方式。**我因为发表的文章较多,而且质量较高,成了《教师月刊》的特约记者,我利用这个平台,成功专访了台湾著名词人方文山,全国著名文艺理论家孙绍振教授,国际著名分析化学家、中科院院士、发展中国家科学院院士汪尔康,央视《百家讲坛》之《红楼梦》特约主讲人张传芳副教授,中国人民大学张鸣教授以及我们学校的赵校长等。他们的成功案例直接鼓舞了我。

当我在期刊上经常读到某人的文章并深受影响时，我就会百度这个人的姓名，找到他的联系方式，主动向他学习，吸取他成功的经验。利用这种方法，我成功结识了福建教育学院语文特级教师石修银、《身为教师》的作者、东山一中语文特级教师王木春等，他们都对我的专业成长提供了极大的帮助，我们也因此成了学习与精神上的好朋友。这两位爱好写作的老师也直接给了我写作的动力，我近三年来，每年发表的 CN 文章都接近 20 篇，共写下的教育类文章与生活散文都已可以单独成书出版，不能不说他们起到了带动作用。尤其是我在教学类绝对权威的核心刊物《中学语文教学参考》2012 年第 4 期高中版上刊发 5000 余字的论文，且放在了当期的第一篇，并被选为当期第一号封面人物，这在中级教师中是十分少见的，这当中，都有他们对我的良性影响。另外，我个人十余年来坚持撰写的专业著作《唐宋之愁》（暂定书名）也已达 33 万余字。因为我写作方面的影响，居然破例被邀请加入了福建省教育厅举办的名师"送培下乡"活动，按文件，这个活动是只有特级教师或是省、国家级学科带头人才有资格被邀请的，而我作为一个中级教师却被破格邀请参加了活动，并被邀请多次参加诸如"福建省 2012 年新疆昌吉州骨干教师培训项目"等省级教师培训大会上作专题报告，这些都与我平时专业成长上的主动出击有关。

黄碧芬：您的"主动出击"真是全面又有高度。在很多人只停留在浏览性学习时，您已经上门取经，拜师学艺了。而且您还学用结合，笔耕不辍，难怪能累积这么多成果呢。我还想再面对我们具体的教育环境提几个层面的问题，比如，您比较喜欢本校哪些方面的管理举措？您比较常使用本校或社会的什么资源来开展或拓展工作？

欧阳国胜：我最喜欢本校人性化的管理方式。表面不严格、内在却凝聚着一股强大的学术与管理力度，这种人性化的管理模式是对教师人格及教师研究的一种极大的尊重，除了极少数不求上进者自得其乐也是自取专业灭亡外，它为教师的个性发展与学术研究提供了良好的发展平台，彰显了领导层的管理智慧。

黄碧芬：学校越多对师生积极展现的学术活动的尊重和支持，就越能培育有高度有个性的精英人才，我十分认同这是领导层的管理智慧。

学生喜欢的手持《驰墨轩》的眼镜先生

黄碧芬：教师最重要的职能是支持、引领、促进学生健康成长和发展，我还想问的是,您如何看待师生关系?如果请您的学生给您"画像",您觉得他们可能会安在你身上的前五项会是什么?

欧阳国胜:我的感受是,在学校时,是师生关系,走向社会后,便是朋友关系。学生还真的给我画过像了。很可爱的。我申请来初中后比较注重创新工作,在语文组创建了"驰墨文创社、驰晖话剧社、驰邈谜联社、驰韵朗诵社和驰目读书社"等"文化五社",其中创办的学生文学社刊物《驰墨轩》受到了全体学生的喜爱,我还创新性地走了一条自助式赞助方式发行,初中全体学生几乎人手一册。他们知道我为此倾注了心血,所以学生画了一个戴眼镜的手持《驰墨轩》的可爱形象,以此表达我的敬业,他们画好后还贴在我办公桌上方的橱柜上,还配了一首诗,很可爱的孩子们。**眼镜、《驰墨轩》、稀疏的头发外,还有一份专注、一份微笑,这就是孩子们安在我身上的五件法宝。**

黄碧芬:非常珍贵的"法宝",我要向您征用这幅学生作品。您可否展开谈谈这份深受学生喜爱的《驰墨轩》刊物的宗旨和编辑特色?您所研发的"自助式赞助方式发行"的具体做法是什么?

欧阳国胜:很简单,让学生有一个交流表达的平台,引领学生走近文学,关注自我,表达自我,用清洁的文字建构崇高的心灵。编辑清新自然,得体大方,雅致温馨。"墨华·散文小品"、"墨思·且行且悟"、"墨像·人物速写"、"墨痕·古风遗韵"、"墨赏·瀚海撷芳"、"墨歌·诗庄词媚",你看,一个个子栏目的名称都这么富有诗意。"自助式赞助方式发行"是继北京某中学后,在全国范围内我们是第二所走这条路子的学校,就是为了缓解学校经费压力,同时为了培养学生的节俭意识与品质,由学校和学生共同承担印刷经费,以低于成本价的方式,由学生走自主经营的模式,事实证明效果很好,家长也很支持。

黄碧芬:确实是一条创新又符合实情的路子。您是否关注教师的语言风格?在这方面有何印象深刻的语言应用案例?

由经典解说升华而成的特色文化代码

欧阳国胜:当然关注,**教师语言要尽量幽默风趣**,虽然我做得不够,但也在努力之中。一次校内初高中公开研讨课上,我在给新疆内高班学生讲解完对联知识后,进入实战训练阶段。为了激活课堂,我临时改变了原定方案,让学生自由出联,我承诺在一分钟内对出下联。旋即课堂活跃起来。我话音刚落,一位维吾尔族姑娘马上起立,瞬间喊出一联:"新疆美女俏。"几乎在她还没有坐定、话音刚落的瞬间,我便答出了下联:"厦门俊男骚。"那一刻,我和同学们以及所有的听课老师笑成了一片。笑过之后,同学们用我刚传授过的知识反驳我,说老师您刚才的对句虽然十分工整,但明显不"雅",属"形对意合境不雅"的典型,并要求我重对。我也当场反驳,说非也,非也。何谓"骚"?司马迁引淮南王语说:"离骚者,犹离忧也。"班固解为"遭忧",东汉王逸《楚辞章句·离骚经序》中说:"离,别也。骚,愁也。""离"通"罹","遭受"之意。"离骚"意为"遭受忧愁"。故"骚"即"愁"。比如说,你今天心情不好,忧愁,别人惹你,你就可以提醒:"对不起,别惹我,我今天有点骚。"回到刚才的对联上,你新疆美女俏,我厦门俊男追不上,心情自然就愁了,"骚"的平声韵比"愁"更符合"仄起平收"的原则,所以"骚"更为合适。说完掌声四起。

黄碧芬:非常精彩!自以为熟悉的字词还饱含着有所不知的深意,这样的发现和分享自然会让人开心。

欧阳国胜:是的,著名的全国文艺理论家孙绍振教授有一句教学名言,叫做"**教师应该有一种自觉,即从学生的一望而知指出他的一望无知。**"这是一堂公开课上临时生成的内容,听课教师江滨在下课后,迎面向我笑着走来,他结合我平时爱写文章的特点,从此给了我一个连我自己都很喜欢的绰号:骚人。后来又结合我的名字叫我"国骚",学生知道后,便叫我"国骚哥"。再后来进而推广,只要学校教师在某一方面有特长,便亲切地称之为"骚人",慢慢地,这个称呼变成了高中部男教师们见面时的亲切通用语,连校级领导也都乐哈哈这样称呼,成了学校一种特殊的文化代码,一种其乐融融的关系溢满了校园。幽默的语言点亮了笑声,带来了欢乐,却又无不凝聚着智慧,充盈着和谐,它就像那些应时而生的楹联,就像校园里的一幕幕经典节目,一起融入了师生生活,凝固成了校园文化生活的一部分。

黄碧芬:这么经典的笑话竟然还推而广之成了学校一种特殊的文化代码,一种其乐融融的人际关系表达,实在是太有趣了!**只要我们愿意,校园环境的确具有丰富的文化生成资源,能够给师生良好的文化滋养**。谈到这儿,我很好奇地想知道,如您这样能与学生情感相融的可亲可爱的老师,在家会是什么样儿?对自己的孩子会是什么样儿?在家庭建设方面您会更关注什么?您觉得比较成功的做法是什么?比较为难或无力面对的情况是什么?

欧阳国胜:在家校协作方面我会关注家庭安全,因为我个人认为,家庭安全是我们更好服务学校的基本保证,否则,反而给学校带来负担。我 2009 年秋季申请回初中部任课,主要就是出于家庭安全的考虑。因为那时我爱人工作很辛苦,小孩还小,有一天晚上我值完班后回家,因为正段长因事请假,我连续三天没有回家了,所以手机没电临时决定回家,在家门口敲门打电话近一个小时家人都无法醒来时,我发现了家庭的安全隐患,所以就果断地申请回本部三年,学校相当支持,目前我认为这是一次成功的决定。

黄碧芬:男人的视角真是特别。将维护家庭安全当自己的重要责任,真是直接切入家庭保护的关键点。

用十五年才慢慢学会的宽容让自己更懂尊重

黄碧芬:您的家庭生活经历是否影响您对教育教学的思考?

欧阳国胜:这也是当然的。刚跨入工作行列的那些年,我血气方刚,俨然自己就是学生的救世主。那时候的我,总是把"严师出高徒"奉为绝对的教育经典,见不得半点的歪斜与疲沓,似乎家长对孩子的一切顺从都是娇生惯养。记得有一年做初一年级的班主任,那时班上有一位高高胖胖的男孩子,成天捣蛋,没完没了,我把他的"调皮"视为不配合,屡教不改,我一直在寻找与分析他之所以如此的原因。有一天与这位小男孩的母亲谈话,大约也是小男孩惹是生非。谈话中,母亲无意识中谈到一个细节,说孩子现在还常常跟着父母亲同睡一张床。那一瞬间,我自认为找到了这孩子调皮的一切根源,原来都是家长娇生惯养惹的祸。我是一个农村出生、长大的孩子,从小就自力更生,十岁的时候,我就可以把一头大水牛养得肥肥壮壮。所以,当我听到十二岁的初一男生还跟着父母同睡一张床时,我觉得天都要塌下来了,简直荒谬透顶,那时候,我是颇不能理解的。

黄碧芬:生活环境不同,生活经历和感受也很不一样。

欧阳国胜:是呀。后来我调进了厦门,自己的小孩子也一天一天地长大,我才真正发现,他们的童年不再是我儿时的童年了,他们有他们的语境,他们有他们的个性、心理等,我根本无法让他"快熟"起来。今年我的小孩上小学六年级了,可是接近十二岁的他还时不时地在桌子底下钻。周末不上课时,只要他比我们早醒来,就跑进我们的房间钻进我们的被窝里来,一脸的稚气。这时候我才发现,严格之外,更有小孩子的稚气、心理及生长规律,许多事,还不能用成人化的眼光来要求他,也并不是"严格"两字就能解决一切问题。这时候我才发现,当年对那个高高胖胖男孩子的教育语境与方式,其实都不太切合事实,甚至对整个初一年级的班级要求太"静"的做法也违背教育规律,自然谈不上尊重与人性化管理。到这时,我才知道,典型的意识形态化的教育语言或语境有时候其实是教育的一种拔苗助长,相反,尊重才是一种教育。我用了十五年才慢慢学会了宽容,才如此清楚地教会了自己,才学会了用父爱的眼光来看待学生。**宽容不是迁就,更不是放任,是有原则地尊重,是无声地教化,是一种颇具德性的教育智慧**。这是家庭生活经历给我带来的教育教学思考。

黄碧芬:都说经历就是财富。切身体验过的东西会深刻地影响人的知觉和判断。您对教育的执着投入与理性思考已让我敬佩不已,现在我又实实在在感受到您对教育的真诚情感和成熟的胸怀,特别合乎人的成长规律。咱们再拓展一点,我还想问的是,您希望自己的专业发展还有些怎么样的具体追求?

欧阳国胜:我现在很希望能顺利通过高级评审,这样就可以申报学科带头人,得到专业学习与培训的机会。我渴望学习,就像鸟儿渴望飞向蓝天,小草渴望阳光雨露一样,甚至想到过完全自费的形式,只要学校给我学术假,我就想一个人静静地去北大旁听课程,业余写作,哪怕只有一个学期也好,什么证书都不要,只为学习与提高。我采访过的央视《百家讲坛》之《红楼梦》特约主讲人张传芳副教授很器重我,特别为我牵线搭桥,要推荐我做全国著名语文教育专家钱梦龙老师的弟子,并且据张教授说钱老师已答应,但我因为自身级别太低,不敢接近钱老师,怕辱没了钱老师的光彩。

黄碧芬:您用了"辱没"这个词,第一感觉是不是文人特有的风采?透过这样的风采,我想还是您对钱老师的敬意吧!祝福您早日实现自己的心愿!

欧阳国胜:谢谢黄老师,我会努力的,也祝福您。

教师访谈篇

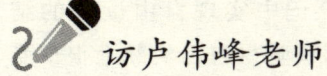访卢伟峰老师

目标导向与审美情趣相融合的探索使她乐在其中

——访厦外语文组优秀青年教师卢伟峰

明确的发展目标引领自己不断前行

黄碧芬：你好像是2004年调入我校工作的哦，当时正好赶上新加坡的一个友好机构来为我校教师做体验式团训，你的性格测试结果显示了你有"力量型＋完美型"的组合优势？

卢伟峰：（笑）是这样的，那测试挺好玩的。

黄碧芬：你的求学经历和职业经历也都体现了这些内在特质吧？

卢伟峰：应该说是吧。我初中毕业后，依父亲（也是老师）的安排，很自然地和姐姐一起被要求填报了中师。现在想来，**中师三年安定并孕育了我想当好老师的理想**。因为当时在别人眼里我比姐姐优秀，其实我自己并不觉得，但这却让姐姐深感压抑，我感觉她总是生活在我的阴影之下，慢慢变得自卑，姐妹情深受影响。于是我决定毕业后绝不能和姐姐一起去当小学教师。当时的出路只有一条，就是保送师大。明确目标后，从中师一年级起我就刻苦学习，努力练习教师基本功，自学高中英语，很幸运地，我赶上了中师保送师大的末班车。四年本科毕业，我成了师大中文系第一个敢于跨进私立校大门的人——在当时福州三中的初中校黎明学校任职三年，之后考取了福建师大教育硕士。就这样，**父亲从小为我培植"为人师"的种子，经过中师—师大—教育硕士的养育，我很自然地成了一名人民教师**。我至今任教13年，在本校工作8年。

黄碧芬：这求学入职的经历真是突显了你的性格风采。在适应本校教育教学工作方面，你是否觉得自己还是有一个成长过程的？

卢伟峰：是的，当然。在本校的专业经历概括起来说大体经过了"顺利期—休眠期—挑战期"三个不同的阶段。"顺利期"是刚调入学校的头三年，我

一边工作,一边还在做教育硕士的论文《在读书笔记中实现自由读写的结合——读书笔记教学实验》。这使我得以学用结合,我觉得自己实际上很享受这种"以学促教,以教催学,在行动中研究,在研究中提升教学质量"的过程,常常为自己和学生的点滴进步感到满足和幸福。当时的语文教研组长黎春老师,还让我负责主持两个课题——读书笔记与阅读的情感体验和阶梯式阅读教学的探究。前者是学校的校园文化课程的子课题;后者是由厦门市语文教研员俞发亮老师主持的国家十五规划课题的子课题,**课题研究自然促发着自己的语文教学不断朝专业化方向发展。**另一方面**我带的 2004 届 5 班的孩子也比较优秀,他们让我更有动力去实现自我的进步。**

黄碧芬:这是很好又很幸运的工作状态。之后呢?

卢伟峰:第二个阶段是 2007 年到 2009 年,这是我孕育新生命的主要阶段。怀孕时的身体不适和宝宝出生后特别需要照顾,使我深感在教育教学工作方面的精力不济,有些力不从心。这个阶段的专业成长似乎处于休眠状态,甚至有不进则退的感觉。第三个阶段是 2009 年至今,我把它称为"挑战期"是因为这个时期的我实实在在感受和经历了现实的挑战。宝宝才 1 岁半,我就接了初一班主任工作。不料我这么一接手,就面临着严峻的考验。这个班级的学生个性相当突出,特立独行者众,不论是表现还是成绩在入学时就出现了明显的两极分化,给班级的统一管理带来了相当大的难度。每次考试,只要算平均分,在年段中我们注定垫底,而且和前面一个班级还相差甚远,这是一块硬伤。我之前所带过的两届学生不论是福州黎明学校 1999 届还是我校 2004 届的孩子都相当优秀,班级都是市先进班级,面临着 9 班的落后状况我的心理落差很大,**过去的带班经验此时显得那样的苍白无力。但是上了这条船,我只能和学生同舟共济,想办法调整自我,与学生一同成长。**心态调适后,我的班主任角色也从初一时的消防队员——"到处救火",到了教导员——希望能以班规来实现班级的统一管理,再到初二时发展成为学生的人生导师。

黄碧芬:真是不容易。许多父母带一个孩子都深感困难,**班主任老师就像是学生在学校的"家长",要面对一个班 50 多位学生的个性表达,谈何容易!**

做好"人生导师"是面向班主任职能的自我追求

黄碧芬:我特别感兴趣你这"人生导师"是怎么个做法?

卢伟峰:初二年为了更好地适应本班学生的个性发展,我以"为学生培植爱与善的种子"为指导理念,推出了"让爱充盈生命"为主题的系列活动。其中让学生获益匪浅的有2011年暑假我班的傅可名组织本班同学去莆田开展的一场支教活动,作为初二的同学去给莆田仙游华侨中学高二的学生开了一场别开生面的讲座,给象岭小学的孩子们上了一堂英语启蒙课。**学生的感悟是"与其说我们给孩子们上了一堂课,不如说他们给我们上了一堂更重要的课"。**在这之前半年,我班20名志愿者代表学校慰问振兴社区贫困家庭,学生将之称为"冬日里的一米阳光",通过走访,**学生惊诧于在那厚厚的墙体背后竟然遮掩了如此多的人间悲苦**,深刻领悟到"短暂的走访慰问,我们仿佛阅读了一本厚厚的人生之书,我们亲眼见到了同一片蓝天下不一样的人生"。通过走访,他们真切地领会了"送人玫瑰,手有余香"的内涵。也意识到了"我们身边总有这样的一群弱者或者是一时遇到困境的人,他们需要我们的关心,需要我们的倾听,有时一个理解的眼神,一句简单的问候,一声亲切的慰问,就能驱散他们心中的阴霾,就能让对方升腾起温热的情感,以心暖心,以情温情,让彼此的爱驱散心中的寒冷,他们的内心将不再孤独,我们的社会将温情脉脉!"

黄碧芬:组织少年孩子参加一些这样的活动真好!直接参与的体验与感受才会真实而深刻。

卢伟峰:继慰问社区活动之后,我班庄苾涵等同学自发组织深入振兴、官任、和通三大社区进行贫困家庭的调查,她们希望借此来了解人间疾苦,呼吁人们关心一下身边这些弱势群体。之后她们又自发组织同学陪伴振兴社区孤独的老人。**通过这些活动,一方面为他们在构建人生观的模糊期——初中阶段,培植一点"与人为善"的品质;另一方面也为本班学生"点火",让他们在学有余力时,走进社会的弱势群体中,感受人间冷暖,培养他们的社会责任感。**我们的班级建设因为这一主题,班级同学关系、班级学习氛围都有了较为明显的好转,学生在学校的各项活动中开始崭露头角,学习平均分也开始改变了年级垫底的历史记录。**我觉得班主任为自己定位于"人生导师"这一角色职能,就比较不会仅仅纠缠于学生的一时一事的表现,而会更多着眼于学生的未来、着眼于学生的终身发展去与他互动。**班级的组织建设也应该根据本班学生的特点,营造班级独特的文化氛围,以特建特,做好班级的文化名片。

黄碧芬:班级的文化名片?很新颖的提法,你们都是如何营建的呢?

带着美好的审美情怀打造班级"文化名片"

卢伟峰:我在带 2004 届 5 班时,班级学生对音乐很感兴趣,学生的声乐基础较好,在第一次的年级合唱比赛中,他们的歌声就深深地打动着我。后来又有一次谷建芬歌曲合唱比赛,刘春老师的点评让我相当感动,他说我们班学生的合唱很专业。这给了我灵感,一定要想办法做好做亮班级这张"音乐"名片。因此,每次的合唱比赛我都相当重视,与学生一起全力排练,结果我们成绩斐然,几乎每次合唱比赛我们班都拿第一。初二时,我们班以吴垠为核心的音乐爱好者,共同创作了《年少的我们》这首班歌,在合唱比赛中还感动了许多师生,我们班还被推选为元旦文艺汇演中唯一一个全班登台演唱的班级。之后在刘春老师的指导和谭书记的支持下,我们还制作了班歌的 CD,学生还通过义卖等活动进行推广,学生对这一系列活动乐此不疲。这样的活动不仅提升了学生的合作力和创造力,而且班级的音乐氛围也蔚然成风,既陶冶了情操,又有效地促进了学生和班级的精神成长。

黄碧芬:相当好!学生在每个阶段发展中,其实都很需要一种有审美求真高度的智力挑战,从演绎优美的音乐作品到热爱班集体的共同创作,凝聚人心,陶冶性情都有了,真是非常好!你能发现班级同学的共同优势真是很独到的眼光。

卢伟峰:是的,之后带 2009 届 9 班时,我也极力寻求班级学生相对集中的特长来打造班级名片。针对他们的个性特征,我设想先以"让爱充盈生命"为主题来推出一系列活动,这也深得了同学们的喜爱。我还想强调的是,班主任其实也很需要支持。回想当时我们班的音乐名片就深得刘春老师、叶本刚主任和谭书记的指点,"爱心行动"的名片深得曾颖段长、刘丽娜老师、陈莹老师、陈阳主任、李树瑜主任和谭书记等的关注和支持。因此,我深感优秀团队的裹挟,对班级特色的建设和班主任的成长至关重要。

黄碧芬:的确是这样。团体活动都不是简单的事,尤其是与社会链接的、高品质的活动都有大量幕后工作要做、要支持。生活在咱们学校,建设性的工作总能得到多方支持,是很幸福的。你组织班级建设的切入点都很好,爱的情感、生命价值、社会责任感其实都有具体生动的内涵,创设平台让学生更多直接投身于社会服务中去体验、去建设,意义深远。你本人在这样的工作过程中也有独特的收获吧?

卢伟峰：回首这三年，我的班主任工作充满了挑战与刺激，在挑战中也实现了和学生的共同成长，我不知道9班的那些特立独行的孩子们，他们的未来具体会是怎样，但我真心感谢他们，感谢他们让我阅读了这么多生动有趣的成长故事，如有机会，还真希望我们能共同创作《我和我的9班》这一本故事集。

黄碧芬：是个好想法，追踪孩子们成长的足迹，回忆曾经的故事，我们常会读出更丰富的内涵，好期待你们的作品。

语文教学要让学生感受汉语言的亲切和魅力

黄碧芬：作为语文教师，你如何理解本学科教学的价值意义？

卢伟峰：语文课程教学对继承和弘扬中华民族优秀文化传统，增强民族文化认同感，增强民族凝聚力和创造力，具有不可替代的优势。尤其是对于我们外国语学校的同学来说，不论现在所学的是哪门语言，无论将来身在何处，汉语始终是母语，**母语就是一种血液，应该让学生对语文有种血浓于水的亲切感**。正如诗人张枣说："母语是我们的血液，要让它在对文本的吟诵、品鉴、模仿的过程中流淌在学生的身体里。"真正的教育是文化的教育，语文教学充满了文化特质，所以我认为语文教师应该有一种使命，即对学生而言，要在阅读中**"引导文化建构，追求精神成长"**，语文教师只有主动积极地担负起文化传递的责任，才能将作品中所深蕴的文化意味和文化濡染，内化到学生的灵魂中去，以促进学生的文化人格建构。这与《义务教育阶段语文课程标准》的目标是一致的，"语文课程标准应该要让学生学会运用祖国语言文字进行交流沟通，吸收古今中外优秀文化，提高思想文化修养，促进自身的精神成长"。作为初中的孩子能喜欢语文，爱好阅读，乐于表达，能在学习语文中感受到文学的魅力，并能用好语文，我认为这就是语文学科教学的价值所在。

黄碧芬：学好母语、能感受和善用语言文学的魅力，始终是一个人良好文化修养不可或缺的内涵，从这个意义上来说真是语文老师的独特使命。在日常教学工作中，你会更多使用什么方法去引领和促进学生的学习？

卢伟峰：我会比较重视学生的情感、态度、价值观的养育。在日常教学中，我很重视及时与学生一同分享学习的快乐。学生周记中写了好玩的、积极的内容，我会不顾教学进度，在课堂上及时朗读；作文讲评课上，将学生作文中的点滴进步，哪怕是有一句相对经典的句子，我也会当作是无价之宝，及时肯定。**善于发现学生的进步，就是善于发现美的表现**。在教材的解读上我也比较倾向于挖掘文字中能引领学生精神成长的文化元素,在课堂上与学生进行多元对话,如杨绛散文《老王》一文中的"愧怍",就体现了作者作为文化人的责任担当;杰克·伦敦的《热爱生命》一文中反复出现的"不肯死""不愿意死"所体现出的强烈的求生欲望……

黄碧芬:比较多地从课文中挖掘能引领学生精神成长的文化元素,在课堂上与学生进行多元对话,这就能引领学生去充分品味作者的思想感情和精神情怀,这对学生情感、态度、价值观的培育会很有意义。

拿什么来拯救成长中孩子那"脆弱不堪"的心灵

黄碧芬:初中生自我认识和社会意识水平都还相对薄弱,又很渴望被尊重、被喜欢、被肯定。与他们直接交往,估计你也有不少真切的感受吧?有没有什么现象让你特别担忧的?

卢伟峰:有啊!不夸张地说,**其实我们很多老师,特别是班主任老师腹中都装满了"难念的经",忧虑不断,剪不断,理还乱。**比如,现在有些孩子根本批评不得,只喜鼓励,但厌批评,有时一句善意的批评,都会被曲解为有意的打击。**究竟该拿什么来拯救我们孩子那脆弱不堪的心灵是我深感忧虑的。**我引导并重视让孩子走进社会的弱势群体中,从他人面对困难的坚定担当中去感悟坚强的人生力量,这是我在面临这个忧虑时,所做的一点点努力。有时我们还会遇到一些很棘手的"事件":比如,有个别孩子经常无端伤害爱他的老师,甚至恶语相向,摆出一副"你别碰我"的架势。我一方面和家长多联系,让家长知晓孩子的在校表现,同时也希望和家长共同探讨寻求更好的教育方法,当然也暗示家长是否从家庭教育中做些改变和努力;另一方面,一定要找合适的时机,等学生足够冷静平和的时候,与他进行平等深入的交谈,晓之以理、动之以情,让学生对我们的教育心服口服。做到这样,我们尽了自己的责任,就无愧于心,千万不要拿学生的错误来惩罚自己。

黄碧芬:现在的孩子更难教已是不争的事实,老师的确要善于把握教育时机,学会与"问题"共处,越难的案例代表他过去的生活隐患越多,"清除"起来越不容易,老师的耐心和稳定都是很重要的修养,也是自我保护的法宝。现在老师的工作量普遍比较大,很多人家住得远、孩子又小,老师自己的时间统筹安排能力都显得非常重要。比如,你是否能更多使用学校或社会资源来组织和拓展教育工作?

卢伟峰：我比较喜欢咱们学校就有的多种学生社团活动，它们是学生追求个性成长、健康发展的良好平台，我会鼓励学生积极参与；我也比较常运用学校为学生开展的丰富多彩的活动和提供的各种机会，来发现学生的特点，这能针对性地引领他们成长。我也适当运用家长的资源，为学生搭建更多提升自我的平台，如支教活动等。

黄碧芬：在活动中交往，在活动中提升，这是很好的教育方法。

教师自己的生活态度是影响学生最直接的因素

黄碧芬：学生要更多参加活动，必然得学会对自己学习生活的统筹管理。这方面，你有些什么样的心得？

卢伟峰：我个人就比较信奉要热爱生活并善于经营自己的生活。这其实与个性有关，我还做得不够好。个人风格概述起来可能可以用这几个词来表述：有序、投入、明理、犹豫、主观吧。"有序"，是我做事情一般需要一定的规划，才不容易忙乱。但是往往计划赶不上变化时，我会思前顾后，缺乏主见，应变能力有待提高；"投入"，是我一旦认准自己可以做和要做好某事时，我会很专注，很投入，尽全力做好，当然可能就忽略了其他的事情，主次比较分明；"明理"，我比较善解人意，能较好地理解他人的做法，我总认为存在都是合理的，每个人的做法自有其理由，所以比较不会和人计较；"犹豫"，有时候遇事瞻前顾后，患得患失，有时对一件事的解决办法举棋不定；"主观"，有时候会先入为主，对于眼前的"不可理喻"的现象会不假思索地作出简单的判断，感性优于理性。

黄碧芬：能这样辩证地了解自己很好，有利于扬长补短提高生活情趣、提高工作效率。教师特别需要良好的沟通表达，平时你是否关注自己的语言风格？

卢伟峰：我希望自己的语言能更言简意赅，能化复杂的事情为简单的几个字，去叩击学生的心灵，让学生通过充分揣摩、品味，以指导自己的行动。也希望能一针见血地分析现象，把话说到学生的心坎里，让他明白老师的一番苦心和用意。如我在"直升考复习状态调整"的班会课上，针对不同学习层次的学生分别提出了"稳—进—冲—拼"四个字，A段的同学要稳住阵脚，在复习中实现知识的系统化和序列化，B、C段的同学成绩容易波动，起伏不定，在全年段同学都奋力拼搏时，一定要稳中求进，对于D、E段的一定要尽全力冲刺，把握好最后一次的机会,要参加中考的同学一定要着眼于中考,敢于拼搏,善于拼搏,将直升考作为阶段目标。每逢大考前,关于学生的作文指导,我都会针对他们的特点,给他们提炼简洁的词,作为温馨的提示和努力的目标。

黄碧芬:孩子们的确需要鼓劲。

"减压增效"的探究将给予师生更好的自主创造性教学空间

黄碧芬:你一直在初中,你感受到的初中学生比较强烈的心理需求有哪些方面?咱们的教育教学管理最好能探讨压缩什么、增加什么,以适应学生成长与发展的需要?

卢伟峰:我想初中的孩子们会希望有更多符合自身发展的课堂形式和作业要求,能给他们更多地自由成长的时间和空间。咱们的教育教学管理最好能探讨如何更多调动和培养学生的自主学习能力,这既能减轻教师重复或低效的工作压力,也更有益于学生的健全成长;对于学生的课业负担应该注意各学科间的统筹协调,减少无效的作业;增加对年轻教师专业成长的引领,为年轻教师增加外出学习和培训的机会,只有让老师不断注入新的理念,并有敢于实践的勇气和机会,我们才能更好地适应学生成长与发展的需要。

黄碧芬:教师自身的成长高度决定影响学生的效果程度,个人乐学,学校支持,制度保障,真正追求师生的共同成长一定是学校稳健发展的重要基础。你还很年轻,却也经历了三个阶段的家庭生活历练,在家庭生活与工作协调方面你会更关注什么?你是如何应对难以避免的困难的?

卢伟峰:和睦的家庭氛围是我们潜心于繁重教育教学工作的有力保障。在家校协调方面要做好平衡工作,我一般会在白天在学校把工作处理完毕,尽量不带工作回家。孩子还很小,很需要我的陪伴和照顾。当我工作上有特殊的工作任务不能准时下班时,我更关注于做好家人支持理解自己的工作。我要特别感谢我的公公婆婆,他们对孩子的照顾相当细心周到,帮我把家务料理得井井有条,使我能安心从教。目前几乎还没有无力面对的情况。

黄碧芬:这是很好的经验。和睦的家庭氛围、基于亲情的协助奉献与相应的感恩情怀,会帮助我们化解很多困难;高效处理事情使家庭生活与日常工作有相对独立的空间,这是很好的统筹协调生活的能力。你觉得你自己对教育的理解或工作经验的感悟对你们和睦的家庭氛围建设有帮助吗?

卢伟峰:这是当然的。首先我出生于教育家庭,我们家有6个教师,我和二哥都是中学语文教师,我们不时地会探讨教育的问题。我先生在中学阶段就是个相当聪明,但个性也相当突出而让老师头疼的孩子,有许多传奇的故事。也许,爱屋及乌,当我面对着和"当年的他"类似的学生时,我会以发展的眼光来看待,在集体教育的基础上,更多地去思考个性教育的方法。当我困惑不解时,他也常常替我支招,而且往往奏效,他启发了我的教育思维也开阔了我的教育视野,他常常激励我在教育教学方面不能止步不前。

黄碧芬:真好!由真诚体验而分享的思想情感特别能够滋养人的心灵,祝福你越做越好!你目标导向的"力量型"特质加上善于策划的"完美型"能力一定会让你自己和你的学生、你的家人共创佳绩!

卢伟峰:谢谢黄老师!

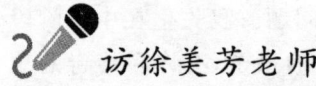 访徐美芳老师

重视学情而又很会"煽情"的女教师
——访厦外年轻的德语教师徐美芳

黄碧芬：我们有缘，几乎是校车上的"邻居"啦，总见到你笑得很开心哪！

徐美芳：是蛮开心的，我的学生表现好让我好开心啊！给你看我们的相片。

黄碧芬：个个都很精神啊！你才来学校工作四年，已经送走了两届高三毕业生？

徐美芳：是啊！

黄碧芬：你觉得这些学德语的孩子有什么特别之处吗？

徐美芳：我们德语班的学生个个都很讨人喜欢啊：自律、坚韧、低调、大度。德语是一门相对较难的语言，严苛的德式选拔对学生来说绝对是一项挑战，没有严格要求自己、没有坚持到底的精神一定是无法通过的。这两届毕业生以100%的通过率通过德国考核，但是他们没有骄傲自满，而是很快调整心态，默默转向了高考的准备，毕竟德国与中国的考核方式完全不同。另外，他们必须比身边的同学更加开放，更加包容，因为他们几乎每天接触外教，更多地参与文化的碰撞和交流。在面对文化冲突时，他们表现出了更宽广的胸怀。在学习的过程中，学生们会自发地相互交流学习心得，交换学习材料，从这些小细节中我也看到了他们的协作。

到中学教德语同样是很有价值的工作

黄碧芬：难得你这么年轻，已能从细微处见精神。我知道你是北外德语研究生，怎么想起到中学来当老师呢？

徐美芳：算是意外的收获吧：我其实是在参加外交部求职考试受挫回家稍事休息时随意查看网络上的招聘信息，突然链接搜寻了"厦外德语"，竟然正好有招聘信息，而且当日就是递交材料的截止日期，于是赶紧拨通联系电话得到允许晚几日寄到材料。接下来就是求职的常规流程了。过程很顺利，于是同

年8月到厦外报到。因此,可以说厦外实际上是我毕业后真正找工作的第一家。

黄碧芬:从想进外交部的追求转向中学任教,内心有失落感吗?

徐美芳:决定要签约的时候,爸爸问我,考虑清楚没有,你北外研究生到中学当老师,不会觉得屈才吗?其实这个问题当时学校的面试官也问过我。说实话,我自己倒没有这个想法,但是后来发现,身边有不少人认为我这个选择不好,觉得我"混得不好"。从小到大我在学校一直是挺优秀的学生,英语成绩特别好。我很享受学习英语的过程,而且不用费大力气就能取得很好的成绩,按照老师的说法我是学习英语很有方法的人。当时我就想,去中学教德语是件很不错的事情啊,我很愿意把自己学习外语的热情和方法教给学生。有我的点拨和带领,这些从零起点开始学习德语的孩子们可以少走很多本可能绕的弯路,可以较快地感受到这门语言的魅力,喜爱这门语言,学好这门语言。**我自己认为,如果能做好这件事,我个人是有价值的,做这件事是有意义的。**

黄碧芬:真正展开日常教学工作后,感觉顺利吗?

徐美芳:2008年我刚进校时是跨年段跨校区教初一和高一的。当时在这两个班上课感觉非常不一样。我领着初一19个学生入门,看着他们每天学一点新知识,每天进步一点点,心理上是很满足的。当时在这个班开课,来听课的老师听不懂德语,下课后有位老师对我说:"我虽然听不懂你们在讲什么,但是我在这里能感受到学生的快乐心情。"可惜这个班我只带了一年,学年结束的时候学生知道我要去高中了非常伤心,还策划联名上书给校长,要求留住我。我是比较感性的人,交往的一年中有真切感受到他们对我的爱和信任。

黄碧芬:很好的开始。那么高一那个班呢?

徐美芳:高一的那个班级感受则不同。因为学生在初中已经学习了三年,这三年时间的不同学习效果已经使班上10个孩子出现明显的水平差异。基础较好的学生上课的效率高,参与度高,课后任务完成的质量较好,学习仍然比较有热情。但是基础差的学生已经明显没办法跟上节奏,热情自然是较弱,学习已经成为任务。而且,尽管我有格外关注这些学生,但是基础差的影响实在是很可怕,后进生的学习态度和学习效果已经很难逆转,这时我也真正悟透了"好的开始是成功的一半"这句话的哲理。所以我一直和每年接新初一班级的德语老师强调,**启蒙老师能否很好地带领学生入门真的非常关键,孩子喜欢一件事就一定能做好这件事。**在做这件事的过程中,他们会有收获,无论是知识上的还是情感上的,最重要的是,这过程中会产生良性循环效应,他们会有满足感和成就感,自然就会有继续坚持做好这件事的内在动力。

黄碧芬:好的开始是成功的一半,**培养学习兴趣是老师的天职**。你的理解特别到位。作为德语老师,如何胜任教职,你有何感悟?

徐美芳:德语教师,初始阶段主要是解决两个大问题。第一,好老师的第一标准是什么?我个人认为,**好老师不是看教出的学生成绩有多好,而是学生内心里有多喜欢你,多爱戴你**。我觉得要实现这个目标的**首要任务是要让学生正确认识师生关系**。我观察班上几个德语学习不好的学生,发现他们与我的距离都较远,学业有问题很少主动来求解,更不用说生活上的私人问题。他们不像其他学习好的孩子,可以很轻松地与我交往,当我是可以说话的自己人。我想,后进生在师生交往方面一定是有心理障碍的,会担心老师对他的看法,尤其是负面的看法。因此,**我会有意识地去靠近那些学习有困难的学生,单独给他讲讲学习,聊聊人生,缩短我们之间的心理距离,让他感受到,我对他是没有偏见的,只要他说出需要我的帮助,我一定尽全力**。这一招是有效的,我今年带的高三这个班级,其中的几位学生会来和我约时间,要我帮忙解答问题。**我觉得理想的师生关系应该是零负担的朋友式的平等关系**。

黄碧芬:"零负担"的感觉特别真诚,能促进学生敞开求学。那第二个问题呢?

徐美芳:第二个问题是,**如何让学生的头脑动起来?** 虽然我开始并没有认真去读雷夫艾斯奎斯的《第56号教室的奇迹》,但从学校的教师沙龙信息了解到这本书而第一次阅读时就看到一句话,竟然有遇到知音的感觉,近25年的教育实践中,雷夫老师深信:"**着力于孩子的品格培养,激发孩子对自身的高要求才是成就孩子一生的根本**。"我觉得这句话就是我的教育理念!我作为德语老师,如果能做到使我的学生在这个科目上会主动地去使用自己的头脑思考存在的问题、去表达自己的见解、去规划自己的学习,而不是坐在教室里接受别人的信息,那么我就成功了。很高兴,我的学生真的以他们很有计划、有执行、有反思、有互动的行动力,回应了我所有的努力。我要感谢他们。

黄碧芬:太好了!我也完全认同"着力于孩子的品格培养,激发孩子对自身的高要求才是成就孩子一生的根本"。这其实就是教育的根本所在。**品格培养与高目标追求互为一体,那些良好的态度和优质高效的能力才能逐步打造出来**。

合情合理的教学设计，让学生自然而然地成长

黄碧芬：我还想进一步请你谈谈学生报读德语的初衷，你本人对六年教育教学目标都有什么样的理解和调整？

徐美芳：我们在新初一学生入校时，就以"自愿选报，学校考核"的方式招收小语种学生。在初招工作时，我们会发放一些小语种简介，帮助家长了解学校小语种的开设情况以及教学成果。在面试学生的过程中我们也发现，部分学生是自己想要学习德语，部分学生是家长要他们学习德语。自己想要学习的大多是对德国有些了解的，比如喜欢德国车——奔驰、宝马、奥迪、保时捷，或者是去过德国觉得德国很好，风景很美等。家长想要孩子学习德语，主要是考虑孩子多学一门语言日后就更有竞争力，因为德国是世界经济强国、工业大国。孩子学习德语，能使用德语零距离接触德国。德国是文化大国，德语国家有著名的音乐家贝多芬、巴赫、大小施特劳斯、门德尔松、舒伯特、舒曼等，著名的哲学家康德、尼采、黑格尔、叔本华等，著名的心理学家弗洛伊德……尤其是一些家长自身或身边有熟识的人在与德语、德国相关的领域工作，这些因素都会促使家长有意愿，想让孩子学习德语。

黄碧芬：文化认同的价值真会给人很大的动力。之后我们的教学安排如何才能确保学生与高目标接轨？

徐美芳：目前我们参与了德国外交部海外教育司在全世界范围展开的一个教学项目，学生以德语作为第一外语，通过六年的系统学习达到可以接受德国本土大学教育的语言能力水平，即"欧洲语言共同标准"的 C1 等级。"欧标"将非母语者的外语水平由低到高分为 A1、A2、B1、B2、C1、C2 共六个等级，C2 为接近母语水平。因此，我们德语学科的六年教学规划对应"欧标"的要求，初一达到 A1，初二达到 A2，初三由 A2 过渡到 B1，高一达到 B1，高二达到 B2，高三达到 C1。因为学生在高三年级要接受德国海外教育司的统一考核，且考核标准全世界统一，所以我们德语教学严格按照考核要求，从听、说、读、写四方面的能力培养学生的语言实际运用能力，四方面的教学都以"语言是作为交流的工具"这个准则来锻炼学生的书面交流能力和口头交际能力。

黄碧芬：非常清晰的目标引领教学法。

徐美芳：我本人也去过德国，有亲身体验过德国教育的经历。我觉得我们现在做的这个项目很有意义，德国人其实是把他们自己的教育方式推广到了

全世界。一般说来，听说读写四部分中，读和听是比较简单的，学生甚至可以不懂装懂、蒙混过关，但是说和写是真本事，最体现一个人的真实语言水平和思维层次，因此，德国的考核方式中更加侧重说和写。说的水平其实已经类似本科毕业论文的答辩，写则相当于写一篇小论文，都是需要呈现思维碰撞的。我觉得，德国之所以能出那么多著名的哲学家、音乐家、心理学家，正是因为德国从来就是一个注重思维的国度，德国教育中更注重引导学生去探索和思辨。

黄碧芬：孩子在学习一门外语的同时，能真切地了解感知它所承载的文化内涵，实在是太美好了！

徐美芳：外语学习有一个积累的过程。初级阶段，即 A 阶段，我们更加注重学生单纯外语知识的积累，也就是打好基础。进入 B 阶段之后，我们要求学生盘活脑袋中的外语积累，开始自主使用外语表达自己。C 阶段则是拔高 B 阶段的要求。我个人对目前德语学科的教学目标很满意，我们也在践行这个规划，只要我们能从初始年级开始稳扎稳打，学生就能渐渐地、悄悄地、自然而然地从 A 成长到 C，能说能写，算是真正掌握这门语言。

黄碧芬：通过合情合理的教学设计，让学生自然而然地成长，这是很美好的教育景象。很想让你再谈谈你对学生学法的观察与支持办法。

徐美芳：我觉得德语班的学生很吃苦，我常常会看见他们在晚自习开始之前先到德语班小教室学习。那里也是我与学生交流最多的地方，不像在办公室，总是会担心影响到别的同事。有一次，我和几个学生聊起大家的100%通过率，他们很真诚地告诉我说，回想自己从初一的忐忑不安、不敢开口到现在通过德国考试，觉得自己还真是进步超大，看自己以前写的作业，发现自己一年一个样。我非常喜欢今年毕业的高三德语班同学，他们个个都很可爱。他们也很厉害，今年的德国考核他们是受到了德方的点名赞许，**班上还有一名学生拿到了德意志学术交流中心的全额奖学金**，今年中国仅有七名学生获此殊荣。德意志学术交流中心更多的是给硕士、博士颁发科研奖学金，获得该机构奖学金的中学生屈指可数。我们一起走过高中三年，我亲眼目睹他们的成长，看见他们如何投入地学习德语，如何使力气地准备德国考试。说和写两部分是他们要攻关的部分。像本科生写毕业论文那样去写作文，像本科生毕业论文答辩那样去练习口语，这个过程是痛苦的，但是他们收获了很多。在今年5月31日的德语语言证书颁发仪式上，所有通过德国考核的学生一一走上发言台，向观众席上的高一高二德语班学生发表自己的学习感言。"**过程很痛苦，但是很有乐趣！**""**大家要坚持到底，相信你们一样可以的！**""**同学们，请享受这**

个过程!"听到这些话,我心里真的很欣慰。仪式最后,黄锦亮主任代表学校发言,除了代表学校向来宾致谢,向获得证书的学生表示祝贺,黄老师更赞扬了高三学生的榜样力量:面对严苛的德式选拔,同学们没有退缩,而是通过坚持获得了胜利。同学们用自己的成功验证了这样的价值观:一分耕耘,一分收获。他们以自己的实践给高一、高二德语班的学弟学妹做了出色的表率,给他们今后的学习带来了新的启示和追求。作为他们的老师,我深信,他们一定透彻地认识到,什么样的自己才是最好的,为了实现这个最好的自己,他们要付出什么样的努力,而正是这种正确的积极向上的价值观将会成就他们的美好未来。老实说,我很欣赏德语班的家长。与绝大多数家长相比,他们要更多地支持孩子,无论是经济上的还是情感上的。我们的合作很愉快,家长之间的交流也很活跃。

手脑并用的自主学习才能有更多真实的发现和感悟

黄碧芬:正确的目标引领加上温暖的肯定和到位的支持,就构成一个良性成长系统。你们的小班化教学也很有自己的特点吧?

徐美芳:德语班有自己专用的小教室。因为人数少,基本各班保持在15人之内,我们就按照德国人常用的U型来摆放桌椅,**这样做的好处是学生之间彼此看得见,便于交流**。我在想,其实这样的模式很生活化,很实用,因为他们长大之后无论到哪个领域工作,都会不断遇见这样的场面,要在这样的场景下发言。我的理想是,**把德语学习生活化,让学生走进德语教室便能放松下来**。我常常觉得,现在中学教育的课堂氛围过于正经了,目的性太强,教学任务安排细致到每堂课,如果哪堂课和学生分享多一些课本外的知识则影响教学进度,继而影响考试等等。因为目前国内还没有统一的中学生德语课标和本土教材,我们使用德国原版引进教材,可以筛选出很贴近生活的专题和学生共同学习。**原版教材语言地道,录音资料语音纯正,学生学习起来很享受**。有时候,学生学习到一些表达时都不由自主地感叹,这句子真漂亮。总之,我尽力为学生营造一种宽松的学习环境,大家一起来学习德语,来用德语。

黄碧芬:将学习生活化,采用优质资源组织教学,我们的学生太有福气了!

徐美芳:尽管目前中国教育一直在向素质教育靠拢,但应试的痕迹仍然很重。高考是选拔性考试,一锤定音,这就决定了备考过程的特性,需要第一轮、第二轮、第三轮这样的准备,需要"题海战术"。但是,德国考核是能力型测试,

295

达到一定的水平便通过考试。**考核方式的人性化决定教育过程的人性化**。因此,德语学习对于学生来说不存在要考第几名的压力,只要听说读写能力达到可以在德国生活,在德国大学学习,那么德国人就认定你的德语水平是过关的。相比于其他学科,我们在德语学习的安排上更多地关注到学生自主学习的比重,让学生自己先学习,不会的内容先动手查字典,先和其他同学讨论,最后再由教师来评价和解答。**刚开始的时候学生表现出排斥,因为他们太习惯于听老师讲了,懒得动手,懒得动脑**。但是经过一段时间的坚持,学生慢慢适应了自己学习的方式,我想他们一定也从中获得了乐趣。开始转向高考准备后,学生告诉我说,天天背单词,背搭配,做四选一的题目,写150字的作文,真是太没劲了。他们更喜欢又长又难的德语文章,哪怕是一直得查字典,读明白了总是很有成就感。写好一篇五六百字的德语作文,一看时间,两节晚自习已经过去了,别的科目作业没法写了,但也值了,总归是洋洋洒洒写了一大篇,还是感觉自己很酷的。我想,这样的反馈足以证明,他们喜欢做与德语有关的事情,越有难度的,完成了就越有成就感。

黄碧芬:手脑并用的自主学习才能有更多真实的发现和感悟。你这样贴近学生的需求和情感,让你自己也很受益吧?

徐美芳:与他们相处的这几年,感动的事情很多很多。颁发证书的仪式上,我以带班老师的身份上台发言,我与大家一同回忆了这三年的时光,尤其是准备德国考核的那段忙碌时光,我说我很感谢你们,在一起的这三年我亲眼看见了你们的成长,从高一的羞涩到高二的奋起到今天的成功,我会珍惜我们一起走过的日子,这些宝贵的经历都将永远留在我的记忆里。你们在德语班上学到的知识,形成的品性,一定会帮助你们在未来的人生道路克服更多的困难,取得更大的成就。在台上我自己都哽咽了,竟有惜别的感觉。那天晚上,有学生和我说,老师你的发言太煽情了啦,我们听着都想哭了。我相信,这是感动的泪水吧,是真感情。提前保送大学的同学们很热心,主动为要参加高考的同学整理复习材料,准备班级献给外教的毕业礼物,一本纯手工制作的祝福集,每位同学分得一页的领地,可以尽情抒发对外教的感谢。礼物不在贵重,重要的是有那份心意。我很欣慰,学生们有一份感恩的心,看得见别人为自己付出的辛劳,懂得用自己的真心去感谢,这种性格会帮助他们踏入社会之后更好地与他人共处,成为被他人接受甚至受欢迎的人。

黄碧芬:看来你对资优教育有很多心得。不知是不是也会遇到一些让你纠结的事?

徐美芳：纠结的事情当然有，有个别学生由于方方面面的原因在德语学习上难有起色，在这个小群体里容易产生自卑感。面对这些学生，老师能做的只能是更多的关注。毕竟语言学习基础非常重要，基础差的学生越到后期越会有心有余而力不足的感觉。

黄碧芬：这样的学生可能就需要寻找其他的发展出口。

很喜欢会滋养人的工作氛围

黄碧芬：你有机会在与外教、德方机构协作的工作中，有何感受？

徐美芳：我们的外教 Joachim Ochs 先生是一位深受大家喜爱的外教。他是德国海外教育司的公职人员，和我同年进校。**他是很典型的德国人，勤俭善良，吃苦耐劳，兢兢业业。**他和我们一样赶乘早班车到高中上班，对学生要求严格，在教授德语知识的同时更加注重学生言语交际能力的培养。我和 Ochs 先生有分工，我负责学生的听力和阅读，他负责口语和写作。外教的工作量非常大，都是耗时间的累活，看他使用红笔的速度就知道了。有时候他会在课堂上和学生开玩笑说，你们得送我几只红笔，你们写的作文错误太多了啊，我每改一次作文，红笔就去了一只！和他相处很简单也很舒服，很有原则，很有计划，共事起来工作很有效率。

黄碧芬：有重点有效率地投入工作，友好交流，这样的工作氛围会养人。德国海外教育司是个怎样的机构？

徐美芳：德国海外教育司是隶属德国外交部的一个教育部门。我们参与的这个项目简称 DSD，中文翻译成为德语语言证书。这个项目在全世界的推广是有背景的。在德国大学里有大量的国际留学生，但是他们在德国很难完成学业，无形中浪费了很多教育资源。德国教育学家调研后发现，学业困难的根本原因是难过语言关，很大一部分留学生的德语能力没有达到可以接受高等教育的水平。于是，**德国政府开始在全世界范围投入人力、物力、财力，挑选中学参与德语语言证书项目**，旨在提前为有意向在中学毕业后赴德国留学的学生通过语言关做准备。德国民族是一个很有想法且很有执行力的民族，项目一推出就得到了很好的回应。德国是经济强国，人口 1800 多万，GDP 与中国大体相当，在教育投入方面相当慷慨，因此参与项目的学校也获得了许多帮助，德国方面的大力投入对我们学校德语教学的顺利发展起着不可或缺的作用。除了德国选派的受过专业培训、有教学经验的德语项目教师外，德国另派教学顾问定时到学校指导教学。学校图书馆从德国获赠德语原版书籍。年轻德语教师获得免费赴德国进修学习的机会。另外，德国方面也定期牵头在中国各区开展教材教学研讨会等，促进各DSD项目学校的经验交流。

黄碧芬：太喜欢这样基于优质发展需求的实务负责与精诚协作风格。你很幸运，这么年轻就链接上这么好的工作平台。感觉你虽非师范毕业，却天然地懂教育，能融入教育的本质内涵，说说你的感受好吗？

徐美芳：我在大学时没有系统学过教育理论，对教育理论了解较少。我工作的这几年实践更多的是自己的直觉经验，更多的是自然的师生交往，无论是课堂上还是生活中。我觉得中学阶段，即学生从12岁到18岁的这6年中，学到多少知识不是最重要的，**这个阶段的教育重心应该以学习过程为载体去引导学生的习惯形成、品格形成，即人格的形成**。在地球村的世界背景下，引导学生成为合格的世界公民是中学教育的核心：有文化，有教养，有责任心，有感恩之心，有协作精神，有外语交际能力，有沟通能力等等。

黄碧芬：将培养合格的世界公民为己任，很好的教育理解和追求。作为一个人，你如何理解生活的意义？

徐美芳：我是一个比较简单的人，我觉得生活的意义就是"有价值地存在"。我希望自己在生活中能够扮演好属于自己的角色：学校的职员、学生的老师、同事的搭档；父母的女儿、丈夫的妻子、公婆的儿媳，以后还是孩子的母亲。不管面对哪个对象，我的生活理想是，我能为他们发挥我存在的价值和意义。

黄碧芬：你的情感发展得很好，对自己的身份认同和与他人的关系都有相当的认识，愿意为所关心的人发挥自己的作用，注定了你的生活会更快乐。作为一个教师，你如何理解教师的专业发展？你的工作取向和人生梦想？

徐美芳：教师的专业化发展在我看来就是教师自身不断成长完善自我的过程，教师要在教学过程更用心去体验教育，去观察学生，去提升自我。我的工作取向很明确，我希望自己能有更多的时间放在钻研学生学情上，我的目标是使自己成为受学生爱戴的好老师。至于人生的梦想，我希望自己身体健康，能快乐地有意义地生活着。

黄碧芬：非常享受与你的交流，谢谢你接受我的采访。

徐美芳：谢谢黄老师的欣赏和采访。

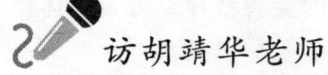

访胡靖华老师

用历史大视野的思维处理日常教育生活的具体事
——访厦外历史组优秀青年教师胡靖华

黄碧芬: 在学生眼里,你是很有智慧的帅哥老师,听说你还是由非师范路径步入教育领域的?

胡靖华: 是的。我毕业于厦门大学世界史专业。因为家中有很多人从事教育,自己也喜欢从教。任教已近9年,能直接进入本校任教是我的荣幸。

唯有努力并积极求学才能胜任教职

黄碧芬: 初入教育门,会有些不容易吗?

胡靖华: 那是难免。入职的头三年(2004—2007年),教育教学的很多东西对我都是新的,我唯有积极努力,打好基础,向前辈学习,熟悉教学常规及班级管理是我主要做的事情。感觉高中三年一个小循环下来,才基本入行。2008年至今,自己会对厦外的历史、办学理念有一些思考,会自然地将这些理念融合到教学和班级管理中,对学生会有进一步的了解,觉得同人特别是前辈老师的闪光点和可学的地方太多了,也越发觉得自己还有更多的东西需要完善。

黄碧芬: 你的感觉和发现都很中肯,不愧是历史老师,很快就步入学校整体的观察与思考,这是学校优良传统得以继承与发展的保障。作为历史学科教师,你如何理解本学科教学的价值意义?在日常工作中你会更重视什么?

胡靖华: 作为一个新时代的特区青年历史教师,历史教学应该充满着睿智,它不仅要引导学生学好历史知识,或许更重要的是,要从历史中汲取智慧,论从史出,与现实相结合,避免弯路和被实践证明的误区,以引导当下和将来的走向。在日常工作中,我很重视培养和提升学生的人文精神,分析事物要多角度、多层次,尽可能客观地、设身处地地结合当下和历史大时代的视野中去分析历史中的人和事。

黄碧芬：能感受到一种宏观的视野和学以致用的睿智精神。可否具体谈谈你面向课堂教学的一些具体把握？

知情、引领而不越位的工作风格

胡靖华：我认为课堂教学的把握很需要"内动"和"外动"的结合。如教师课前要充分备课，多思考和挖掘，要有知识的广度和深度；学生要多参与课堂讨论；教师要随和，营造一个和谐的课堂氛围等。

黄碧芬：就"营造一个和谐的课堂氛围"而言，你有哪些自己比较满意的做法？

胡靖华：首先，有激情。一进教室，会面带微笑，充满自信，学生不仅能看见我的微笑，而且能读出我的自信。接着，拉近与学生的心理距离，我会在课堂上制造一些轻松的氛围，如用一些幽默的语言，请学生回答问题时会有分寸的叫学生间惯常的"外号"等。再者，探讨某个问题时，或让学生分组共同参与讨论，或按班级的行或列一个接一个的回答问题等，对调动学生的积极性效果不错。

黄碧芬：感觉你很重视给学生良好的示范和参与讨论的调动，很好！你如何理解班主任的角色职能？

胡靖华：作为班主任，应该是一个教育者，班级常规的管理者，班级氛围的营造者，学生成长的知心人，学生学习的"助产士"，家校联系的沟通者，班级学科间的协调人，班级事务的反馈者。

黄碧芬：这多向角色的担当具体如何应用于班级的组织建设工作中？

胡靖华：班级的组织建设重点是班团干部的组建和班级的文化建设。在班级管理中，我会更充分调动和发挥学生民主管理的能力，依靠他们自己的力量管理班级。我做得更多的是平时在班级内外的细心观察，会有意识地多找班级各类学生的代表谈谈聊聊，包括班级的男女生、班团干和非班团干学生，及时了解班情，有时提一些个人意见供他们参考，但绝不代而为之。

黄碧芬：知情、引领而不越权，培植学生的自我管理能力。可否举一个具体实例说说？

胡靖华：比如高二时，我们1班参加了学校举行的社会主义核心价值观开放主题班会活动，当我接到通知之后，我和班级同学说，这次主题班会由班委组织，班长负责，要有具体策划；主题由班级同学决定，第一天要将主题确定下来;而且我要求班会要做到有序化和形式多样化,如确定主持人、确定各个环节的小组长,要集演讲、主持、弹唱于一体;要控制时间,在45分钟以内。之后,班级同学分头行动。我仅举一个例子来说明学生的自我管理和组织能力之强,在班团委的组织下,他们将班会每个环节的时间精确到了秒。这次班会很成功,最后获得校第一名。

需要协调与平衡的教育思考

黄碧芬:在日常教育教学工作中,你是否曾对什么现象深感忧虑?你是如何协调面对的?你认为改善的出路何在?

胡靖华:虽然我的任教经历不长,但还是能够观察和感受到一些现实存在的令人忧虑的教育现象:**我们的教育有时候并没有从学生本人的客观实际和需要出发,学科本位意识重,缺乏学科间协调的意识等。我深感自己需要加强教育教学理论学习,才能科学地关爱学生。**

黄碧芬:可否具体一点阐述?

胡靖华:我举一个例子来说明吧,这或许和常年担任班主任的经历有关。**比如遇到学生作业较多的时候,我会和年段反馈;我会建议学生要有主见,由班委牵头并由科代表主动找科任老师说明;我会在班级内作出协调,精挑细选历史科作业等等。**虽然说学生潜力无限,但也要知道时间和精力是有限的,一科多花了时间,必然影响其他科目的学习。结合我校学生的特点,我认为可以充分发挥学生的自主能力做适宜自己的选择。当然,**如何在学生自主选择作业与教师布置作业方面达到一个有效的平衡?**这在实践过程中确实还有一定难度,所以我希望能有一个来自学校的基于可操作的统筹指导规划。

受校园文化环境氛围的滋养很幸福

黄碧芬:你日常比较喜欢阅读的书报杂志?是否有什么书刊、人物对您影响比较大?你更多从哪些渠道吸取"养料"?

胡靖华:平常我喜欢阅读的杂志主要是《历史教学》,另外经常上各大门户网站了解资讯,也会精读一些历史学术书籍。不好说是什么书刊、人物对我影响比较大,**更准确地说是厦大和厦外的氛围对我的影响更大。**除了从各大门户网站、历史核心期刊和历史学术著作吸取"养料"外,我也经常光顾各大学科

网站,如福建高中新课程网、高考资源网、历史风云网等。

黄碧芬:感觉你对校园文化环境真是情有独钟,对自己的学习环境和工作环境能有融入的喜欢是很幸福的一件事。你比较喜欢本校哪些理念和管理举措?你比较常使用本校或社会的什么资源来开展或拓展工作?

胡靖华:我喜欢本校的民主管理、和谐氛围,喜欢本校倡导的文理并重、突出外语的理念,欣赏本校培养国际性、复合型人才的意识。我会以学校已获得的成绩和社会声誉、学生优秀的综合素质和走向,及民主、和谐的校园氛围作为我宣传、开展相关工作的"武器"。

黄碧芬:很好,生于斯,养于斯,建于斯啊。我还想再深入一步了解:你本人如何看待生活?你认为指向充实、愉快而又有意义生活的重要内在品质有哪些?

胡靖华:生活就是要过好每一天。我认为指向充实、愉快而又有意义生活的重要内在品质有孝敬长辈、关心孩子,要求自己和善待自己,不断追求真、善、美。关键是要在孝敬长辈、关心孩子中,在要求自己和善待自己的平衡中找到充实、愉快和有意义的生活。

黄碧芬:你将"内在品质"理解为自己在生活中应当具体关注和把握的内容性质。我感觉你作为家庭中流砥柱的角色义务感和关系到持续发展的自我建设感都比较到位。"善待"和"平衡"的意识和能力,可谓生活之重要的能力了。希望有机会听你的具体故事。你如何看待师生关系?如果请学生给你"画像",你觉得他们可能会安在你身上的前五项会是什么?

胡靖华:师生间是朋友,应是平等对话、和谐互动的伙伴。教师是学生校园生活的引导者,学生是校园生活的主体。学生会送给我的前五项我估计会是微笑、随和、戴眼镜的大眼睛、爱心、不跟随。

黄碧芬:"不跟随"的含义?

胡靖华:不人云亦云、不跟风。

黄碧芬:基于独立思考而把握工作的品质会让人自在而有成就感。你是否关注教师的语言风格?在这方面有何印象深刻的语言应用案例?

胡靖华:会关注。我很欣赏黄建忠老师和马辉老师的语言风格,他们都有一种睿智神韵,而且逻辑严谨、幽默风趣、恰到好处的轻重缓急都让我印象深刻,受益良多。

黄碧芬:你给自己树立了身边就存在的好榜样,真好!这也反映了你的内在审美情趣。可否给我们一个你自己在语言方面应用得比较满意的实例?

胡靖华：在讲到中国改革开放14个沿海开放城市的时候，为方便学生记忆，给学生深刻的印象，我将14个城市的头字连在一起编成一首词，并有感情的进行朗读："大晴（秦）天，烟清连南上，宁温福，广湛北。"其中的"宁"和"广"字作动词用。学生叹服。

黄碧芬：汉语言文字的运用真是意味无穷啊！你如何看待学生的成长需求？你认为咱们的教育教学管理最好能压缩些什么，增加些什么，以适应学生成长与发展的需要？

胡靖华：高中阶段学生需要更多独立自主的空间。我们的教育得参考他们的情感需要、解惑需要得到肯定、关爱和帮助的需要。至于"教育教学管理最好能压缩些什么，增加些什么？"这个问题太大。在当前的教育体制下，压缩些功利性教育，增加些适合学生长远发展的教育应是许多人追求的目标。

黄碧芬：需要的关注和满足的途径都有丰富的内容，而且，需要的达成与主体自我责任担当的落实本是一个最为重要的面向。我很同意你谈及的我们的教育当更多着眼于学生长远发展的需求。说到底，在育人方面，学校教育与家庭教育的协作和影响都自然呈现许多需要深入探究的内容，在家校协作方面你会更关注什么？你觉得比较成功的做法？比较为难的情况是有哪些？

胡靖华：家庭与学校的沟通相当重要。一个孩子，在学校的表现或许与在家的表现会有很大的不同，通过家校联系，我会发现这个孩子表现的某些反差，从而引起我对这个孩子在某个方面或某些方面的关注；我也会从中了解他（她）的家庭环境，更多地了解他（她）的性格等等。在家校联系中，我觉得家访或面对面的交谈沟通比电话联系要好，特别是在初次沟通时。比较为难的情况是，孩子的父母关系问题对孩子成长的影响，以及有些家长的偏激性格等。家长自身会对孩子产生不良影响的生活态度及存在状态是我们难以改变的。

黄碧芬：这算得上是一种普世难题。我们有幸步入教育领域，应当对这个问题有更多的自我警醒。你觉得从事教育教学的工作经历是否促进或丰富着你这个人的成长？

胡靖华：是有促进和丰富的效应。在教育教学工作过程中，我不仅传道、授业、解惑，教书育人，同时也获得学生成功后的快乐；而且这样的教育教学经历也实实在在不断丰富着我自己的知识和人生阅历，丰富着我对大事小情的价值判断。

黄碧芬：教育过程首先是面对人的真实存在状态，既有统筹预备和组织管理的付出，更有现场互动生成、指向目标达成的体验分享，这些即时产生的生命感受和对生命存在的理解特别重要。那么,你的家庭生活经历是否也会影响你对教育教学的思考?

胡靖华:会影响。在我的成长过程中,长辈的努力工作、关爱孩子、钻研教学、责任意识、服务意识等,以及在和妻子探讨孩子教育的过程中,都会影响我对教育教学的思考。这种影响是潜移默化的。

黄碧芬:你希望自己的专业发展可以达到一种怎样的状态?更想通过链接或构建什么平台、需要什么支持而满足自己的专业成长需求?

胡靖华:我希望自己能成为一名有特色的历史教学研究者。从个人角度而言,我认为应多阅读理论著作和专业书刊,多向他人请教,多与他人交流,多反思总结,以提升自己的专业水平。当然,家庭、教研组和学校的支持在自己的专业成长过程中也相当重要。

黄碧芬:你期待的"特色"和"支持"可否再具体化一些?这正是学校需要加强建设的内容哦。

胡靖华:我所理解的特色还包括,对问题要有自己的思考,要博采众家之言,要形成自己的课堂风格,不唯教材,不要先入为主,要有怀疑精神,相信任何一个历史问题都会有不同的角度、不同的看法,应该采取一种专业的精神去看待其中的合理性。我不认为这是一种观点的平庸化,因为观点可以争鸣,会开阔学生的视野,而这会更符合当下的时代精神。我相信一个有创造力的人就是从中产生的。

黄碧芬:很好,教师有思考才能激发引领学生学会思考、善于思考。

胡靖华:教师的职业特点除了在学校中的教学和进行班级管理外,课后还需要在家花费大量的时间备课、制作课件,作为班主任还需要和家长沟通等,而赡养老人、照顾小孩也都特别需要花时间。在这个问题上,我特别惭愧,因为父母亲退休后还帮我照顾小孩、料理家务等。所以,我觉得特别需要家人的理解和支持。当然,教研组和学校的支持也很重要。在学校的教研中,如集备、听课、公开课教学研讨等,青年教师的经验在不断地成长。教研组和学校对青年教师的信任,敢于让青年人去担当重任等,对青年教师的成长都很关键。个人建议学校可以制订具体计划并再提供一些经费支持,以教研组为单位进行常态的学科沙龙,老师们谈谈自己一段时间的心得,包括教学和生活,互相借鉴。而且,如果时间允许和条件成熟,学校可以制定相关细则以开拓国内外校际交流,让各科老师都有外出学习的机会,这样会大有裨益。

黄碧芬:很好的想法。你提及"常态"的概念很好,很多好事我们似乎都在做,就是不够常态化而缺乏持续的建设性。教研组的学科沙龙,有益于教师教学与生活的多向交流与借鉴,有益于教师自己全人的成长与发展。拓展性的对外交流机会真是丰富教师视野的极好途径,怎样让各学科的一线教师都可以通过自己的努力赢得这样的机会?至少在经济比较发达的地区能够制定相应的可行制度才好。愿这样一些美好的愿望都能尽快变成现实。谢谢你与我们分享这些宝贵的经验与思考。

胡靖华:谢谢!这也是我的荣幸。

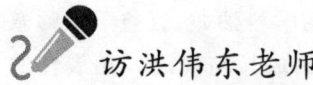

访洪伟东老师

"万能打杂"的学生社团总指挥
——访厦外团委副书记洪伟东

黄碧芬：作为深受学生欢迎的学校众多学生社团工作的总协调者，我深知其中不易。你是大学毕业就直接选择回到母校来工作的吗？

洪伟东：是的。我是2001届的厦外毕业生，2005年大学一毕业，我就回来母校工作，感觉很好很神奇。人生的三分之一和厦外一起，我想这是缘分。其实是2005年那年运气好，遇到厦外扩招，需要大批新老师，可惜当时学校物理新老师已经招满，只剩实验室有个空位。校长问我是否愿意，我没多想，心里说能回来学校工作就行。于是我就以物理实验老师的身份回到了母校。所以我的岗位比较特殊，既要担任物理实验员工作，也很快就兼做许多行政工作。

黄碧芬：这么说来，你不长的职业经历恰好是与厦外的"高速发展"相伴行的。从实验教师到学生工作，你是如何迎接这跨度较大的工作挑战的呢？

洪伟东：开始的半年一直在物理实验室工作，很快就达到物理实验室的工作目标后感到年轻有精力有热情，实验室工作相对轻松，始终觉得个人的价值难以得到实现。于是主动请缨，向学校申请任课。当时只有高中团委职位空缺没人接，承蒙学校领导信任，我就担负起高中团委的日常事务。虽说明确的身份是校团委副书记，但实际上所有与学生活动相关的事都少不了我。**因为经常活跃在很多场合，而且很多岗位都做过，人称"万能打杂"。**

黄碧芬：太强了，"万能打杂"！既要领会多样工作意图，又要妥善处理各项活动的具体事务，协调期间的人事和时间安排，我知道这并不是容易的事。

洪伟东：2006年4月，我通过第12届团委学生会换届选举而当选校团委副书记一职。之后我就正式开始了团委各种繁杂的工作，团委学生会也在我们的努力经营下稳步发展。现在已成为学校不可或缺的重要力量，为丰富和活跃学生的校园文化生活贡献了力量。

黄碧芬：大大小小几十个学生社团，在组织管理方面你主要把握了什么？

洪伟东：一是对学生会的部门进行了机构改革，培养和锻炼了一大批优秀的学生干部。二是每年组织大大小小的各种活动,给学生有激励价值的引领口号是"不断创新,不断进步"。歌手赛,从每年一场到每年两场,从没有灯光背景,到现在能让舞台绚丽多彩。歌手赛、班歌比赛、辩论赛、国学知识竞赛、文艺汇演、毕业典礼、外语节、中国文化节、校运会、全民健身节,都是我的重头戏。三是成立志愿者协会,创建多个志愿者服务平台,带领一大批优秀青年开展志愿者服务,为厦外赢得荣誉。四是鼓励和发展社团建设,社团规模从2006年的5个社团,发展到今天的42个社团。并不断鼓励新社团的创立,扶持精品社团。五是组织成立校自律委员会、校膳食委员会,加强学生民主管理,参与学校自我管理的能力,培养学生自律自强。

黄碧芬:真不简单。这些活动都给学生提供了展示自己多样才华的机会,大大提升了学生自我管理和服务社会的能力。

洪伟东:有些学生具有良好的素质能力,我们也会帮助她积极彰显自己的优势素质。比如2008年帮助蒋艺同学顺利当选北京奥运火炬手,成为北京奥运青年营营员,与来自世界两百多个国家和地区的青年代表交流,同年蒋艺获得福建省优秀学生称号。而蒋艺同学也不负众望,于2009年获得福建省理科状元,表现出了很好的综合素质。

黄碧芬:真好,难怪学生都会说在厦外上高中很幸福,主要就是指可选择参与的活动多。作为校团委副书记,你如何理解其角色职能?

洪伟东:我觉得这个角色的主要职能还是育人,而且是**尽可能为学生搭建丰富多彩的成长平台**,这样的工作本身就在丰富和完善着校园文化建设。我们要让学生拥有多样化的课余文化生活,拥有多种多样的平台去展示他们的风采,去实践他们的能力,发掘和培养优秀的青年学生干部,使他们更具有社会生活能力,培养学生爱国、感恩、奉献、诚信、责任等社会公民意识,培养学生的民主精神,培养学生具有自立、自律、自强等素质。我特别开心的是,我们所组织的大型活动都能吸引师生的积极参与,受到师生的好评。特别是志愿者活动、歌手赛、辩论赛、国学知识竞赛、班歌比赛等。

黄碧芬:在活动中展示风采,在活动中增强能力。这么多校级活动,光组织协调的工作量就很大,更有大量活动细节需要把握,你是如何做到的?

洪伟东:在日常教育工作中,我曾对学生的社会工作能力感到忧虑,早期的大量学生工作,都是我一个人策划,一个人布置,学生只需要执行。虽然活动的效果不错,但是学生更多的是做一些简单的操作,对如何组织策划活动,如何驾驭活动,没有思考,这样就得不到能力的锻炼。之后我对学生活动进行了改革,我放手让学生进行策划,全程让学生进行组织,每个细节、每个环节都要求学生进行考虑,而我更多的是把握大环境,做幕后的总协调人,负责解决他们遇到的困难和难题。几年下来,学生的能力有了很大的提高,**从高中毕业出去的学生会干部,到大学之后都成了校内的实干家、活动的领导者,受到高校师生的广泛赞誉**。这都和他们在厦外高中得到很多锻炼有关。特别是文娱部的正、副部长,每位都是集组织、策划、管理、协调、操作、主持、表演于一身的超级能手。

黄碧芬:相当了不起。学生的潜能真是很大,在很多高中生只铆足力气对付"高考学习"的时期,我们的学生只要愿意都可以有更多的学习成长空间,而且每年都有这么多学生通过这些具体活动的组织锻炼而茁壮成长。作为学生活动的总协调人,你其实需要做大量上下左右的联络对接与协调工作,这类工作是否给你一些特别的感受和思考?

洪伟东:我个人比较喜欢学校的人性化管理。这使基层的工作者有更多自我管理与创新尝试的空间。我对学生自主管理、导师制管理、晚自习制度、学生心理辅导等都比较喜欢,这些都给我们的工作提供了好的协商氛围与时空。**我的工作价值正是通过这些对接协作的努力达成而得以实现。**

黄碧芬:学校本是一个大团队,各部门的协作配合才使整体有序运行并充满活力。你还很年轻,如何看待生活?

洪伟东:我追求过充实、愉快、有意义的生活。我也知道这需要内在的积极品质支撑,我愿意做好我的每一个角色。比如,成为学生喜欢的好老师,努力工作而无愧于心,做父母眼中的好儿子、老婆眼中的好丈夫、孩子眼中的好爸爸。革命尚未成功,还需好好努力!

黄碧芬:这些角色要都做好真是不容易,你能有这样的意识,就会在与具体对象交往时注意自己的身份义务。你如何看待学生的成长需求?你认为咱们的教育教学管理还可以有些什么调整与改善以适应学生成长与发展的需要?

洪伟东:我觉得小学和初中,更多的是应该培养孩子的行为习惯,因为越早养成良好的学习生活习惯,对他们在高中,在大学,乃至出社会,都是很好的基础,只有基础打好了,才能有更好的发展。高中的话,应该更注重培养学生各方面的能力,高中阶段的学生,**不仅仅在学习上,在人生观、价值观、世界观都有了较大的改变和升华,除了学业要注重外,更应该让他们在高中阶段培养创新能力,组织、管理、协调能力,适当参与社会公益活动等**。让他们更具有社会生存与发展能力。

黄碧芬：你如何看待家庭与学校的关系？在家校协作方面你会更关注什么？

洪伟东：家庭是孩子最重要的生活场所，良好的家庭教育是孩子健康成长的重要保障。家庭教育比学校教育更重要。在家校协作方面，**我会更关注孩子在家庭中的基本表现。是否尊重父母，是否能与父母进行良好沟通，是否有良好的行为习惯，是否有独立的生活自理能力等。**

黄碧芬：你的教育教学工作经历是否促进或丰富着你这个人的成长？

洪伟东：是的。正因为这几年我的工作涉猎了很多部门和岗位，而且很多活动都在我的引导下组织完成，团委学生会也在不断发展进步中，所以感觉很有成就感，**也极大地丰富了我的人生阅历。**虽然经常处在加班和节假日工作的状态，有时会让家人很难理解。但我的父母和妻子对我所取得的成就还是会感到骄傲和感动，我很感谢他们的支持。

黄碧芬：你希望自己的专业发展可以具有什么样的色彩？

洪伟东：我希望我能成为一名优秀的教师，期待自己能更多为学校的建设发展有贡献。我还很年轻，能被学校重用是我的期望。我还希望能到学校更多部门去磨炼。**我会更努力向同行学习，向学生学习。**

黄碧芬：行政岗位的育人思考与实践引领其实都很重要，祝愿你心想事成！

访蔡敬辉老师

质朴而扎实的新教师成长"三部曲"
—— 访厦外优秀青年教师蔡敬辉博士

愿把教育当事业做的小伙子

黄碧芬：你以非师范类的博士身份进入中学任教，这样的选择在你是否有一份特别的思考或情感寄托？

蔡敬辉：我本科上的是中国农业大学生物学基地班，2003年本科毕业考上了本校植物分子生物学的直博研究生。2008年毕业后就进入厦门外国语学校担任中学生物学教师。当时进入教育领域的原因：一是受夫人影响，她是中学生物老师，也喜欢我从事教育教学工作；二是自己确实喜欢学生，喜欢学校的工作氛围，对于教学有一份天然的热爱；三是认为从事教育教学工作也能体现自我价值。**我是把教书育人当成是自己的事业，而不是一份简简单单的职业**，在教育岗位上，我相信自己是能做出一些成绩的。当时有很多人都问我："博士进入中学教书会不会有一些大材小用呢？"我却不是这么看的，我认为自己如果进入科研领域，或许可以成为一名科研工作者或一名科学家，但是如果用我的知识和能力来教书，来影响我的学生，让他们初步具备一些科学素养的话，有可能在将来会培养出许许多多的科学家来。

黄碧芬：入职之初，就将家庭、事业、未来的发展都想过了，整合了，真好。

新教师成长的"三部曲"

黄碧芬：在具体经历学校的教育教学工作方面，你有些什么感受？

蔡敬辉：在适应学校教育教学工作方面，我觉得自己也**经历了许多新教师成长共有的"关注生存、关注教学、关注学生"三个阶段**。在"关注生存"阶段，我主要是学习摸索如何教学，如何上好课，能够让学生听得懂我的课，喜欢学习生物学。因为我是非师范专业毕业，对于教学可以说是一窍不通，所以我非常忐忑。记得上第一节课我刚走上讲台的时候,很紧张,说话都有一些发颤,还好当时的学生们给了我很大的鼓励,我才把这节课上完。我当时就在想美好的追求要变成现实能力是有待多方面努力的。自己到底能不能胜任教师这份工作?能不能把学生教好,能不能在教育这个行业生存下去?真的不是简单的事。

黄碧芬:教学是一项十分具体的工作,你将开始的阶段用学会"生存"的心态来界定,真是很贴切。之后呢?

蔡敬辉:很高兴在大家的帮助和我自己的努力下,我很快实现了从关注生存转向了"关注教学"阶段。我主要是通过向有经验的老教师学习和请教,再加上自己对于一些教学理论的学习,慢慢**开始探索如何有效地教学,如何能把自己的课堂变得更精彩一点**。在这一阶段我听过很多老师的课,我们生物组老师的课我几乎都去听过,我的指导老师潘俐老师的课我会尽可能去听。此外我还听其他教研组的优秀教师的课,例如黄特、特黄、大欧、小欧、马辉、肖骁、刘燊威、蒋小刚等老师的课我都有去听过。通过学习他们的优点,结合自己的反思,我尝试在自己的教学中慢慢改进提高。**从每一节课的备课阶段抓起,认真地写每一个教学设计,思考每一个教学环节,力争把每节课都上好。**

黄碧芬:向同行学习加上自己的实践摸索,刚才听到你还有教育理论方面的学习思考?

蔡敬辉:是的,这对我的帮助也很大。包括加盟高中教师心理研究小组的研讨活动都对我很有启发和帮助。我学习了建构主义理论和多元智能理论等教育论述,阅读了杜威、苏霍姆林斯基、李镇西等教育家的著作。通过学习这些理论,我的视野开阔了很多,理论水平有了一定的提升。而且这个阶段,学校和我们生物组的老师给予我很多关心和帮助,给我提供了很多公开课和教学创新大赛的机会。一次次公开课的历练,我在各位老师的帮助下一点一点地改进教学设计,改进教学环节,慢慢地提升自己。

黄碧芬:这是一个很扎实的学习进取过程。我还记得在校门口大操场上,你追上我要求加入高中教师心理工作组的情景,这样的主动性和迫切性都让我心生感动。之后在小组的各项有挑战的工作任务面前,你总是第一个站出来担当并总能给我们带来惊喜,大家都很喜欢啊。在"关注学生"阶段,你又是如何把握的呢?

蔡敬辉:在"关注学生"阶段,主要是创设适宜的教学情景,让学生产生兴趣,帮助学生凭着兴趣,自觉、自愿地学习,以达到较好的教学效果。在教学中,关注学生精神需求和心灵世界,为学生生动活泼、主动地、自由地发展营造了亲切的氛围。这期间,我感觉以学生发展为本的现代教育理念已能自然呈现在我的教学言行的表达中。具体的教学环节中,我主要关注:(1)学生知识起点,以此构建教学流程。(2)关注学生学习能力,铺设恰当问题,在备课时就应精心设计,针对学生的实际认知水平和思维能力,找到问题的切入口。(3)关注学生认知规律,设计层次练习,让学生成为课堂学习的主人。

黄碧芬:很好,学生的"学习兴趣"、"知识起点"、"实际能力"、"思维能力"、"认知规律"、"层次练习",以及"教学氛围"、"课堂主人"等一系列课堂教学组织要素已能精心预备和把握。

开阔的学科视野与教育观察

黄碧芬:作为生物学科教师,你如何理解本学科教学的价值意义?在日常工作中,你自认为比较有效率又受学生喜爱的举措是?请举例展开说说相关的做法。

蔡敬辉:20世纪后半叶,生命科学各领域取得了巨大的进展,尤其是在分子生物学方面取得了突破性的成就,如DNA分子结构和功能的揭示、哺乳动物体细胞的成功克隆、人类基因组计划的实施等。这些重大突破无疑会促进自然科学的进展,推进人类自身的进步,而生命科学也将逐渐成为自然科学中的带头学科。许多科学家预言21世纪是生物学世纪。人类社会面临的诸如人口、环境、粮食、资源与健康等重大问题的解决,均有赖于生命科学和生物技术的进步。因此,在新的世纪里,中学生物教育也必将承担起新的历史使命。

黄碧芬:以发展的眼光、全球的视野看教学,自豪感和使命感才出得来。教师的感受和状态都是影响学生最重要的资源。

蔡敬辉:同时,生物学是与人类生活最为密切的一门自然科学,在日常的教学中我特别注意生物学知识与生活实际的联系,使学生尽可能地理解生物科学的社会价值。比如在讲细胞呼吸时,我会利用细胞呼吸的原理解释同学们在激烈运动后,腿部为什么会酸疼,怎么缓解这种症状,同学们都非常感兴趣,学习的积极性很高;在讲生态系统的组成成分时,我组织了部分同学下到田间地里,去调查样方、采集标本,在生活实际中学习,理论联系实际,学以致用。

黄碧芬:虽然你的教龄还不长,但我知道你无论做什么,总能比较专注地观察与思考正面临的问题。不知在日常教育教学工作中,是否也有些什么现象令你担忧?你是如何协调面对的?你认为改善的出路何在?

蔡敬辉:在日常教育教学工作中,我对目前部分学生的厌学现象比较忧虑,很好的学习时光,却没有学习动机,没有动力就不可能自主学习。这里头的原因可能很多,如何调动学生学习积极性,让学生认识到学习的价值所在,帮助学生建立起"知识改变命运"的观点,我感到还有许多问题要探究。这方面我还得多学习。

黄碧芬:这的确是个亟待改善的问题。你日常比较喜欢阅读的书报杂志?或你比较多地从哪些渠道吸取"养料"?

蔡敬辉:《中学生物教学》,建构主义理论和多元智能理论等,杜威、苏霍姆林斯基、李镇西等教育家的著作。这些著作对我的影响都很大,受益匪浅!我主要是从图书馆和网络上来吸取"养料"。

乐观向上的个性特征与客观务实的处事风格

黄碧芬:你如何看待生活?如果请你用五个词语介绍你自己,您会选用哪些词?

蔡敬辉:积极、乐观、自信、客观、和而不同。

黄碧芬:很好,你做的都是你有价值认同的;你做的都是有你自己独立思考与理解的事;你能欣赏和向他人学习,更重要的是要落到自己是实处,你不会盲目攀比,是吗?

蔡敬辉:正是这样。

黄碧芬:这是一种可靠的踏实状态,很好。自我认识还可以"以人为镜"。如果请学生给你"画像",你觉得他们可能会安在你身上的前五项会是什么?

蔡敬辉:我认为师生间要特别重视沟通、做到教学相长。很高兴我与学生的关系总体比较融洽。我猜学生可能会觉得我宽容、有爱心、睿智、思维严密有条理、认真负责。

黄碧芬:是一种温和而又理性的师者形象。你是否关注教师的语言风格?在这方面有何追求?

蔡敬辉:会关注。我追求课堂教学的语言表达要简洁清晰、有严密的逻辑性和条理性,避免口头禅。

黄碧芬:你比较喜欢本校哪些方面的管理举措?你比较常使用本校或社

会的什么资源来开展或拓展工作？

蔡敬辉：学校是师生成长的居所。我们厦外最让我感动的管理措施是人性化地管理，关爱师生，关注教师的生存状态，同时也就能为学生营造一个好的成长环境。教师常年坚守在教育的第一线，**教师的生存状态直接影响着学生的发展，也对学校发展起着重要的作用**。学校会为教师生存缓压着想，为教师的教学生活着想，为教师专业发展着想，使教师能够真正感受到厦外教育理念所带来的幸福、优雅、超脱、自信。春节时校领导的一封贺信，教师生日时学校的一张卡都深深体现了学校浓浓的人情味。学校对刚入职的新教师和未婚职工更是关心备至。而且，学校对于教师的职业发展也是尽心尽力，组织新教师与老教师座谈，开展各种教学大比武让新教师快速提升教学基本技能。

黄碧芬：我特别认同教师的生存状态直接影响着学生的发展，也对学校发展起着重要的作用。能在以幸福为导向的校园环境工作真是一种福气。你还很年轻，听说你将被公派到新疆支教一年，这必然会对你的家庭生活带来一些不便，你如何应对这样的工作安排呢？

蔡敬辉：我的爱人和家人都很支持我的事业，支持我去新疆支教。当时接到孙校的电话，我们家马上召开家庭会议，共同讨论是否要去新疆。这种民主平等协商的气氛，让我感动的同时，也使我在面对学生时不知不觉地采取这种方式方法。因我爱人也是中学生物教师，我们的日常交流很自然地会有一些我们都乐于投入基于教育教学事业的相互切磋、共同进步的内容。

黄碧芬：这真是夫妻同行的独特资源，能有共同的喜好和相知是很幸福的状态。

基于生命健全发展的教育思考

黄碧芬：虽然教龄不长，我还是很想了解你对学生成长应当关注和重视的内容解读，你认为咱们的教育教学管理最好能压缩些什么，增加些什么，以适应学生成长与发展的需要？

蔡敬辉：我认为现在的中学生不仅仅是在智力上成长，**更应该在品德方面成长**。有一件事情对我的感触挺深的。去年我和钱永昌老师带领学生去泉州参加福建省青少年科技创新大赛。与这些学生朝夕相处我发现他们有自信，也还有些学生很自我中心，"骄娇二气"比较重。我们住的宾馆离比赛场馆只有1公里左右的路程，我们老师和其他选手都是走路步行到场馆的，我们有部分同学却不愿走路要坐的士去场馆;在比赛过程中,我们有些学生面对其他学校的选手时也不是很有礼貌,觉得自己高人一等,比别人更厉害,可是别的选手水平并不差,也取得了很好的成绩;比赛结束回厦门时,我和钱老师买的是二等座的动车票,有个学生在边上嘟囔"为什么不坐一等座,一等座更舒服"。我当时就在思考,这些学生能够参加创新大赛的省赛,学习程度和学习能力应该是很不错的,但这种不能"吃点苦"的行为,并不能让人感到舒服。如果这些学生以这种状态进入社会的话,那么即使智商和学历再高,可能也不容易在社会上取得成功吧!

黄碧芬:你能着眼于学生的生命状态和未来社会发展的角度来看待人的言行举止修行,这的确是需要重视的面向。

蔡敬辉:如果上面这些现象可能是我的个人偏见或者只是发生在少部分同学身上的话,尚可接受。但是另外一种现象也让我不安:我当年(2008年)刚进入厦外的时候,路上、楼梯口遇到学生,大部分(80％)都会主动地向老师打招呼问好;现在我感觉到能主动向老师问好的学生比例在逐年下降,如果遇到的不是教过自己的老师,学生主动向老师打招呼的比例不会超过30％。我认为咱们的教育教学管理最好能增加一些"吃苦教育"和一些品德教育。例如,可以让初中、高中一二年级每年都参加一次军训,以培养吃苦耐劳、纪律严明,团结向上的精神风貌,增强学生的责任感、使命感和荣誉感;在教育中能增加一些社区服务或者到田间地里干干农活的内容,让同学们学会服务社会、关心他人;同时在教学中渗透中华民族的传统美德的培养,**力争培养"温、良、恭、俭、让"的学生**,让他们真正地具有"中国灵魂、世界胸怀"。

黄碧芬:力争培养"温、良、恭、俭、让"的学生,质朴而真诚会比较可爱,也比较可建设。这其实是育人的一个根基性的问题。很感谢你与我们分享这些感受。

蔡敬辉:谢谢您的访谈。谢谢学校的信任和培养。

访郑英升老师

教师的职业生涯首先促进了我的个人成长
—— 访厦外优秀青年数学教师郑英升

黄碧芬：很高兴约到你做访谈。你还这么年轻，竟有16年的教龄了，听说你是从外地调入本校的？是否感受到教育在不同地区还是有些差别？

郑英升：我1996年毕业于福师大数学系，先在泉州任教，2003年才调入厦外。一开始的直观感受是厦门学生的作业量比泉州多，另一个感觉就是老师的工作也更细。做班主任后，我发现班主任的工作多且细、会议也很多，这对于我这个比较粗线条的人来讲真是个挑战。不过还好，我慢慢也就适应了，而且感觉自己适应得很好。

黄碧芬：感觉好很重要，这代表你的工作水平至少是稳健的，令人满意的。在厦外，你都教过什么样的班级？

郑英升：一开始我教的是两个普通班（2007届），然后是一个普通班和一个实验班（2010届），最近这两年都是两个实验班。因为我一直在教理科班，所以都还比较适应。最近几年通过参加比赛及参与市质检命题，感觉自己对专业有了更深的学习和研究。

黄碧芬：作为数学教师，你如何理解本学科教学的价值意义？在日常工作中，你会更重视什么？

郑英升：个人感觉，数学的价值在于它的思维。所以在日常的教学工作中，我喜欢强调学生独立思考，抛出一个问题，先让学生各自独立思考，然后让他们发表自己的看法或解法，不喜欢让学生还没思考就开始流于形式的"小组谈论"。

黄碧芬：我很认同没有独立思考的学习不是真学习。在面向具体任务的学习思考中，充分了解自己的存在状态，并能尽可能清晰地表达自己的见解和需求，其实是很基本的学习能力和学习的价值所在。也曾做过班主任吧？你如何理解其角色职能？如何理解班级的组织建设重点？

郑英升：之前做了多年班主任，感觉班主任的工作很琐碎，也很有意思。学生会以老师为榜样、为目标。所以班主任肩上的担子更重，更要注意自身的形象、举止等。我觉得班级组织建设的重点是班委会的建立,班委会成员首先应该是模范遵守各项规章制度、有责任感、热爱学习的学生。班主任要努力做到对每个学生都公平、客观是不容易的,我记得自己在给学生排座位时总是按身高来安排,从不单纯地把学习成绩好的学生安排到前排,这样的举措学生们满意。

黄碧芬:班级管理的公平、客观取向很好,面对50位各有需求的学生,如何统筹兼顾大家合理的需求是班级凝聚力形成的基础。在日常教育教学工作中,是否遇到让你忧虑或棘手的问题?你如何协调面对?

郑英升:日常工作,我主要还是对学生常规的规范要求感到忧虑,比如上课迟到、长发、违规使用手机等,因为**这些现象的背后往往是厌学、抵触情绪,甚至家庭情感缺失等**。如果不对这些现象加以制止,任其泛滥,将会严重影响学生的健康发展。我觉得**改善的出路主要还是要多和学生沟通,多花时间去关心这些孩子**。

黄碧芬:人都有自己的生活故事,多沟通才能充分了解学生。有时他们所遇到的问题比单纯的学习问题复杂得多。要做好这样的事,其实老师自己的**生活态度及其驾驭生活的能力都很重要**。可否谈谈你自己如何看待生活呢?

郑英升:在我看来,生活未必是多彩的,但一定是多方面的,她就像班主任工作——只要有投入,必有其精彩!我觉得**影响生活的因素主要是一个人的性格、爱好、兴趣、责任感**。

黄碧芬:性格、爱好、兴趣、责任感,这样一些内在特质,都会受其成长环境影响。孩子的成长空间主要在家庭与学校。你如何看待家庭与学校的关系?在家校协作方面你会更关注什么?

郑英升:我觉得,**家庭教育比学校教育更重要,但二者并不孤立,是相辅相成的,二者都是学生的"家"**——都是学生的港湾,都需要制定相应的"游戏规则"。我觉得,家校协作重在沟通。印象中我的每一届班主任工作中都有这样的例子,沟通顺畅了,好比家校一体化,大家就像同一个家庭里的成员。比较为难或无力面对的主要还是价值观上的冲突。

黄碧芬:价值观上的冲突的确比较棘手。在日常师生关系上你如何把握?如果请学生给你"画像",你觉得他们可能会安在你身上的前五项会是什么?

郑英升:距离产生美——我是这么看待师生关系的。学生给我的"画像"可能会是严肃、寡笑、严厉、不留情面、偶尔幽默。

黄碧芬:比较酷、比较威严的那种?教师离不开表达,你是否关注自己的语言风格?

郑英升:好像还谈不上风格。平时课堂上,我会比较注意语言的条理、简练。

黄碧芬:你多年从事高中生的教育教学工作,你如何看待高中生的成长需求?如可能,做些什么调整好一些?

郑英升:学生到了高中,相对而言更加成熟、懂事了,**他们的成长会有更多的社会化需求**。所以我觉得与之相适应的教育教学管理应该让他们更多地接触团队、接触社会,培养他们的团队意识、社会意识。这是最应该增加的内容。

黄碧芬:在目前的教育环境中,有哪些可行的办法可以有效促进这样的增强?

郑英升:在目前的高中教育中,还是有一些内容是很贴近社会的,比如,教材中的一些应用问题,再比如,研究性学习。它们都需要学生有团队意识地走进社会。如果学生们能用心去做好这些研究,相信他们会很有收获,而且这些收获是在课本上学不到的。

黄碧芬:如果让你简捷描述教育职业对人的要求,你认为是什么?你对自己的职业发展有些什么样的具体期待?

郑英升:我对教师的内在认同是"**学高为师,行正为范**"。我觉得16年的**教师职业生涯首先是促进了我自己的成长**。我希望自己的专业发展不仅仅只是在课堂教学上,还应当能够在编写论文、试题研究、课题参研等方面都有较全面的发展,以适应不同时期的社会需求。所以,我迫切希望能参加更多的专业培训。

黄碧芬:这其中必然少不了对学生的学法及其与学生身心发展需求相适应的理解和促进。祝你如愿!

郑英升:谢谢!

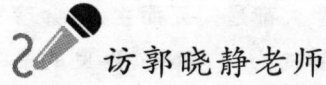 访郭晓静老师

喜欢琢磨学生品味是她的得力秘籍
——访厦外优秀青年政治教师郭晓静

黄碧芬：听到你在市级教学技能大赛中荣获特等奖的喜讯，祝贺你啊！高中政治教学要让学生喜欢不容易啊！我很好奇你是如何组织课堂教学的？通常你会更重视什么？

郭晓静：政治教学的总目标是要帮助学生树立正确的世界观、价值观、人生观，成为一个合格的中国公民。课堂上我会更重视与学生的交流效果，我会去探索一些学生可能会比较喜爱的教学形式，比如让学生做课前的新闻演讲，创设情景让学生进行基于解决问题的角色模拟并在这样的过程中学习，让学生分小组讨论完成某学习任务，然后上台展示进行讲评比较等。希望呈现给学生的每一节课都能够让他们有所收获。但有时还是会觉得效率并不是很高，活动过程需要花费课堂或是学生课外较多的时间。

黄碧芬：参与学习过程的创生本是有效学习的好办法，当然需要相对充足的时间，反而过于关注标准答案的讲授法，看来很有效率，学生没有足够的预备和参与过程的观点辨析就难有兴趣。

郭晓静：其实学生面对政治科的不重视、不感兴趣正是我们政治老师最不愿面对却又必须面对的问题。尤其是高二理科生上政治课做其他科目的作业或睡觉的现象还是蛮常见的。我的对策就是尽量在课堂上增加一些能让他们感兴趣的内容，去年我在高二某理科平行班的课都是下午第一节，学生本来就比较容易犯困，我在课前播放轻松阅读系列有配音图片的哲理小文，学生就比较喜欢。

黄碧芬：课堂上老师的用心调动很重要，教学本来也需要有吸引力。看来你平时会注意多收集这样一些与教学相关的可爱"调味品"？

郭晓静：是的，当然，这是必需的。

黄碧芬：你平时比较多选择从哪些渠道"充电"？

郭晓静：阅读《环球时报》《看天下》等，更多地是从网络吸取"养料"。

黄碧芬：你还这么年轻，会怎样看待生活？

郭晓静：总的来说，我认为人应该积极向上，每个人都是向死而生，我会珍惜当下，好好过好每一天。基本上，我追求一种宁静的心灵，宽容、善良的品性。

黄碧芬：真好！这么年轻就能有这样的追求。你如何看待师生关系？如果请学生给你"画像"，你觉得他们可能会安在你身上的前五项会是什么？

郭晓静：我觉得学生的肯定和喜爱是教师成就感的最大来源，拥有良好的师生关系是教师生涯非常重要的一部分，我一直希望能成为学生课堂上的良师，生活中的益友。学生曾写给我一些小卡片，最经常出现的五个词是可爱、美丽、敬业、聪明、认真。

黄碧芬：我也是这种感觉，你常有的微笑和在食堂餐桌上都会主动融入老师们多元话题闲聊的可爱样子都给我留下很好的印象啊！

郭晓静：谢谢黄老师！

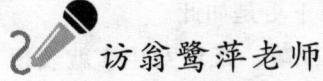
访翁鹭萍老师

全然接纳而能积极转化的职业能力欣赏
——访厦外优秀青年历史教师翁鹭萍

访谈对象：厦门外国语学校历史教师翁鹭萍
访谈者：厦门外国语学校心理教师黄碧芬
访谈背景：乘校车上班的路上

翁鹭萍：(笑眯眯地)真好！我们又坐到一起。

黄碧芬：(由衷地)我也好期待，好喜欢你笑盈盈的样子，学生听你的课一定非常享受。

翁鹭萍：平时还好，我上课会很投入，自己都会沉浸在所设计的问题情景中。为了唤起学生的学习兴趣，我得不断将一些学生感觉抽象枯燥而又必须识记的内容与现实社会中有影响力的人和事去做链接，用名人生平故事打包的内容更能吸引学生的注意力，从而促进对相关历史知识的了解和掌握。

黄碧芬：这方法好！现在的资讯很发达，充分使用学生了解的人和事解读历史事件就能更好地贴近了学生的生活与认知，既利于知识内容的理解，也有益于学生的心智成长。

翁鹭萍：正是这样，读史使人明智。遗憾的是，现在学生的学习时间非常有限，难有足够的时间和耐心投入学习。史、地、政这类学科，上课时间尤其重要，我总是精打细算着组织我的课堂教学进程。

黄碧芬：所以你会自然而然地全情投入。有没有遇到学生不在状态而造成对教学进程的阻碍或干扰？

翁鹭萍：当然有啊！平时都还好，我一般只需要自然踱到这类学生身边，给他们一点暗示就会回来。麻烦的是每每进入考试复习，我自己都会紧张起来——我希望我的学生都别掉队。所以，我会更在乎他们的学习状态。我很明白我再如何投入都不能取代学生自己应对考试所需要的强化记忆和易错点的分辨。

黄碧芬：的确是这样，学习过程可以很快乐，但要应对高度准确而又全面的考试就不容易。尤其是平时学习不太充分的情况下更是如此。

翁鹭萍:有些学生就是不愿花时间投入必要的推敲。某班女生J就表现得让人难以容忍。她个子高,却经常斜趴在桌上,摆出一副完全不投入当时教学过程的状态。那天,我走到她面前试图纠正她时,发现她居然在吃东西!而且,她还毫不掩饰地直盯着你,继续吃她的东西——是那种很逼迫人的挑战目光。

黄碧芬:这真是很棘手的状况,你怎么面对她呢?

翁鹭萍:我开始还边讲课边尝试用目光与她对峙,期待她能有一点不好意思的感觉,但她竟可以表现得更为强悍,完全没有回避的意思。为顾大局,我只好先撤退。课后我向班主任老师了解该生的情况,被告知这是班级比较麻烦的学生之一,班主任说自己正准备找她好好谈谈。虽然班主任让我先不必理她,但我放不下,内心一再思忖着这个学生为什么会这样?我告诫自己还是得设法亲近她、了解她。

黄碧芬:真不容易,很佩服你如此稳健的工作心境。后来呢?

翁鹭萍:一天下课后,我随意靠在走廊边晒晒太阳,看到J从远处走过来。我迅速调整自己的状态,铆足劲迎上去,笑眯眯地用特别亲和的声音对J打招呼:"嗨,J。"

黄碧芬:我想象,J会很吃惊。

翁鹭萍:是啊,J被这声音吸引,抬眼看是我,露出了惊讶的表情。我走上前继续笑眯眯地对J说:"你经常趴在桌上以致老师都看不到你。直到那天走到你面前,你盯着我并对着我吃东西,我这才看清你的眼睛是这么有神,鼻梁是这么笔挺。"

黄碧芬:你这弯转得太妙了!

翁鹭萍:J听着,舒了一口气,露出了透着欣喜而又不好意思的笑容。我继续笑眯眯地说:"这会儿,看到你走过来,我才发现:天啊,你这么高挑,又这么苗条。"这时的J竟也笑出声了!

黄碧芬:你太有才了!就这么化"干戈"为玉帛了?

翁鹭萍:真的蛮神奇。这之后我上课,发现她能经常抬抬眼看看我,会翻开书做些记号什么的。反正不会再对着我吃东西了。而且,也不懂她是如何折腾的,会考居然轻松过了!还得了A等级。

黄碧芬:人的潜力非常大,她想学就有办法。有些孩子是这样,习惯不好,课堂上也总是歪来倒去的,但其实他也在听,也有所吸收。有些孩子,曾有自己的学习累积,有点小本钱,就故意"摆摆谱"。但对于应试而言,如不作有针对性的复习加工,是难有好成绩的。其实这些孩子智商都不差,就需要适当的引领。

翁鹭萍: 事隔半月,再谈起这事,我还是非常感慨:如果顺应自己的感觉惯性,我是不会这样去接纳学生的。生活中,我还是比较是非分明并崇尚相互尊重、与人为善的。这孩子那"对峙"的目光曾让我感觉很不好,内心都觉得她太放肆、太不尊重老师了!

黄碧芬: 就是说,你实际上是克服了自己很不喜欢的情绪去接纳她的?

翁鹭萍: 正是这样。我一方面不喜欢,一方面还不得不迁就她甚至讨好她,当时内心甚至是有障碍的。好在她的反应比较好,让我及时克服了自己的障碍。

黄碧芬: 老师也是人,你这种感觉是完全可以理解的。难能可贵的是,你能放下自己的感受,而先去尝试亲近学生的努力行动。你当时能够这么迅速地切换情绪,让自己真诚得体地表达出实实在在的赞美,真是很高超的情商展示。我很好奇这深层的动力从哪来?

翁鹭萍: 我希望她好,希望她能走过合格关。学生都合格,我才能安心,才能好。

黄碧芬: 这真是非常朴素的职业良知。教师的担子本来就是尽己所能促进每位学生向前走。这说来容易做起来难,像你这样能用理性去担当自己的职责,用积极的情绪去感化陷于"麻木"的学生,真是处理得很好。你没有激化矛盾,也并没有委屈自己:你用笑眯眯的姿态讲出了自己看到的事实,而不是忍气吞声地咽下"被轻视"或"被挑战"的感觉;你使用亲和的音容笑貌叙述已发生的事实,并且一个急转弯又加入了具体的赞赏,既能让学生有机会了解自己,又有效地保护了学生的自尊心,真是太高明了!

翁鹭萍: 谈及尊重,我其实还是有些困惑的。比如,都说我们老师要尊重学生,可学生要如何尊重老师呢?像J这样的孩子,假设我不主动亲近她,她可能就一直保持她那种无所谓或麻木不仁的姿态对待我呢,她怎么能以如此目中无人的状态去面对他人呢?

黄碧芬: 这孩子在过去的学习经历中可能有些具体的故事让她感觉很不好,"麻木不仁"通常是在历经许多努力而没有效果后呈现出来的自我保护姿态。这说来就像个"悖论":一个人多能折腾他人,意味着他至少也遭受过多强程度的折磨。孩子的内心其实积累了她从小到大与人交往,包括与老师交往的经验,孩子还会以这种经验作为先入为主的印象去与老师交往,直到出现一些很有感召力的交往事实去搅动或破坏他们的"第一印象"。你的完全接纳和真诚表达就是一种很有感召力的搅动。

翁鹭萍: 这样一解析我就能理解了,甚至还会同情她。

黄碧芬: 是啊!很多表面看来很讨厌的状况其实都自有缘由。青春少年时期的孩子,似是而非的想法很多,也比较容易自以为是。像小J曾有过的那样盲目地、固执地我行我素的状态真是不可爱,而你知道与孩子计较或说教都是没有出路的!唯有友善地影响她、唤醒她。这让我特别欣赏。

翁鹭萍: 我也是在克服内心障碍和亲身实践后才真正感受到教师对学生的宽容真的很重要,这种宽容豁达的心态才能让我们在看似不能接纳的人事面前也找出可以接纳的点,才可能在没有路的地方也能走出一条路。这种感觉还是让自己很有职业幸福感的!

黄碧芬: 太好了!这种心境正是育人工作的创造之源。

后记：且行且歌，且歌且立

人总是在希望着什么，这是贯穿人整个一生的特点。人本主义的人性观认为，人是具有自我意识、可以超越他的环境和超越他自身能力的统一整体。每个人都有与生俱来的需求，作为高级生命个体的人，不仅追求基本生存需要的满足，更渴望创造美好的生活境界，体验更高的价值，追求人性的丰富表达，追求真、善、美的品位并享受不断达成自我实现的喜悦。

那么，自我实现究竟是怎样发生的？有哪些因素制约着自我实现的进程？

在对婴儿与儿童行为进行观察分析的基础上，马斯洛总结道，我们每个人的精神本性中都蕴藏着两种力量：一种是由于畏惧而使人坚持安全和防御，倾向于固守或倒退，害怕失去已有的东西，紧紧依附于过去，害怕独立、自主和分离，害怕承担成长的风险；另一种力量则推动人向前进步成长，建立自我的完整性和独特性，充分发挥自己的一切能力，树立面对世界的信心、勇气并认可他自己最深邃的、真实的、本然的自我力量。这两种力量对人的牵引可以用"安全←人→成长"这样一个简捷的图式来表示。①

中学生自我实现者的个性特征

从这些中学生的自我成长足迹及社会上许许多多对社会有积极贡献的人士身上，我们不难发现自我实现或健康成长实际上是一个永无止境的基于现实生活需要和发展需求的自我选择系列。在人的一生中，必然要不断地在安全还是成长、逃避还是面对、放弃还是坚持、抱怨还是接受、担心还是付出……这些两难情境之间不断进行选择。当成长的快乐与安全的焦虑比成长的焦虑与安全的快乐更大的时候，个体就向前进、就成长了。纵观这些优秀学生的成长经历，他们都力争倾向于成长的选择，忠实于自己的内在本性，能够诚实大胆地说出自己的感受和需求，而不是敷衍或隐瞒。他们喜欢面对有挑战的事务，既能保障重要的事先做，专注于正在做的事，又能不断向着更高的价值目

---

① [美]马斯洛著，成明编译：《马斯洛人本哲学》，九州出版社2003年版，第315页。

标奋进。他们都坦陈自己很幸运地享受到父母与老师的关怀和信任,并拥有自我相对独立的选择自由。

长期面向学生做心理辅导的工作经验,使我充分了解学生在具体的学习生活中,无可回避地会面临种种成长的烦恼与冲突,绝大部分学生正是在不断克服困难、平衡自己的需求,达成自己愿望的过程中逐渐成长起来的。与普通学生相比,这批优秀学生在以下几个方面显示出了相当显著的积极品质:

1. 较好的鉴赏力和判断力

表现在对周围人事物的存在状态有自己独到的观察感知力,能区分具体事物在现实生活中的轻、重、优、劣,也能更多基于自己的价值判断和审美情趣,选择自己更感兴趣,特别是更能拓宽视野、更富有自我生命建设的能力挑战、更具有社会适应发展目标的事去作专注而卓越的努力。

2. 真诚地接纳自己和他人

表现在他们会用更宽容的胸怀去接纳自己和他人,允许彼此不同的存在,也允许自己有所为有所不为。既能积极表达自我,也能真诚欣赏别人,寻求积极参与或主动与人协作的机会。

3. 以解决问题为中心

他们更多围绕所追求的目标去主动投入自己的思考与行动,更专注于解决问题的方法策略探究,是一种充分的、活跃的、建设性的投入状态。他们更在乎事物本然的存在面貌,以及所期待解决问题的内容梳理,而不是自己行不行的焦虑或要不要的权衡。没有伪装、拘谨或畏缩,也不过多"算计"得失,更愿意体验具体情况具体分析,尽可能高效解决问题的成就感。

4. 坦率自然的求真思维

他们日常的思想言行比较有的放矢,简捷明了,是非对错中肯地表达,喜欢真实地表达自己的思想感情,并积极思考合理化的对策,而不是人云亦云,也不愿落入俗套。有时可能还会表现出对"权威"的轻视,更在乎的是他们自己经过慎思明辨后的价值准则。

5. 能自立自制并有独立担当的勇气

他们会全面统筹自己的学习生活内容及时间安排,动静相宜,劳逸结合。他们会视所面临任务的轻重缓急主动调整作息时间,更多依靠自己的力量去解决问题。他们善于积极发掘自己的潜在能力和潜在资源,表现出不受现成条件制约,不受所在环境的一些莫名力量打击或牵绊的相对独立性和自我担当勇气。

6. 高级的审美情趣

他们多能以奇妙的眼光和敏锐的感受,愉快地欣赏生活中的有真善美意味的事物和经验。他们能带着欣喜、虔诚、好奇的心情,或带着怀疑、求证的态度去反复琢磨他们认为美好、深刻的事物。

师生访谈给教育的启示

教育的根本目标就是帮助人得以尽他的可能成为一个具有自己相对完美个性的人。由此不难理解,良好的教育环境应当是能够通过满足孩子们的基本需要给予他们良好的安全感、归属感和探究空间,这是促进孩子们选择成长而不是固守或倒退的重要条件。

好的家庭氛围包括和睦而有建设性的夫妻关系和亲子关系质量。这是可信赖的自我意识和人际关系的基础,这是孩子们得以专注求知、不惧成长困难的心理基础。家庭早期更多给予孩子健康自由的阅读分享、亲近自然的活动、自在的玩耍、基本生活自理的实践、亲朋好友的交往或家庭旅游等,都能较好地拓展孩子的视野,培养孩子们良好的学习习惯,优化孩子的社会性品质。父母和老师,在孩子遇到困难时,不是简单说教或越俎代庖,而是给予孩子信任的支持,是有针对性的提醒或基于解决问题的方法探讨。孩子面对具体学习内容时,越能注重相关问题的探究和清晰目标的判断,越能不被过多要求的束缚而"玩"着学,心情越是轻松的,学习效果也会越好。长此以往,孩子的求知热情、审美情趣才能得到滋养,当他渐渐长大时,才能自然保持积极主动的探究热情并享受求知的快乐和成就感。

学校是孩子们集中学习的场所。班级教学的最大困难是难以满足各类学生的不同要求。目前所能做的是课堂集中组织教学,课后的作业练习和自学指导可以有不同程度的匹配要求,这虽然给教学工作增添了难度,却是因材施教应当尊重和面对的实际问题。教师越能给学生自我管理的权利,学生也就越能表达自己的优势。学校越能给予学生具体选择和实践的空间,学生也才能更充分尝试和体验自己的能力所在和心仪发展目标的具体内涵。**唯有让学生自主选择并亲身经历有挑战的基于解决问题的实践过程,才能激发他们倾听自己生命内部呼唤的原动力,在为所当为的实践体验中坚持不懈地克服各种困难,感受和积累一个个进步的成果,积极主动甚至超越性地打造自己的生命蓝图。**

作为教育者，无论是家长还是老师，如果我们能够更多、更耐心地倾听孩子们来自内心的呼唤，我们就可能更充分地了解每个生命真实具体的存在状态，就更能够给每个学生以针对性地引领、促进、服务、支持，而不是主观、武断地要求学生执行所谓的"管理标准"。这里的确有尊重个性和维护集体秩序可能存在的矛盾冲突，唯有真诚地、实事求是地面对冲突，协商而有效解决现实问题，才能赢得受教育者的尊重和爱戴，而且，这本身就在向孩子们示范积极工作与生活、真诚交往与互助的正确态度和方法，这是更好地引领孩子们走上健康的自我实现之道的重要保障。

很感谢我可爱的同事们，这批受访的14位很普通地生活在一线的教师，他们没什么惊天动地的豪言壮举，却都心怀作为一名教师应有的教育良知，都有着基于学生生命成长和发展促进而创生良好的教育教学设计及其组织管理的自主能力，都有着真诚爱护学生、传播优质生命信念的积极情感和自觉追求。教师好，学校才会好；教师幸福，学生的健康发展才会更有保障。

衷心感谢您拨冗阅读这本访谈录。请允许我在此诚挚地邀请您就本书的观点及师生所提供的方法、建议提出自己的观感和见解，我很乐意以这样的方式，与对此感兴趣的人们探讨和分享我们共同关心的话题。我的联系方式：邮箱：jtxt66@126.com；QQ：738750700；新浪微博：黄碧芬—亲子心理。

黄碧芬

2012年12月26日于厦门